原 康夫・近 桂一郎・丸山瑛一・松下 貢 編集

裳華房フィジックスライブラリー

物 性 物 理 学

東京大学名誉教授
理学博士
塚田　捷 著

裳　華　房

SOLID STATE PHYSICS

by

Masaru TSUKADA, DR. SC.

SHOKABO

TOKYO

編　集　趣　旨

「裳華房フィジックスライブラリー」の刊行に当り，その編集趣旨を説明します．

最近の科学技術の進歩とそれにともなう社会の変化は著しいものがあります．このように新しい知識が急増し，また新しい状況に対応することが必要な時代に求められるのは，個々の細かい知識よりは，知識を実地に応用して問題を発見し解決する能力と，生涯にわたって新しい知識を自分のものとする能力です．このためには，基礎になる，しかも精選された知識，抽象的に物事を考える能力，合わせて数理的な推論の能力が必要です．このときに重要になるのが物理学の学習です．物理学は科学技術の基礎にあって，力，エネルギー，電場，磁場，エントロピーなどの概念を生み出し，日常体験する現象を定性的に，さらには定量的に理解する体系を築いてきました．

たとえば，ヨーヨーの糸の端を持って落下させるとゆっくり落ちて行きます．その理由がわかると，それを糸口にしていろいろなことを理解でき，物理の面白さがわかるようになってきます．

しかし，物理はむずかしいので敬遠したくなる人が多いのも事実です．物理がむずかしいと思われる理由にはいくつかあります．そのひとつは数学です．数学では $48 \div 6 = 8$ ですが，物理の速さの計算では $48\,\mathrm{m} \div 6\,\mathrm{s} = 8\,\mathrm{m/s}$ となります．実用になる数学を身につけるには，物理の学習の中で数学を学ぶのが有効な方法なのです．この“メートル”を“秒”で割るという一見不可能なようなことの理解が，実は，数理的推論能力養成の第1歩なのです．

一見，むずかしそうなハードルを越す体験を重ねて理解を深めていくところに物理学の学習の有用さがあり，大学の理工系学部の基礎科目として物理が最も重要である理由があると思います．

受験勉強では暗記が有効なように思われ，必ずしもそれを否定できません．ただ暗記したことは忘れやすいことも事実です．大学の勉強でも，解く前に問題の答を見ると，それで多くの事柄がわかったような気持になるかもしれません．しかし，それでは，考えたり理解を深めたりする機会を失います．20 世紀を代表する物理学者の 1 人であるファインマン博士は，「問題を解いて行き詰まった場合には，答をチラッと見て，ヒントを得たらまた自分で考える」という方法を薦めています．皆さんも参考にしてみてください．

将来の科学技術を支えるであろう学生諸君が，日常体験する自然現象や科学技術の基礎に物理があることを理解し，物理的な考え方の有効性と物理の面白さを体験して興味を深め，さらに物理を応用する能力を養成することを目指して企画したのが本シリーズであります．

裳華房ではこれまでも，その時代の要求を満たす物理学の教科書・参考書を刊行してきましたが，物理学を深く理解し，平易に興味深く表現する力量を具えた執筆者の方々の協力を得て，ここに新たに，現代にふさわしい基礎的参考書のシリーズを学生諸君に贈ります．

本シリーズは以下の点を特徴としています．

- 基礎的事項を精選した構成
- ポイントとなる事項の核心をついた解説
- ビジュアルで豊富な図
- 豊富な［例題］，［演習問題］とくわしい［解答］
- 主題にマッチした興味深い話題の“コラム”

このような特徴を具えたこのシリーズが，理工系学部で最も大切な物理の学習に役立ち，学生諸君のよき友となることを確信いたします．

編集委員会

ま　え　が　き

私たちの世界は，いろいろな元素や化合物から成る固体・液体・気体など，様々な物質で構成されています．生物はもちろん，私たち自身の体でさえも物質でできており，世界は物質でできていることに例外はありません．ですからこの世界を知るために，また人類の生活環境を維持し経済を繁栄させるために，物質の性質を深く理解して，そのはたらきを上手に引き出すことは極めて重要なことです．

物質は原子と分子，さらには原子核と電子とから構成されています．多様な物質の成り立ちと様々な性質を，電子や原子核などの振舞から統一的に理解し，予測し，有用なはたらきを導き，新しい有用な物質をつくることが物性物理学の目標です．そのため，現実世界を構成する様々な物質の構造と複雑な性質を解明する物性物理学では，力学・電磁気学・量子力学・熱統計物理学など，物理学の用意した基本的な方法論を総合的に用いる必要があります．またその一方では，物性物理学という現実の物質への物理学の適用を通して，物理学の基礎が再確認されるという側面もあります．

現在の先端的な科学技術は物性物理学の基礎なくしては，推進することができません．特に，原子や電子のレベルから物質の構造や性質を極める必要がある分野としては，半導体工学，電子情報工学，レーザーなどの光科学，太陽電池や触媒，超伝導材料，ナノテクノロジー，バイオサイエンスなどがあり，数限りがありません．こうした科学技術を推進するために，これまで物性物理学は大きな貢献を果たしてきましたし，これからもますますその役割が大きく期待されています．

物性物理学は，基礎的な学問としての物理学が，現実世界の科学技術と関わる重要な場です．そこで，本書では物性物理学の道に初めて足を踏み入れる読者の皆さんを念頭において，その基礎をできるだけ易しく，しかし，より進んだ研究へと繋がるように十分に正確で丁寧な解説を心がけました．

物質の構造や性質は基本的には，電子の振舞によって統一的に説明できます．したがって本書では，物質内部における電子の状態を理解することから出発します．そのためには，量子力学という道具立てが必要になります．本書では量子力学の総合的な記述はしませんが，物質中の電子の振舞を理解するために必須な基本事項を復習するところからスタートします．さらに，その基本を当てはめて確認する例題として，調和振動子と水素原子をとり上げ，それらの系での量子力学を学びます．量子力学による水素原子の理解は，一般の元素の性質を理解する鍵を与え，また原子がどのように分子や固体という凝集体をつくるかの基礎となります．調和振動子の量子力学は微小振動一般の理解に重要ですが，結晶中の格子振動・フォノンに関係する現象や，熱，光と物質との相互作用の解析にとっても必須です．

次に，原子が整然と配列した結晶中の電子の振舞を，バンド理論をもとに概説します．バンド理論は物性物理学の最も重要な概念ですが，その基本的な性質を学んだ上で，金属・半導体・絶縁体などの違いがバンドの特徴から説明できることを学びます．次に，外から電場や磁場が加わったとき，物質中の電子がどのように応答するかを考えます．様々な現象の中から特に電気伝導やその磁場効果などを選び，バンド理論を基礎にして解析することにします．電気伝導の議論では，結晶中の格子振動や不純物などによる電子の散乱がバンド構造と並んで重要になるため，そのメカニズムを学びます．

半導体の様々な性質は，現代の最も重要な産業技術である半導体テクノロジーに応用されていますが，本書では半導体のバンド構造やキャリアの振舞について学んだ上で，基本的な pn 接合系の性質を調べます．さらには，量子力学的な振舞がマクロな舞台で観察される重要な現象として，超伝導があります．超伝導は多くの物質で極低温で観察されますが，応用的にも大きな可能性をはらんでいます．超伝導のメカニズムを理解することはバンド理論よりはかなり複雑ですが，本書の最終章では標準的な BCS 理論に基づく解説を試みました．

本書の主な構成は上記のとおりですが，物性物理学の全般を取扱っているわけではありません．取扱う範囲を広げるのではなく物性物理学の基礎としてのバンド理論に重点をおいて，それに最も関係の深い項目をよりすぐり，易しく丁寧に解説するという方針を選びました．本書が，さらに進んだ研究を学ばれる読者にとっても，物性物理学のよい手ほどきとなることを望んでいます．

本書の執筆に当たり，素稿を閲読して貴重なご教示を頂きました丸山瑛一先生と松下 貢先生に感謝申し上げます．

2007 年 2 月

塚田　捷

目　　　次

1.　量子力学の原理

2.　原子と分子

3.　結晶の中の電子

4.　金属と半導体の電子構造

5.　外場や不純物の効果

6.　電気伝導の機構

7.　格子振動とフォノン

8.　半導体の電気伝導

9.　超　伝　導

付　　録

コ　ラ　ム

1 量子力学の原理

物質を構成する要素は原子核と電子であるが，物質の構造，生成反応，その示す様々な性質は，電子の振舞をもとに理解できる．なぜなら，電子の振舞によって原子と原子との間にはたらく力が導かれ，この力によって物質の安定な構造が定まるからである．その上，この力の性質から，原子が互いに出会ったときに分子や固体などが生成する機構も解明される．さらに，物質に電場や磁場をかけたとき，どのようにその性質が変化するか，なぜある物質は透明であるのに別の物質は光を透さないかというような性質も，電子の振舞から説明できる．このように，物質の構造，構成原理，様々な性質は，物質における電子の状態に基づいて理解できる．電子状態を基礎にして物質の示す性質を解明し，また興味ある性質を示す新しい物質を予言し，生成することは，物性物理学の大きな目標である．したがって，物質内の電子こそは，物性物理学の主役である．本書では，このような電子論の立場から物性物理学の基礎を概説する．

電子の振舞は，古典力学では記述できない．電子のような極めて小さい粒子（素粒子）を支配する力学は，量子力学とよばれる．量子力学は 20 世紀の初頭に完成した新しい物理学であるが，現代物理学の多くは量子力学なしには語れない．量子力学は相対性理論と並んで，現代物理学を支える 2 つの大きな柱の一つである．量子力学については本シリーズの中の一冊として別に用意されているが，本章では物性物理学の道具立てとして必要になることを中心に，その原理の簡単な導入を行なう．

まず，量子力学と古典力学の大きな違いを述べておこう．古典力学では，粒子である電子の運動は完全な因果律に従う．例えば，時刻 $t=0$ での粒子の位置 x と運動量 p とを指定すると，それ以降の任意の時刻 t での位置と運動量は完全に決定される．

これに比べて，量子力学での記述は全く異なる．まず第 1 に，座標 x と運動量 p

とは同時に決めることはできない．後で述べるように，座標を決まった値に指定すると運動量は全く定まらなくなり，逆に運動量を指定すると座標は定まらなくなってしまう．すなわち，位相空間（位置と運動量を座標として粒子の状態を表す空間）における1点として電子の状態を指定することは，原理的に不可能なのである．さらに，仮に電子のいる位相空間の場所が限定されていたとしても，その領域が時間とともに動く軌跡は確率的にしか決められない．

このように，極微の粒子は古典力学における因果律に従わないことが，量子力学の特徴である．それでは，量子力学では電子の振舞はどのように記述されるのだろうか．以下では，量子力学の基本を簡単にまとめておこう．

§1.1　状態と波動関数

始めに登場するのが，**状態**という概念である．状態は**波動関数**というもので表される．後で述べるように，波動関数は無限次元の線形空間におけるベクトルとしても表すことができる．波動関数は $\phi(\boldsymbol{r},\ t)$ のような複素数の関数として書かれるが，1個の電子が空間の微細な領域 $\boldsymbol{r} \sim \boldsymbol{r} + d\boldsymbol{r}$ に存在する確率は

$$|\phi(\boldsymbol{r},\ t)|^2\, d\boldsymbol{r} \tag{1.1}$$

のような量で表される．全空間の中には，必ずその電子が存在するから

$$\int |\phi(\boldsymbol{r},\ t)|^2\, d\boldsymbol{r} = 1 \tag{1.2}$$

が成立しなければならない．これを波動関数の**規格化条件**という．

波動関数の時間的な変化が

$$\phi(\boldsymbol{r},\ t) = \phi(\boldsymbol{r}) e^{-iEt/\hbar} \tag{1.3}$$

と書かれる状態がある．この状態では，電子の存在確率は

$$|\phi(\boldsymbol{r})|^2\, d\boldsymbol{r} \tag{1.4}$$

のようになり，時間とともに変化することはない．このような状態における電子の振舞は時間的に不変であるので，**定常状態**とよばれる．

§1.2　内　積

2 つの波動関数 ϕ, ψ の間には，次に示すような**内積** $\langle\phi|\psi\rangle$ とよばれる複素数が定義される．

$$\langle\phi|\psi\rangle = \int \phi^*(\boldsymbol{r})\,\psi(\boldsymbol{r})\,d\boldsymbol{r} \tag{1.5}$$

この定義から，内積は次のような性質を満たすことが確かめられる．

i）　エルミート性

$$\langle\phi|\psi\rangle = \langle\psi|\phi\rangle^* \quad (* \text{ は複素共役を表す}) \tag{1.6}$$

ii）　正定値性

$$\langle\phi|\phi\rangle \geqq 0 \tag{1.7}$$

ただし，$\langle\phi|\phi\rangle = 0$ の場合は $\phi = 0$ である．

iii）　線形性

$$\langle\phi|a\psi_1 + b\psi_2\rangle = a\,\langle\phi|\psi_1\rangle + b\,\langle\phi|\psi_2\rangle \tag{1.8}$$

ここで，a, b は任意の複素数である．

ii）の正定値性から，波動関数 ϕ の**ノルム**として

$$\|\phi\| = \sqrt{\langle\phi|\phi\rangle} \tag{1.9}$$

が定義される．また，波動関数 ϕ と ψ の間の距離を

$$\|\phi - \psi\| \tag{1.10}$$

のように導入できる．2 つの状態はその間の距離がゼロのとき，同じ状態である．

§1.3　物理量とエルミート演算子

量子力学では粒子，一般的には力学的な系に関する物理量は，その状態について観測することによって，初めてその値が定まる．そして，物理量そのものは，その状態に対応する波動関数に作用する**エルミート演算子**として表される．

状態は波動関数 ψ で記述されるが，これは完全系を成す定まった関数系 $\{\varphi_i\}_{i=1,2,\cdots}$ で展開することができる．

$$\psi = \sum_{i=1}^{\infty} c_i \varphi_i$$

ここで $\{c_i\}_{i=1,2,\cdots}$ は，ψ によって定まる複素数である．例えば，有限区間内の任意関数をフーリエ級数で展開するのと同様である．この場合，波動関数 ψ の代わりに無限次元のベクトル $\{c_i\}_{i=1,2,\cdots}$ を使って状態を表すことができる．そのとき，物理量は無限次元のベクトル $\{c_i\}_{i=1,2,\cdots}$ を1次変換する行列（後に述べるエルミート行列）として表される．

ここで，エルミート演算子という概念を説明しておこう．エルミート演算子 A とは，波動関数または状態ベクトルに作用する線形演算子で，かつエルミート性を満たすものをいう．すなわち，次の2つの性質を満たす演算子である．

i）
$$A\,(a\psi_1 + b\psi_2) = aA\psi_1 + bA\psi_2 \tag{1.11}$$

ii）
$$\langle\psi|A|\phi\rangle = \langle\phi|A|\psi\rangle^* \tag{1.12}$$

ただし，$\langle\psi|A\phi\rangle$ を $\langle\psi|A|\phi\rangle$ のように表す．

この性質を**エルミート性**という．上に述べた，状態を無限次元のベクトルで記述する表示では，物理量を表す行列 A の行列要素 A_{ij} は基底関数 φ_i によって，次のように表される．

$$A_{ij} = \langle\varphi_i|A|\varphi_j\rangle$$

なぜなら，$\psi = \sum_{j=1}^{\infty} c_j \varphi_j$ とするとき，$A\psi = \sum_{j=1}^{\infty} c_j A\varphi_j = \sum_{j=1}^{\infty} d_j \varphi_j$ の第2式と第3式に左から φ_i を内積すると

$$d_i = \sum_{j=1}^{\infty} \langle\varphi_i|A|\varphi_j\rangle c_j$$

の関係が導かれるからである．ただし，基底関数系 $\{\varphi_i\}_{i=1,2,\cdots}$ は直交規格化

されている．すなわち，

$$\langle \varphi_i | \varphi_j \rangle = \delta_{ij}$$

であると仮定する．ここで，δ_{ij} は i と j が等しいとき 1，そうでないとき 0 を表す記号である．

A の行列は，演算子のエルミート性 (1.12) によって，「行列要素をそれぞれ複素共役でおきかえて転置すると，もとの行列に等しくなる」という性質をもつ．このような行列を**エルミート行列**という．

§1.4　固有値と固有状態

簡単のために，本書では物理量 A とこれに対応するエルミート演算子とを同じものと見なし，紛らわしくない場合は記号を区別しない．量子力学の重要な命題は，物理量とある状態についての観測値の関係についてである．ある波動関数 (状態) に物理量 A を演算したとき，

$$A\psi_\alpha = \alpha\psi_\alpha \tag{1.13}$$

のように同じ波動関数の定数倍が得られるとき，この波動関数 (状態) を A の**固有関数** (**固有状態**)，定数 α をその**固有値**という．一般に A の固有関数 (固有状態) は無数にあるが，求めたい物理量をある系の状態について観測すると，得られる観測値はその物理量の固有値のうちのどれかでなければならない．またその固有値を観測した瞬間に，状態はその固有値に対応する固有関数 (状態) に変化してしまう．

固有値は物理量を観測して得られる量であるから，すべて実数でなければならないが，これは次のように証明することができる．(1.13) の両辺の関数と ψ_α との内積をとると，

$$\langle \psi_\alpha | A | \psi_\alpha \rangle = \alpha \langle \psi_\alpha | \psi_\alpha \rangle = \alpha \tag{1.14}$$

となるが，演算子のエルミート性 ((1.12)) からこの演算子に対応する行列の対角成分は実数，つまり

$$\langle \psi_\alpha | A | \psi_\alpha \rangle = \langle \psi_\alpha | A | \psi_\alpha \rangle^* \tag{1.15}$$

でなければならないから，固有値 α もまた実数である．

さらに，エルミート演算子の異なる固有値に対応する固有関数は直交することが次のように示せる．エルミート演算子 A の α と β という 2 つの異なる固有値に対応する固有状態を ψ_α, ψ_β とすると

$$A\psi_\alpha = \alpha\psi_\alpha \tag{1.16}$$

$$A\psi_\beta = \beta\psi_\beta \tag{1.17}$$

であるが，(1.16) の両辺と ψ_β，また (1.17) の両辺と ψ_α との内積をそれぞれとると

$$\langle \psi_\beta | A | \psi_\alpha \rangle = \alpha \langle \psi_\beta | \psi_\alpha \rangle \tag{1.18}$$

$$\langle \psi_\alpha | A | \psi_\beta \rangle = \beta \langle \psi_\alpha | \psi_\beta \rangle \tag{1.19}$$

が成立する．(1.19) の複素共役量は

$$\langle \psi_\alpha | A | \psi_\beta \rangle^* = \langle \psi_\beta | A | \psi_\alpha \rangle = \beta \langle \psi_\beta | \psi_\alpha \rangle \tag{1.20}$$

であるが，この式の両辺を (1.18) の両辺からそれぞれ差し引くと

$$(\alpha - \beta)\langle \psi_\beta | \psi_\alpha \rangle = 0 \tag{1.21}$$

の関係が得られる．したがって，$\alpha \neq \beta$ であれば $\langle \psi_\beta | \psi_\alpha \rangle = 0$，すなわち，それぞれに対応する固有状態 ψ_α と ψ_β は直交する．

同じ固有値に対応する独立な固有状態が，2 つ以上存在する場合もある．このとき，この固有値は**縮重**（**縮退**）しているという．また，この固有値に対応する互いに独立な固有状態の数 n を，この固有状態の**縮重度**（**縮退度**）とよぶ．

縮重度が n の場合，これらの n 個の状態を互いに直交するように選ぶことができる．なぜなら，同じ固有値に対応する n 個の独立な状態の線形結合もやはりこの固有値の固有状態であるから，線形代数の定理によってそのような線形結合を適当に選ぶことで，互いに直交する n 個の状態を新たに定義することが可能だからである．

§1.5 固有関数の完全性

任意の状態 ψ は，任意の物理量（エルミート演算子）の固有関数系 $\{\psi_\alpha\}$ の線形結合として

$$\psi = \sum_\alpha C_\alpha \psi_\alpha \tag{1.22}$$

のように表すことができる．このことを固有関数系 $\{\psi_\alpha\}$ が**完全系を成す**，または**完全性を満たす**という．$\{\psi_\alpha\}$ は**基底**とよばれる．ところで，$\{\psi_\alpha\}$ が規格直交化されているなら波動関数 ψ が規格化されていることから，

$$\sum_\alpha |C_\alpha|^2 = 1 \tag{1.23}$$

が成立する．

さて，この係数 C_α の絶対値の 2 乗 $|C_\alpha|^2$ は，状態 ψ について物理量 A を観測するときに，固有値 α が得られる確率に等しい．A の観測値は，観測の度に一般に異なるが，その**期待値**（平均値）は

$$\langle\psi|A|\psi\rangle = \sum_\alpha \alpha\,|C_\alpha|^2 \tag{1.24}$$

で与えられる．

§1.6 不確定性原理

量子力学を特徴づける際立った原理の一つに，**不確定性原理**とよばれるものがある．すなわち，同時に 2 つの物理量 A, B の観測値が確定されるためには，それらの間に**交換関係**

$$[A,\ B] = AB - BA = 0 \tag{1.25}$$

が成立しなければならない．逆に (1.25) が成立しないときには，A, B ともに確定した観測値をとる状態は存在せず，それらの観測値の不確定性（ばらつきの大きさ）の積はある一定値より小さくはなれない．これを具体的に

$$[A,\ B] = i\hbar \tag{1.26}$$

が成り立つ場合について調べよう．$\hbar$ はプランク定数 $h(= 6.63 \times 10^{-34}$ J·s) を 2π で割った量 $\hbar = h/2\pi$ である．下の［例題1.1］に示すように，(1.26) の関係が成立する場合，物理量 A, B の観測値の不確定性

$$\Delta A = \sqrt{\langle\psi|(A - \bar{A})^2|\psi\rangle} \tag{1.27}$$

$$\Delta B = \sqrt{\langle\psi|(B - \bar{B})^2|\psi\rangle} \tag{1.28}$$

の間には，

$$\Delta A \cdot \Delta B \geqq \frac{\hbar}{2} \tag{1.29}$$

の関係がある．ここで $\bar{A} = \langle\psi|A|\psi\rangle$, $\bar{B} = \langle\psi|B|\psi\rangle$ は，それぞれ A, B の期待値である．

(1.29) によれば，物理量 A の観測値のばらつきをできるだけ小さくしようとすると，物理量 B の観測値のばらつきが大きくなってしまうこと，また逆に，B のばらつきを小さくすると A のばらつきが大きくなってしまうことがわかる．

［**例題 1.1**］　不確定性関係を表す不等式 (1.29) を証明せよ．

［**解**］　$\tilde{A} = A - \bar{A}$, $\tilde{B} = B - \bar{B}$ として，ゼロと異なる任意の状態 ψ にこれらを演算した結果を，$\tilde{\varphi}_A = \tilde{A}\psi$, $\tilde{\varphi}_B = \tilde{B}\psi$ とおく．任意の実数 λ について

$$\begin{aligned}\|\tilde{\varphi}_A - i\lambda\tilde{\varphi}_B\|^2 &= \langle\tilde{\varphi}_A - i\lambda\tilde{\varphi}_B|\tilde{\varphi}_A - i\lambda\tilde{\varphi}_B\rangle \\ &= \|\tilde{\varphi}_A\|^2 + \lambda^2\|\tilde{\varphi}_B\| + i\lambda\{\langle\tilde{\varphi}_B|\tilde{\varphi}_A\rangle - \langle\tilde{\varphi}_A|\tilde{\varphi}_B\rangle\} \geqq 0\end{aligned}$$

であることは，ノルムの性質または内積の正定値性 ((1.7)) から明らかである．ここで，任意のエルミート演算子について成立する関係

$$\langle M\varphi|\psi\rangle = \langle\psi|M\varphi\rangle^* = \langle\psi|M|\varphi\rangle^* = \langle\varphi|M|\psi\rangle = \langle\varphi|M\psi\rangle$$

を用いると，

$$\begin{aligned}\langle\tilde{\varphi}_B|\tilde{\varphi}_A\rangle - \langle\tilde{\varphi}_A|\tilde{\varphi}_B\rangle &= \langle\tilde{B}\psi|\tilde{\varphi}_A\rangle - \langle\tilde{A}\psi|\tilde{\varphi}_B\rangle = \langle\psi|\tilde{B}\tilde{A}|\psi\rangle - \langle\psi|\tilde{A}\tilde{B}|\psi\rangle \\ &= \langle\psi|[\tilde{B},\ \tilde{A}]|\psi\rangle = -i\hbar\end{aligned}$$

となることがわかる．すなわち，任意の実数 λ について，次の 2 次不等式が成立する．

$$\lambda^2 \|\widetilde{\varphi}_B\|^2 + \lambda\hbar + \|\widetilde{\varphi}_A\|^2 \geqq 0$$

したがって，左辺＝0 の 2 次方程式の判別式は正にならないから (1.29) が示せる．

上記の説明からわかるように，(1.26) の右辺の $\hbar$ をどのような実数 C におきかえても，不確定性関係の本質は変わらない．ただし，この場合，(1.29) に代わる不等式は

$$\Delta A \cdot \Delta B \geqq \frac{|C|}{2}$$

である．

§1.7　運動量と座標に対応する演算子

始めに，運動量に対応する演算子について考察する．ド・ブロイによれば，運動量 p で運動する粒子は波長

$$\lambda = \frac{h}{p} \tag{1.30}$$

の波 (平面波) のように振舞う．ここで h はプランク定数である．これを**ド・ブロイ波**という．この平面波は波数

$$k = \frac{2\pi}{\lambda} \tag{1.31}$$

を用いて e^{ikx} と表せるので，この状態についての運動量 p の観測値は常に

$$p = \frac{h}{\lambda} = \hbar k \tag{1.32}$$

であり，これを波動関数 $\psi(x) = e^{ikx}$ へ作用する演算子として書けば，

$$pe^{ikx} = \hbar k e^{ikx} = \frac{\hbar}{i}\frac{\partial}{\partial x}e^{ikx} \tag{1.33}$$

が成立することになる．すなわち，

$$p \iff \frac{\hbar}{i}\frac{\partial}{\partial x} \tag{1.34}$$

の対応関係が，$\phi(x) = e^{ikx}$ について成り立つことがわかった．しかし，これは k によらないので，すべての波数の波の重ね合わせ，したがって任意の波動関数について成立する．

次に，座標 x についてみると，$x = \xi$ だけに局在しているような波動関数 $\psi_\xi(x) = \delta(x - \xi)$ に対しての観測値は ξ だから，演算子としての座標を $\hat{x}$ とすると

$$\hat{x}\ \psi_\xi(x) = \xi\ \psi_\xi(x) \tag{1.35}$$

である．ここで $\delta(x - \xi)$ は**デルタ関数**とよばれ，$x = \xi$ だけに値をもち，それ以外ではゼロである x の関数であり，ξ を含む領域を積分すると 1 になる関数である．このような関数は**超関数**とよばれ，通常の連続関数の概念を拡張したものである（「物理数学II」（拙著，朝倉書店）を参照）．デルタ関数 $\delta(x - \xi)$ の正確な導入法はいろいろあるが，例えば $x = \xi$ を中心として，幅が w で高さが $1/w$ の関数の $w \to 0$ の極限として導くことが可能である．

次に，任意の波動関数 $\phi(x)$ は $\psi_\xi(x) = \delta(x - \xi)$ の重ね合わせとして，

$$\phi(x) = \int \phi(\xi)\ \psi_\xi(x)\ d\xi \tag{1.36}$$

と書けることに注意しよう．これは (1.22) の展開に対応するのである．物理量としての位置 x の（固有値 ξ に対応する）固有状態 $\psi_\xi(x) = \delta(x - \xi)$ による展開であり，(1.22) における α についての和が，ξ についての積分に変わっている．(1.36) で表される状態に物理量 x を演算した結果は，各状態 $\psi_\xi(x) = \delta(x - \xi)$ に x を演算した結果を重み $\phi(\xi)$ で加え合わせればよいのだから，

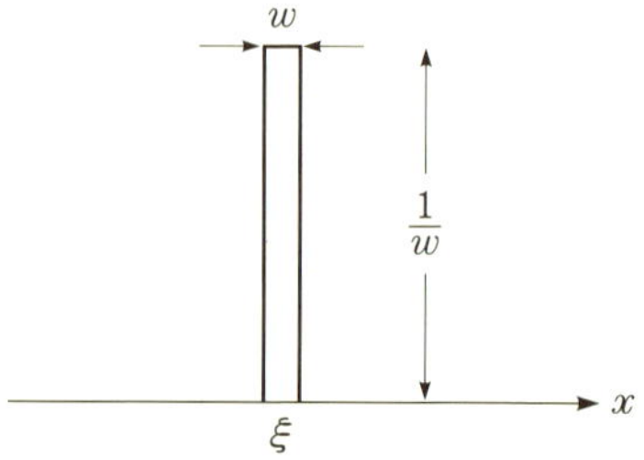

図 1.1

$$\hat{x}\ \phi(x) = \int \phi(\xi)\ \hat{x}\ \psi_\xi(x)\ d\xi = \int \phi(\xi)\ \xi\ \psi_\xi(x)\ d\xi$$

$$= \int \xi\, \phi(\xi)\, \delta(x-\xi)\, d\xi = x\, \phi(x) \tag{1.37}$$

が成り立つ．最後の等式は，デルタ関数の定義から明らかである．

以上の考察により，

$$\hat{x} \iff x\times \tag{1.38}$$

の対応関係が示された．つまり，座標 $\hat{x}$ に対応するのは「x を掛ける」という演算子である．

運動量と座標の演算子については，

$$[\hat{p},\ \hat{x}] = \frac{\hbar}{i}\frac{\partial}{\partial x}\cdot x - x\cdot\frac{\hbar}{i}\frac{\partial}{\partial x} = -i\hbar \tag{1.39}$$

が成り立つので，前節で述べたような不確定性関係，

$$\varDelta p\cdot\varDelta x \geqq \frac{\hbar}{2} \tag{1.40}$$

が成立する．3 次元の系では運動量はベクトルだから，各成分についての関係から

$$\boldsymbol{p} \iff \left(\frac{\hbar}{i}\frac{\partial}{\partial x},\ \frac{\hbar}{i}\frac{\partial}{\partial y},\ \frac{\hbar}{i}\frac{\partial}{\partial z}\right) \tag{1.41}$$

となる．また，全運動エネルギー，および全力学的エネルギーについての演算子は

$$\begin{aligned}\frac{\boldsymbol{p}^2}{2m} &= -\frac{\hbar^2}{2m}\left(\frac{\partial^2}{\partial x^2}+\frac{\partial^2}{\partial y^2}+\frac{\partial^2}{\partial z^2}\right)\\ &= -\frac{\hbar^2}{2m}\Delta\end{aligned} \tag{1.42}$$

$$H = \frac{\boldsymbol{p}^2}{2m} + V(\boldsymbol{r}) = -\frac{\hbar^2}{2m}\Delta + V(\boldsymbol{r}) \tag{1.43}$$

のようになる．ここで $\Delta = \partial^2/\partial x^2 + \partial^2/\partial y^2 + \partial^2/\partial z^2$ はラプラシアン，$V(\boldsymbol{r})$ はポテンシャルエネルギーである．(1.43) の演算子 H は，**ハミルトニアン**とよばれる．

§1.8　系の時間発展の記述

古典力学では，系の時間発展はニュートンの運動方程式で決定されたが，量子力学では，状態の変化が次の**時間依存シュレーディンガー方程式**によって決定される．

$$H\ \Psi(\boldsymbol{r},\ t) = i\hbar\frac{\partial \Psi(\boldsymbol{r},\ t)}{\partial t} \tag{1.44}$$

ところで，ハミルトニアン H の固有状態 Ψ_ν はその固有値を E_ν として

$$H\ \Psi_\nu(\boldsymbol{r}) = E_\nu\ \Psi_\nu(\boldsymbol{r}) \tag{1.45}$$

という性質を満たす．(1.45) は，（時間によらない）**シュレーディンガー方程式**とよばれる．したがって，$\Psi_\nu(\boldsymbol{r})$ を用いて次の式で表される状態は時間依存シュレーディンガー方程式を満たす．

$$\Psi(\boldsymbol{r},\ t) = \Psi_\nu(\boldsymbol{r})\exp\left(-\frac{i}{\hbar}E_\nu t\right) \tag{1.46}$$

すると，(1.44) の一般解は，あらゆる時間によらないシュレーディンガー方程式の解 $\{\Psi_\nu\}_{\nu=0,1,2,\cdots}$ を用いて，

$$\Psi(\boldsymbol{r},\ t) = \sum_\nu C_\nu\ \Psi_\nu(\boldsymbol{r})\exp\left(-\frac{i}{\hbar}E_\nu t\right) \tag{1.47}$$

のように表すことができる．係数 $\{C_\nu\}_{\nu=0,1,2,\cdots}$ の値は，時刻 $t=0$ での波動関数がわかれば，$\Psi(\boldsymbol{r},\ 0) = \sum_\nu C_\nu\ \Psi_\nu(\boldsymbol{r})$，したがって，

$$C_\nu = \int \Psi_\nu{}^*(\boldsymbol{r})\Psi(\boldsymbol{r},\ 0)\,d\boldsymbol{r} \tag{1.48}$$

から決めることができる．

ハミルトニアンのただ一つの固有状態によって (1.46) のように書かれる状態は，**定常状態**とよばれる．定常状態では，すべての物理量 A の観測値の期待値は時間に依存しない．なぜなら (1.46) により

$$\int \Psi^*(\boldsymbol{r},\ t)\, A\ \Psi(\boldsymbol{r},\ t)\, d\boldsymbol{r} = \int \Psi_\nu^*(\boldsymbol{r})\, A\ \Psi_\nu(\boldsymbol{r})\, d\boldsymbol{r}$$

となるからである．すなわち，定常状態では波動関数の全体に掛かる位相因子を別にすれば，電子の状態は時間とともに変化することはない．

§1.9　箱の中の粒子

ごく簡単な場合について，粒子の運動を量子力学で記述してみよう．始めは，1次元の箱に閉じ込められた粒子の運動である．箱の内部は図1.2のように $x = 0$ と $x = L$ の区間であり，箱の端には無限に高いポテンシャル障壁があって，粒子が閉じ込められているとする（**井戸型ポテンシャル**）．

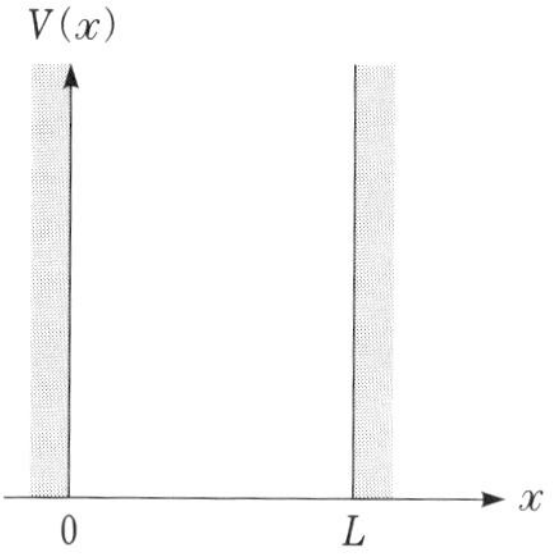

図1.2　1次元の井戸型ポテンシャル

箱の内部でポテンシャルがゼロであるとすると，内部の波動関数を決めるシュレーディンガー方程式は次のようになる．

$$-\frac{\hbar^2}{2m}\frac{d^2\Psi(x)}{dx^2} = E\ \Psi(x) \tag{1.49}$$

その固有関数は，c_+ と c_- を任意定数とする2つの独立な解の重ね合わせで

$$\Psi(x) = c_+e^{ikx} + c_-e^{-ikx} \tag{1.50}$$

のように表される．ここで，エネルギー E と波数 k，$-k$ とは

$$E = \frac{\hbar^2k^2}{2m} \tag{1.51}$$

の関係がある．ただし，波動関数が箱の中に束縛される条件を満たすには，(1.50) の係数や波数に対する条件が必要になる．

まず，$x = 0$ では波動関数がゼロでなければならないから

$$\Psi(0) = c_+ + c_- = 0 \tag{1.52}$$

したがって，

$$\Psi(x) \propto \sin kx \tag{1.53}$$

となる．さらにもう一方の端，$x = L$ においても波動関数はゼロになるべきだから，

$$\Psi(L) \propto \sin kL = 0 \tag{1.54}$$

したがって，k は任意の値をとることは許されず

$$k = \frac{n\pi}{L} \qquad (n = 1,\ 2,\ 3,\ \cdots) \tag{1.55}$$

となり，エネルギー E も

$$E = \frac{\hbar^2 k^2}{2m} = \frac{n^2\pi^2\hbar^2}{2mL^2} \tag{1.56}$$

のような，とびとびの値をとる．許されるエネルギーと波動関数（固有関数）の様子を図 1.3 に示す．このように，有限な空間に束縛された固有状態の固有値は，必ずとびとびの値をとる．

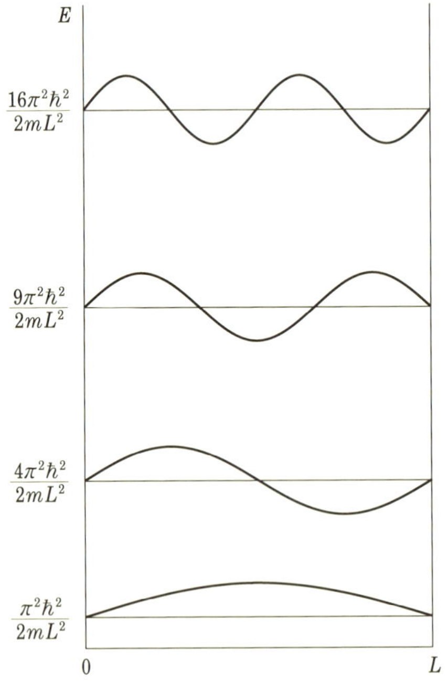

図 1.3　1次元の井戸型ポテンシャルにおける固有関数

§1.10　調和振動子

次に，ばねにつながれた質点の運動，すなわち**調和振動子**を量子力学で扱ってみよう．ばね定数を K, 質点の質量を m とすると，シュレーディンガー方程式 (1.45) は

$$\left(-\frac{\hbar^2}{2m}\frac{d^2}{dx^2}+\frac{Kx^2}{2}\right)\Psi(x)=E\ \Psi(x) \qquad (1.57)$$

となる．これを変形して，次のように書いてみよう．

$$\frac{d^2\Psi(x)}{dx^2}=-\frac{2m}{\hbar^2}\left(E-\frac{Kx^2}{2}\right)\Psi(x) \qquad (1.58)$$

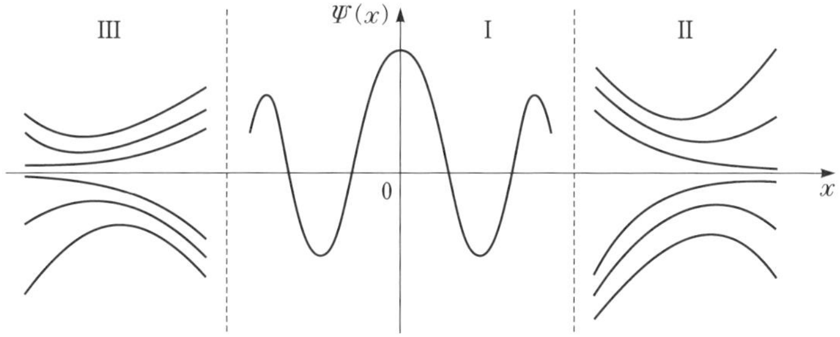

図 1.4

質点が運動する x の空間は，$E-Kx^2/2$ の正負によって図 1.4 に示すように 3 つの領域に分けられる．この値が正となる中央の領域 I では，$\Psi(x)$ が正なら上に凸であり，負なら下に凸であることから，$\Psi(x)$ は x 軸にまとわりつくような振動をする．一方，x がプラスで，$E-Kx^2/2$ が負になるような領域 II では，$\Psi(x)$ が正（負）なら下（上）に凸なので，その振舞は図 1.4 に示すようになる．x がマイナスで，$E-Kx^2/2$ が負になるような領域 III では，領域 II における振舞を縦軸を中心に鏡映するか，またはさらにその上下を逆転したような振舞になる．

領域 II における曲線の中で，ある種の曲線だけが x の増加とともにその

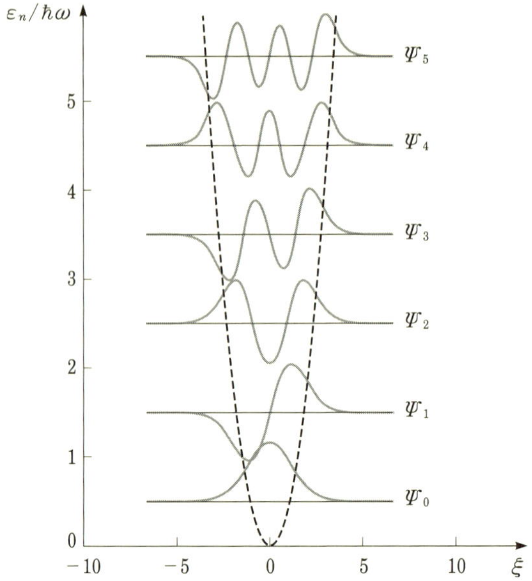

図1.5

絶対値がゼロに収束することが示される．このような曲線が，2つの領域IとIIの境界およびIとIIIの境界でちょうど滑らかにつなげられるためには，エネルギー E が勝手な値をとることは許されず，前節と同じようにとびとびの値をとらなければならない．それらの値は，以下に述べる詳しい理論によれば

$$\varepsilon_n = \hbar\omega\left(n + \frac{1}{2}\right) \qquad (n = 0,\ 1,\ 2,\ \cdots) \tag{1.59}$$

となる．このとき，(1.59) のエネルギー固有値 ε_n と対応する固有関数 ψ_n とを示せば，図1.5のようになる．

上に述べた調和振動子の固有エネルギーと固有状態を具体的に求めてみよう．変位 x とエネルギー E を無次元量に変換し，

$$\xi = \alpha x, \qquad \alpha = \left(\frac{mK}{\hbar^2}\right)^{1/4} \tag{1.60}$$

$$\lambda = \frac{2E}{\hbar\omega}, \qquad \omega = \sqrt{\frac{K}{m}} \tag{1.61}$$

という変数で表すのが便利である．すると，シュレーディンガー方程式 (1.57) は次のように変換される．

$$-\frac{d^2}{d\xi^2}\Psi(\xi) + (\xi^2 - \lambda)\Psi(\xi) = 0 \tag{1.62}$$

この方程式から $\xi \to \pm\infty$ での振舞を予測して，

$$\Psi(\xi) = u(\xi)e^{-\xi^2/2} \tag{1.63}$$

とおいてみよう．これを (1.62) に代入すると $u(\xi)$ に関する微分方程式

$$\frac{d^2}{d\xi^2}u(\xi) - 2\xi\frac{d}{d\xi}u(\xi) + (\lambda - 1)u(\xi) = 0 \tag{1.64}$$

を得る．

この方程式を解くために，$u(\xi) = \xi^s(a_0 + a_1\xi + a_2\xi^2 + \cdots)$ のように展開して (1.64) に代入すれば，$s = 0$ または $s = 1$ で

$$\frac{a_{n+2}}{a_n} = \frac{(2s + 2n + 1 - \lambda)}{(s + n + 1)(s + n + 2)} \tag{1.65}$$

となることがわかる．

(1.65) から n が非常に大きいときには，

$$\frac{a_{n+2}}{a_n} \sim \frac{2}{n} \qquad (n \to \infty) \tag{1.66}$$

のようになっていることがわかる．このような場合には，$u(\xi)$ は ξ が大きくなるにつれて，およそ

$$u(\xi) \sim O(e^{\xi^2}) \tag{1.67}$$

の程度に大きくなること，したがって $\Psi(\xi)$ も

$$\Psi(\xi) \sim O(e^{\xi^2/2}) \tag{1.68}$$

のように発散してしまうことが示せる．なぜなら (1.66) において，N を十分に大きい整数として $n = 2N,\ 2(N+1),\ 2(N+2),\ \cdots,\ 2(N+m)$ とした式を全部掛け合わせると，以下のようになるからである．

$$\frac{a_{2(N+m+1)}}{a_{2N}} \cong \frac{2}{2N} \times \frac{2}{2(N+1)} \times \frac{2}{2(N+2)} \times \cdots \times \frac{2}{2(N+m)}$$
$$\cong \frac{(N-1)!}{(N+m)!} \tag{1.69}$$

$u(\xi)$ は偶関数か奇関数のどちらかであることが示せるので，仮に偶関数の場合を考える．（奇関数の場合も，ほぼ同様に示せる．）

次数が $2(N+1)$ 以上の項の総和を (1.69) で評価すると

$$u(\xi) \approx \sum_{m=1}^{\infty} a_{2(N+m)}\, \xi^{2(N+m)} + F(\xi)$$
$$\approx (N-1)!\; a_{2N}\, \xi^2 \sum_{k=0}^{\infty} \frac{\xi^{2k}}{k!} + D(\xi)$$
$$= (N-1)!\; a_{2N}\, \xi^2 e^{\xi^2} + D(\xi) \tag{1.70}$$

のようになる．ここで，$F(\xi)$, $D(\xi)$ はともに ξ の $2N$ 次以下の多項式である．(1.67) は，(1.70) から得られる．

したがって，ξ の大きいところで $u(\xi)$ が発散しないためには，上のような級数が無限級数にならずに，有限多項式になる必要がある．それは (1.65) をみればわかるように

$$\lambda = 2s + 2n + 1$$

となる場合に実現される．s は 0 か 1 だから，結局，シュレーディンガー方程式 (1.62) が固有関数をもつためには，λ は

$$\lambda = 2n + 1 \qquad (n = 0,\ 1,\ 2,\ \cdots)$$

のとびとびの値をとらなければならない．対応する波動関数 $\Psi_n(x)$ を元の x 座標で書けば，n 次のエルミート多項式 $H_n(x)$（「物理数学II」（拙著，朝倉書店）を参照）を用いて

$$\Psi_n(x) = N_n\, H_n\!\left(\sqrt{\frac{m\omega}{\hbar}}x\right) \exp\left(-\frac{m\omega x^2}{2\hbar}\right) \tag{1.71}$$

$$N_n = \left(\frac{m\omega}{\pi\hbar}\right)^{1/4} (2^n n\,!)^{-1/2} \tag{1.72}$$

となる．ここで N_n は，波動関数の絶対値の 2 乗の積分を 1 とするために導

入された規格化定数である．

［**例題 1.2**］ エルミート多項式 ($H_0(x)=1,\ H_1(x)=2x,\ H_2(x)=4x^2-2,\ \cdots$) は，次の関係式を満たすことが知られている．

$$\sum_{n=0}^{\infty}\frac{H_n(z)}{n\,!}\,\xi^n=e^{2z\xi-\xi^2} \tag{1.73}$$

これを用いて，

$$\frac{1}{2n}\frac{d}{dz}\,H_n(z)=H_{n-1}(z) \tag{1.74}$$

$$\left(2z-\frac{d}{dz}\right)H_n(z)=H_{n+1}(z) \tag{1.75}$$

の関係を証明せよ．さらに，エルミート多項式は，(1.64) のタイプの微分方程式を満たすことを示せ．

［**解**］ (1.73) の両辺を z で微分して，2 で割ると

$$\sum_{n=1}^{\infty}\frac{\dfrac{d}{dz}\,H_n(z)\,\xi^n}{2n\,(n-1)\,!}=\xi e^{2z\xi-\xi^2}=\sum_{n=0}^{\infty}\frac{H_n(z)\,\xi^{n+1}}{n\,!}=\sum_{n=1}^{\infty}\frac{H_{n-1}(z)\,\xi^n}{(n-1)\,!}$$

これから (1.74) が成立する．

一方，(1.73) の両辺を ξ で微分すると，左辺は

$$\sum_{n=1}^{\infty}\frac{H_n(z)\,\xi^{n-1}}{(n-1)\,!}=\sum_{n=0}^{\infty}\frac{H_{n+1}(z)\,\xi^n}{n\,!}$$

となり，右辺は，

$$(2z-2\xi)\,e^{2z\xi-\xi^2}=\left(2z-\frac{\partial}{\partial z}\right)e^{2z\xi-\xi^2}=\sum_{n=0}^{\infty}\frac{\xi^n}{n\,!}\left(2z-\frac{d}{dz}\right)H_n(z)$$

となる．よって，ξ^n の項を比較して，(1.75) が得られる．

(1.74) と (1.75) を組み合わせて，

$$\left(2z-\frac{d}{dz}\right)\cdot\frac{1}{2n}\frac{d}{dz}H_n(z)=H_n(z)$$

である．これは (1.64) で，$\lambda=2n+1$ とおいたものである．

演習問題

［1］ 内積について，次の関係が成り立つことを示せ．

$$\langle a\phi_1 + b\phi_2 | \Psi \rangle = a^* \langle \phi_1 | \Psi \rangle + b^* \langle \phi_2 | \Psi \rangle$$

［2］ 3つの状態 ϕ_1, ϕ_2, ϕ_3 の間の距離について，以下の関係が成立することを示せ．

$$\| \phi_1 - \phi_2 \| + \| \phi_2 - \phi_3 \| \geqq \| \phi_1 - \phi_3 \|$$

［3］ 任意の状態 Ψ を任意の物理量の固有関数系 $\{\Psi_\alpha\}$ によって，$\Psi = \sum_\alpha C_\alpha \Psi_\alpha$ と展開するとき，$\sum_\alpha |C_\alpha|^2 = 1$ であることを示せ．ただし，$\{\Psi_\alpha\}$ は直交規格化されているものとせよ．

［4］ (1.62) と (1.63) から，(1.64) を導け．

［5］ エルミート多項式 $H_n(x)$ は，次の式によって導入することができる．

$$H_n(x) = (-1)^n e^{x^2} \frac{d^n}{dx^n} (e^{-x^2})$$

これから $H_0(\xi)$, $H_1(\xi)$, $H_2(\xi)$, $H_3(\xi)$ の形を具体的に決定せよ．

2 原 子 と 分 子

物質は原子と分子から構成されるので，原子と分子の性質が量子力学によってどのように記述されるかを理解することは，物性物理学の出発点になる．また第1章で学んだ量子力学を現実の系に適用するとき，原子と分子とは格好の題材を提供する．本章では，水素原子の電子構造，周期律，さらに分子をつくり上げる共有結合の起源などの基本的な性質を，量子力学に基づいて考察していこう．

§2.1 水素原子

最も簡単な原子である水素原子における電子状態を考えよう．シュレーディンガー方程式は，以下のようになる．

$$\left(-\frac{\hbar^2}{2m}\Delta - \frac{e^2}{r}\right)\Psi(\boldsymbol{r}) = E\,\Psi(\boldsymbol{r}) \tag{2.1}$$

ここで，$\boldsymbol{r} = (x,\ y,\ z)$，$r = |\boldsymbol{r}| = \sqrt{x^2 + y^2 + z^2}$ である．また，m は電子の質量，e は素電荷である．ハミルトニアン演算子 $H = -(\hbar^2/2m)\Delta - e^2/r$ の第1項は，3次元の運動エネルギーに対応する演算子であり，第2項は，原子核と電子の間のクーロンポテンシャルである．

この系は原点の周りに点対称だから $(x,\ y,\ z)$ 座標ではなく，極座標 $(r,\ \theta,\ \phi)$ を用いて記述する方が都合がよい．これらの極座標の成分の意味は図2.1で示されている．

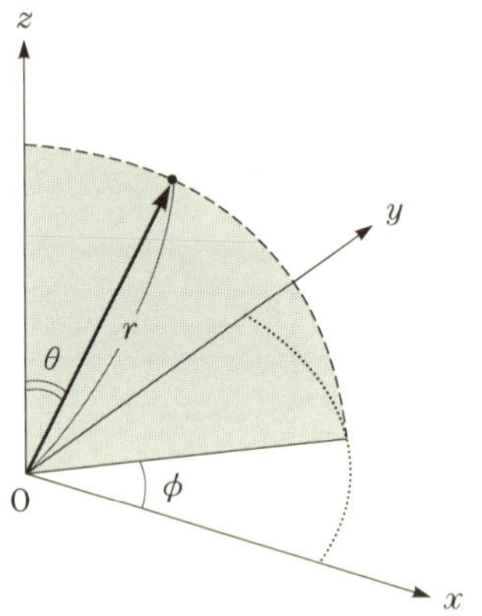

図 2.1　極座標とデカルト座標の関係

極座標でラプラシアン演算子 Δ を表すと，

$$\Delta = \frac{1}{r^2}\frac{\partial}{\partial r}\left(r^2\frac{\partial}{\partial r}\right) + \frac{1}{r^2}\Lambda(\theta,\ \phi) \tag{2.2}$$

である．ただし，演算子

$$\Lambda(\theta,\ \phi) = \frac{1}{\sin\theta}\frac{\partial}{\partial\theta}\left(\sin\theta\frac{\partial}{\partial\theta}\right) + \frac{1}{\sin^2\theta}\frac{\partial^2}{\partial\phi^2} \tag{2.3}$$

は，原点の周りの全角運動量の 2 乗に比例する演算子である（詳しくは，例えば「物理数学II」（拙著，朝倉書店）を参照）．

演算子 $\Lambda(\theta,\ \phi)$ の固有関数は，**球面調和関数**とよばれるもので

$$\Lambda(\theta,\ \phi)\ Y_{l,m}(\theta,\ \phi) = -\ l(l+1)\ Y_{l,m}(\theta,\ \phi) \qquad (l = 0,\ 1,\ 2,\ 3,\ \cdots) \tag{2.4}$$

を満たす．l がゼロと異なるとき，m は

$$m = -\ l,\ -\ l+1,\ \cdots,\ l-1,\ l \tag{2.5}$$

の値をとれるので，固有関数は $2l+1$ 重に縮重している．また，この状態に対応する全角運動量は $\hbar\sqrt{l(l+1)}$ であることが知られている．

具体的に $l=0,\ 1$ のときの $Y_{l,m}$ を書くと

$$\left.\begin{aligned} Y_{0,0} &= \sqrt{\frac{1}{4\pi}} \\ Y_{1,+1} &= -\sqrt{\frac{3}{8\pi}}\sin\theta\, e^{i\phi} = -\sqrt{\frac{3}{8\pi}}\frac{x+iy}{r} \\ Y_{1,0} &= \sqrt{\frac{3}{4\pi}}\cos\theta = \sqrt{\frac{3}{4\pi}}\frac{z}{r} \\ Y_{1,-1} &= \sqrt{\frac{3}{8\pi}}\sin\theta\, e^{-i\phi} = \sqrt{\frac{3}{8\pi}}\frac{x-iy}{r} \end{aligned}\right\} \tag{2.6}$$

のようになり，もっと一般的には

$$Y_{l,m}(\theta,\ \phi) = (-1)^{(m+|m|)/2}\sqrt{\frac{(2l+1)(l-|m|)!}{4\pi(l+|m|)!}}\,P_l^{|m|}(\cos\theta)\,e^{im\phi} \tag{2.7}$$

である．ここで $P_l^m(z)$ は，**ルジャンドル陪関数**とよばれる関数である.† また，$l=0,\ 1,\ 2,\ 3,\ \cdots$ のような状態は，順に s, p, d, f, … 状態などとよばれている．

さて，いよいよ水素原子の固有状態，すなわちシュレーディンガー方程式 (2.1) の解を求めることにしよう．このため，

$$\Psi(\boldsymbol{r}) = R(r)\ Y_{l,m}(\theta,\ \phi) \tag{2.8 a}$$

とおいて，シュレーディンガー方程式

$$\left[-\frac{\hbar^2}{2m}\left\{\frac{1}{r^2}\frac{\partial}{\partial r}\left(r^2\frac{\partial}{\partial r}\right)+\frac{1}{r^2}\Lambda(\theta,\ \phi)\right\}-\frac{e^2}{r}\right]\Psi(\boldsymbol{r}) = E\ \Psi(\boldsymbol{r}) \tag{2.8 b}$$

に代入すると

$$Y_{l,m}(\theta,\ \phi)\left[-\frac{\hbar^2}{2m}\left\{\frac{1}{r^2}\frac{d}{dr}\left(r^2\frac{dR(r)}{dr}\right)-\frac{l(l+1)}{r^2}R(r)\right\}-\frac{e^2}{r}R(r)\right] = E\ Y_{l,m}(\theta,\ \phi)\,R(r) \tag{2.8 c}$$

† $P_l^m(z) = (1-z^2)^{|m|/2}\dfrac{d^{|m|}}{dz^{|m|}}P_l(z),\qquad P_l(z) = \dfrac{1}{2^l l!}\dfrac{d^l}{dz^l}(z-1)^l$

$P_l(z)$ は l 次のルジャンドル多項式とよばれる．

が得られる．これを $Y_{l,m}(\theta,\ \phi)$ で割って，

$$R(r)=\frac{P(r)}{r} \tag{2.8 d}$$

とおくと，$P(r)$ に対する固有値方程式

$$-\frac{\hbar^2}{2m}\frac{d^2}{dr^2}P(r)+\left\{-\frac{e^2}{r}+\frac{\hbar^2 l(l+1)}{2mr^2}\right\}P(r)=E\,P(r) \tag{2.9}$$

が得られる．動径方向の固有値方程式 (2.9) は，ポテンシャル場があたかも

$$V_{\mathrm{eff}}(r)=-\frac{e^2}{r}+\frac{\hbar^2 l(l+1)}{2mr^2} \tag{2.10}$$

であるような，1 次元系のシュレーディンガー方程式と同じである．

$V_{\mathrm{eff}}(r)$ は実効的な動径方向のポテンシャルである．ただし，半径 r は負の値をとれず，また (2.8 d) の定義式から $P(r=0)=0$ だから，これは原点に無限に高い壁のある 1 次元系に相当する．ポテンシャル $V_{\mathrm{eff}}(r)$ の第 2 項は**遠心力ポテンシャル**とよばれるもので，角運動量の 2 乗に比例して大きくなる，原点からの反発力である．

前章の議論からもわかるように，このポテンシャル場 (図 2.2) に束縛さ

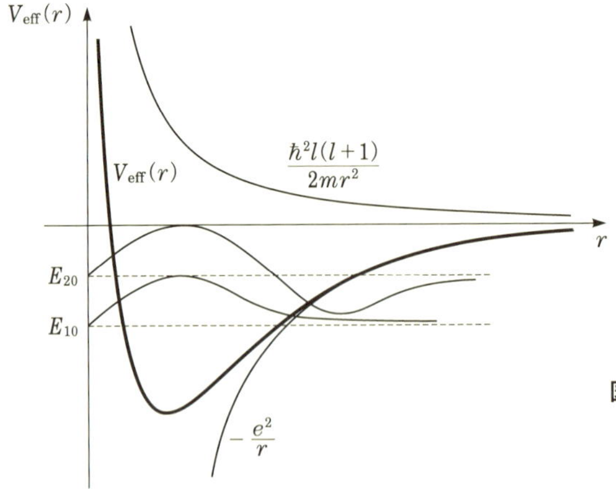

図 2.2　水素原子の実効的な動径方向のポテンシャル $V_{\mathrm{eff}}(r)$

れる固有状態のエネルギー固有値はとびとびの値をとる．詳しい理論によれば，それらは下の［例題 2.1］で示すように

$$E_{n,l} = -\frac{me^4}{2\hbar^2 n^2} = -\frac{13.6\,\text{eV}}{n^2} \qquad (n = 1,\ 2,\ 3,\ \cdots) \qquad (2.11)$$

で与えられる．ここで n は，$P(r)$ の原点以外のゼロ点の数 ν を用いて，

$$n = 1 + l + \nu \qquad (2.12)$$

と表される量である．したがって l（後に述べる方位量子数）と ν の和が一定であれば，異なる l に対してこれらのエネルギー準位は縮重している．また，l が 1 より大きければ，すでに述べたように $m = -l,\ -l+1,\ \cdots,\ l-1,\ l$ の $2l+1$ 個の状態が縮重していることにも注意しよう．

［**例題 2.1**］ 水素原子の電子状態を求めよう．

（1） 波動関数を $\Psi(r,\ \theta,\ \phi) = R(r)\,Y_{l,m}(\theta,\ \phi)$ とおくと，動径関数 $R(r)$ は次の微分方程式の解であることを示せ．

$$-\frac{\hbar^2}{2m}\frac{1}{r^2}\frac{d}{dr}\left(r^2\frac{dR}{dr}\right) - \frac{e^2}{r}R + \frac{\hbar^2 l(l+1)}{2mr^2}R = ER \quad (2.13)$$

また，$\rho = \alpha r$ と変形すると，この方程式は

$$\frac{1}{\rho^2}\frac{d}{d\rho}\left(\rho^2\frac{dR}{d\rho}\right) + \left[\frac{\lambda}{\rho} - \frac{1}{4} - \frac{l(l+1)}{\rho^2}\right]R = 0 \qquad (2.14)$$

と変形できることを示せ．ただし，

$$\alpha^2 = \frac{8m|E|}{\hbar^2}, \qquad \lambda = \frac{e^2}{\hbar}\sqrt{\frac{m}{2|E|}}$$

である．

（2） $R(\rho) = F(\rho)\,e^{-\rho/2}$ とおいて (2.13) に代入し，$F(\rho)$ の満たす微分方程式

$$\frac{d^2}{d\rho^2}F(\rho) + \left(\frac{2}{\rho} - 1\right)\frac{d}{d\rho}F(\rho) + \left[\frac{\lambda-1}{\rho} - \frac{l(l+1)}{\rho^2}\right]F(\rho) = 0 \qquad (2.15)$$

を導け．

（3）

$$F(\rho) = \rho^s L(\rho) \qquad (2.16)$$

$$L(\rho) = a_0 + a_1\rho + a_2\rho^2 + \cdots \quad (a_0 \neq 0) \tag{2.17}$$

とおき，$L(\rho)$ の満たす次の微分方程式を導け．

$$\rho^2 \frac{d^2}{d\rho^2} L(\rho) + \rho\,[2(s+1) - \rho]\frac{d}{d\rho} L(\rho) + [\rho(\lambda - s - 1) + s(s+1) - l(l+1)]L(\rho) = 0 \tag{2.18}$$

（4）　(2.18) で $\rho \to 0$ とすると，$s = l$ が導かれる．その理由を述べよ．

（5）　(2.17) の隣り合う次数の係数の関係が

$$a_{\nu+1} = \frac{\nu + l + 1 - \lambda}{(\nu+1)(\nu+2l+1)} a_\nu \tag{2.19}$$

となることを確かめよ．

（6）　ρ の大きな領域で $R(\rho)$ が発散しないためには，

$$\lambda = \nu + l + 1 \qquad (\nu = 0,\ 1,\ 2,\ \cdots) \tag{2.20}$$

でなければならない．その理由を述べ，これから，エネルギー固有値 E を求めよ．

［**解**］（1），（2），（3）は各自で示すこと．

（4）　(2.18) で $\rho \to 0$ とすれば，$s = l$ または $s = -l-1$ となるが，$s = -l-1$ のときは，$r \to 0$ で $R(r) \to \infty$ のように発散するので，波動関数として採用することができないからである．

（5）　(2.17) の展開式を (2.18) に代入し，ρ に関して ν 次の項をみると

$$\rho^\nu\,[\nu(\nu-1)a_\nu - (\nu-1)a_{\nu-1} + 2\nu l a_\nu + (\lambda - l - 1)a_{\nu-1}] = 0$$

となる．[　] の中をゼロとおけば (2.19) が得られる．

（6）　この級数が無限に続く級数であるならば，$a_{\nu+1} \sim a_\nu/(\nu+1)$ となるので $L(\rho) \sim e^\rho\ (R(\rho) \sim e^{\rho/2})$ となり，半径の大きい領域 $(\rho \to \infty)$ で発散してしまう．したがって，物理的に意味のある波動関数が得られるためには，この級数が有限項でとどまらなければならない．このため，$L(\rho)$ は ρ の多項式になる必要がある．したがって，$\lambda = \nu + l + 1\ (\nu = 0,\ 1,\ 2,\ \cdots)$ である．また，このときエネルギー固有値 E を λ で表せば，(2.11) を得る．

結局，水素原子の状態は量子数の組 (n, l, m) によって指定できるが，$n = 1, 2, 3, \cdots$ を**主量子数**，$l = 0, 1, 2, \cdots$ を**方位量子数**，$m = -l, -l+1, \cdots, l-1, l$ を**磁気量子数**とよんでいる．

表 2.1

	ν	n	l	m
1s	0	1	0	0
2s	1	2	0	0
2p	0	2	1	−1, 0, 1
3s	2	3	0	0
3p	1	3	1	−1, 0, 1
3d	0	3	2	−2, −1, 0, 1, 2
⋮	⋮	⋮	⋮	⋮

これらの可能な量子数を，エネルギー準位の順に並べると表 2.1 のようになる．また，その準位を図にすると，図 2.3 の左側のようになる．すなわち，最もエネルギーの低い状態は 1s 状態で，そのエネルギーは −13.6 eV であるが，その絶対値は水素原子のイオン化エネルギーに等しい．次にエネルギーの低い状態は，主量子数 2 である 1 個の 2s 状態と 3 個の 2p 状態で，その束縛エネルギーは −13.6/4 eV である．すなわち，この状態は 4 重に縮重している．さらにその次にエネルギーが低い状態（−13.6/9 eV）は主量子数 3 の状態，3s, 3p, 3d 状態であり，それぞれの縮重度は 1, 3, 5 であるから，全体として 9 重に縮重している．

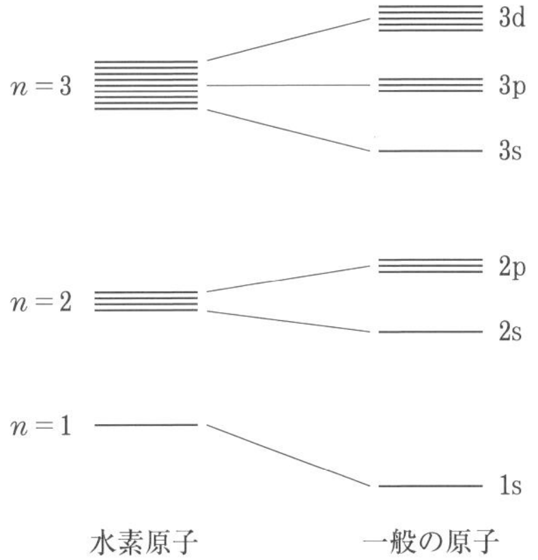

図 2.3　水素原子と一般の原子のレベル構造

§2.2 周期律

一般の原子の状態も，水素原子を手掛りにして理解できる．角運動量，すなわち方位量子数ごとの縮重度がp状態で3重，d状態で5重などという性質は，一般の原子でも変わらない．一方，水素原子では主量子数が同じならば，方位量子数によらずエネルギーも同じであったが，一般の原子では方位量子数が小さいほど，すなわち全角運動量または方位量子数 l が小さいほどエネルギーも低い．これは l の大きい状態，すなわち角運動量の大きい状態では，電子は遠心力ポテンシャルにより原子核の比較的遠方に分布しているが，l の小さい状態では遠心力ポテンシャルが弱く，電子が原子核のより近くに分布するためである．

一般に原子核の周辺には電子が強く引きつけられ，**イオン芯**とよばれる電子密度の極めて高い領域が形成されている．そして，l の小さい状態ほど，このイオン芯の内側まで電子が侵入するため，原子核の強い引力を受けてエネルギーが低下する．

さて，原子番号 Z の原子は Z 個の電子を含んでいるが，電子はフェルミ粒子であるために，1つの軌道にはスピンの異なる2個の電子しか収容できない．したがって，電子は最大でs軌道には2個，p軌道には6個，d軌道には10個までしか収容できない．これらを考慮して，各原子の電子配置，すなわち各軌道への電子の収容数を定めることができる．例として $Z=11$ であるNaの電子配置は，エネルギーの低い状態から電子を収容していくと

$$\mathrm{Na}\,(Z=11)\qquad (1\mathrm{s})^2\,(2\mathrm{s})^2\,(2\mathrm{p})^6\,(3\mathrm{s})^1$$

となる．上の記号で，例えば $(1\mathrm{s})^2$ は，1s軌道に2個の電子が収容されていることを示す．

このような電子配置を原子番号 Z の増加する順に定めていくと，周期律がなぜ現れるかを理解できる．そのポイントは，主量子数の等しい状態は，角運動量によって多少の違いはあるにせよ，エネルギーが大体同じような値

になることである (図2.3). このようなエネルギー準位の構造を, **殻構造**とよんでいる. ちょうど, 木の幹の断面に現れる年輪のパターンのように, 一団の準位 (これを殻という) がまとまって存在し, エネルギーギャップを隔てて次々と現れる. そして, 原子の性質は一番外側の殻における電子配置によって, ほぼ定まる. これが周期律の現れる原因である.

例えば, 希ガスの電子配置をみてみよう.

He ($Z = 2$) $(1s)^2$

Ne ($Z = 10$) $(1s)^2 (2s)^2 (2p)^6$

Ar ($Z = 18$) $(1s)^2 (2s)^2 (2p)^6 (3s)^2 (3p)^6$

Kr ($Z = 36$) $(1s)^2 (2s)^2 (2p)^6 (3s)^2 (3p)^6 (3d)^{10} (4s)^2 (4p)^6$

これからわかるように, これらの電子ではすべての殻が完全に電子を収容している. ただし, Ar の 3d 軌道は 3s, 3p 軌道に比べてエネルギーが高いので, 3p までで 1 つの殻と考えてよく, 同じように 4d 軌道は 4s, 4p 軌道とは異なる殻となる.

このように希ガスは完全に電子状態の殻が電子で占められた状態に対応するが, これを**閉殻系**という. 閉殻系では電子はいずれも, 強く束縛された状態にあるので, これから電子を引き抜いて正イオンとするには, かなりのエネルギーが必要である. 一般に原子間にはたらく力は, 互いの電子をやりとりすることによって生じるが, 希ガス原子ではこの効果が極めて弱く, 他の原子のように互いに分子をつくることはない. このように化学的な不活性も, 希ガス原子の閉殻性によって説明できる.

一方, アルカリ原子では閉殻の外側にある殻の中で, 一番エネルギーの低い軌道に 1 個の電子しか収容されていない. 殻の重心のエネルギーは原子番号とともに低くなり, 閉じた殻の電子雲は原子の芯のように見なせるので, これを**原子芯**とよぶ. 原子芯以外の電子を**価電子**とよび, これを収容する準位 (軌道) を**価電子準位 (軌道)** という. アルカリ原子の最後の 1 個の原子は, 原子芯の外側を大きな広がりをもつ束縛エネルギーの弱い軌道を成して周回している（図2.4）．アルカリ原子の電子配置は次のようになっている．

Liの電子状態はHe閉殻で構成される原子芯の外側を1個の電子が回る模型でよく説明できる．同じように，Na, K, Rb, Csでは，それぞれ希ガスであるNe, Ar, Kr, Xeの原子芯の外側の大きなs軌道を，1個の電子が回っているような電子状態の模型が成り立つ．

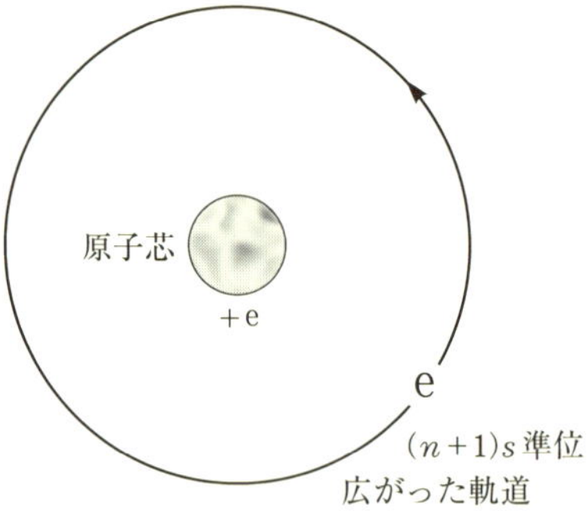

図2.4　アルカリ原子の価電子軌道．原子芯が主量子数nまでの準位で構成される場合，外側の広がった軌道は$(n+1)s$準位に対応する．

Li ($Z=3$)	Na ($Z=11$)	K ($Z=19$)	Rb ($Z=37$)	Cs ($Z=55$)
$(2s)^1$	$(3s)^1$	$(4s)^1$	$(5s)^1$	$(6s)^1$
+	+	+	+	+
He 殻 電子数 2	Ne 殻 電子数 10	Ar 殻 電子数 18	Kr 殻 電子数 36	Xe 殻 電子数 54

このような軌道は，真空準位からみてごく浅いエネルギー準位を形成する．したがって，この電子のイオン化エネルギーは低く，外部に容易にとり出すことができる．

これと対照的なのが，ハロゲン原子である．ハロゲン原子では，閉殻の電子配置になるためには電子が1個足りず，閉殻に電子の抜け穴（これを**ホール**という）が1個生じた電子配置にな

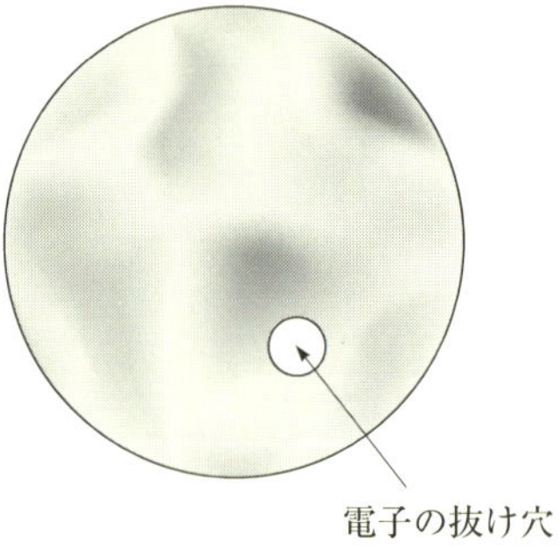

図2.5　ハロゲン原子の価電子軌道

っている (図 2.5). 例えば, F, Cl, Br, I は, 閉殻である Ne, Ar, Kr, Xe から 1 個ずつ電子が足りない. したがって, ハロゲン原子は電子を 1 個付け加えるとエネルギーが極めて安定になる. 電子を付け加えるときに得られる安定化エネルギーは**電子親和力**とよばれるが, ハロゲン原子は電子親和力の大きな元素である.

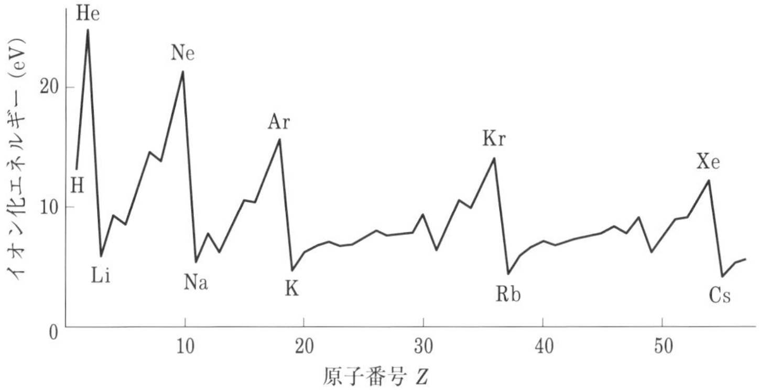

図 2.6 原子のイオン化エネルギー

図 2.6 は, 原子のイオン化エネルギーが原子番号とともにどのように変化するかを定性的に示したものである. アルカリ金属に対応する原子番号でイオン化エネルギーが極小値をとった後, 原子番号 Z とともに増加していって, 希ガス原子のところで極大値をとる. H → He, Li → Ne, Na → Ar の系列をつくる殻では, s および p 状態だけが関係するが, 第 4 周期 K → Kr および第 5 周期 Rb → Xe の系列では, d 軌道が殻に入っているために周期が長くなっている. d 軌道によるサブ殻の途中まで電子が入った原子は, **遷移金属**とよばれている. これらは, 第 4 周期では, Sc, Ti, V, Cr, Mn, Fe, Co, Ni などである. 遷移金属は強い磁性や触媒活性を示したり, 独特の性質をもつものが多い. これは d 殻にある電子, すなわち **d 電子**とよばれるもののはたらきによる.

§2.3　原子から分子へ

希ガス以外の原子は活性なので，原子がいくつか集まって分子をつくる．分子をつくる原子間にはたらく結合力には，**共有結合**，**イオン結合**，**水素結合**とよばれるものがある．ここでは**水素分子**を例にして，共有結合のメカニズムを説明しよう．

2つの水素原子 A, B が接近すると，それぞれの原子の 1s 軌道間に相互作用がはたらいて，分子としての軌道が形成される．この軌道は電子が水素原子 A に近いときは A の 1s 軌道 ϕ_A に，また水素原子 B に近いときには B の 1s 軌道 ϕ_B と似た軌道になっていると考えられる．すると，分子における電子の軌道 Ψ を

$$\Psi = C_A\phi_A + C_B\phi_B \tag{2.21}$$

の形に近似してもよいであろう．ここで，C_A, C_B は以下のように決まる定数である．(2.21) がハミルトニアンの固有状態になるとすると

$$H\Psi = E\Psi \tag{2.22}$$

であるが，この両辺と ϕ_A または ϕ_B の内積をとると

$$\left.\begin{aligned} C_A\langle\phi_A|H|\phi_A\rangle + C_B\langle\phi_A|H|\phi_B\rangle = EC_A \\ C_A\langle\phi_B|H|\phi_A\rangle + C_B\langle\phi_B|H|\phi_B\rangle = EC_B \end{aligned}\right\} \tag{2.23}$$

が得られる．ただし，異なる軌道間の重なり積分 $\langle\phi_A|\phi_B\rangle$ をゼロとした．

(2.23) の固有エネルギー E は，**永年方程式**とよばれる次の関係から決定される．

$$\begin{vmatrix} E-E_{1s} & -V \\ -V^* & E-E_{1s} \end{vmatrix} = 0 \tag{2.24}$$

この方程式から，固有値 E は以下のように求められる．

$$E = E_{1s} \pm |\langle\phi_A|H|\phi_B\rangle| = E_{1s} \pm |V| \tag{2.25}$$

ただし，

$$E_{1s} = \langle \phi_A | H | \phi_A \rangle = \langle \phi_B | H | \phi_B \rangle \qquad (2.26)$$

は，水素原子の 1s 状態のエネルギーで，

$$V = \langle \phi_A | H | \phi_B \rangle \qquad (2.27)$$

は，軌道間の相互作用エネルギーである．この量は**トランスファー積分**とよばれる．

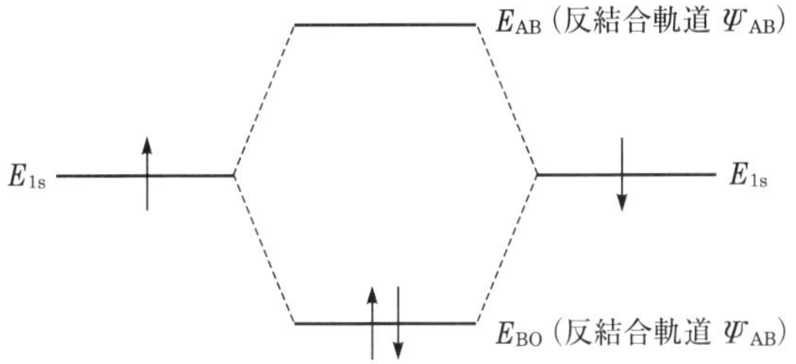

図 2.7　水素原子と水素分子のエネルギー準位の関係

図 2.7 にみるように，この相互作用によって 1s 準位は，エネルギーが $E_{BO} = E_{1s} - |V|$ のように水素の 1s 準位より $|V|$ だけ低い結合軌道状態 Ψ_{BO} と，$E_{AB} = E_{1s} + |V|$ のように $|V|$ だけ高い反結合状態 Ψ_{AB} に分裂するが，全体で 2 個ある電子は結合状態 Ψ_{BO} だけに収容されるから，系全体としてのエネルギーを $2|V|$ だけ下げることができて，これが水素分子の共有結合力を生んでいる．

この共有結合力の生成機構を，分子の軌道の空間的特徴と関連してみてみよう．結合軌道と反結合軌道の形，すなわち係数 C_A と C_B は，(2.23) でエネルギーを E_{BO} または E_{AB} とおいて決まるが，これらは結合軌道，反結合軌道で，それぞれ次のようになる．

$$\Psi_{BO} = \frac{1}{\sqrt{2}}(\phi_A + \phi_B), \qquad \Psi_{AB} = \frac{1}{\sqrt{2}}(\phi_A - \phi_B) \qquad (2.28)$$

それぞれの状態について，電子の分布密度 ($\rho_{BO} = |\Psi_{BO}|^2$, $\rho_{AB} = |\Psi_{AB}|^2$) を原子の中心を結んだ直線上で描くと，図 2.8 のようになる．反結合軌道では原子の中間は節になるので，電子密度 (ρ_{AB}) は著しく減少する．一方，結合

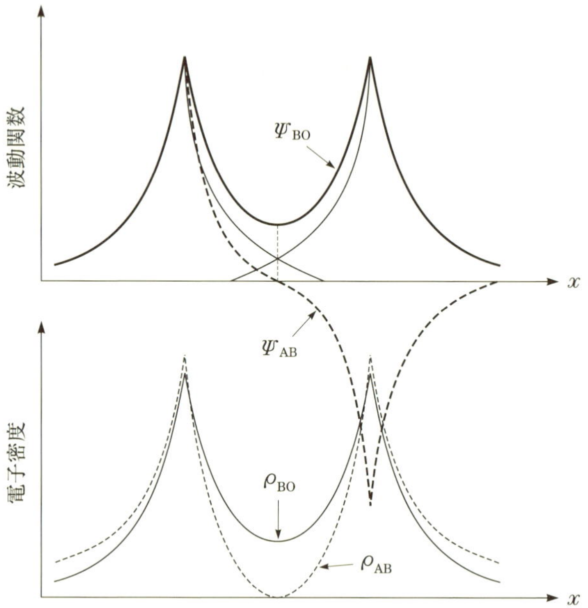

図 2.8　水素分子の結合軌道の波動関数 Ψ_{BO} と反結合軌道の波動関数 Ψ_{AB}（上図），およびそれらに対応する電子密度（下図）

軌道では原子のときと比べて 2 倍に増加している（ρ_{BO}）．2 個の電子は結合軌道だけにいるので，その 2 個分も考慮すると 4 倍の電子密度がこの中間領域で現れることになる．このように，原子と原子の中間の領域（これを**ボンド**という）に発生した電子分布（これを**ボンドチャージ**という）は，正電荷を帯びた 2 つの原子核を強く引きつけて，強い結合をつくる．これが共有結合の起源である．

［**例題 2.2**］　3 つの水素原子が，図のように直線状または正三角形状に並んだ場合，各配置におけるエネルギーと分子軌道を求めよ．どちらの配置がより安定であるといえるか．ただし，原子間隔はいずれも等しいものとし，重なり積分や最近接原子間以外の相互作用は無視せよ．

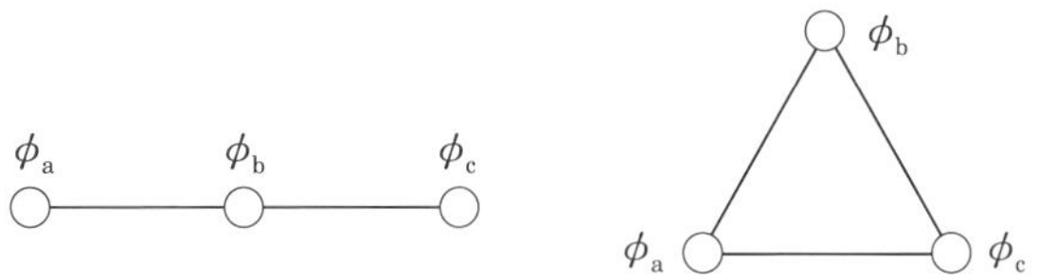

［解］ 直線状 H_3 分子の場合，ハミルトニアンの行列要素は次のようになる．

$$\boldsymbol{H} = \begin{pmatrix} \langle\phi_a|H|\phi_a\rangle & \langle\phi_a|H|\phi_b\rangle & \langle\phi_a|H|\phi_c\rangle \\ \langle\phi_b|H|\phi_a\rangle & \langle\phi_b|H|\phi_b\rangle & \langle\phi_b|H|\phi_c\rangle \\ \langle\phi_c|H|\phi_a\rangle & \langle\phi_c|H|\phi_b\rangle & \langle\phi_c|H|\phi_c\rangle \end{pmatrix} = \begin{pmatrix} \varepsilon_{1s} & V & 0 \\ V & \varepsilon_{1s} & V \\ 0 & V & \varepsilon_{1s} \end{pmatrix}$$

ただし ϕ_a, ϕ_b, ϕ_c は，それぞれ原子 a, b, c の 1s 軌道，ε_{1s} は 1s 軌道のエネルギー，V は隣接原子間のトランスファー積分 $(V = -|V|)$ である．

この分子系の波動関数（分子軌道）を

$$\Psi = c_a\phi_a + c_b\phi_b + c_c\phi_c$$

とおくと，係数ベクトル $\boldsymbol{C} = (c_a, c_b, c_c)$ は次の関係

$$\boldsymbol{HC} = E\boldsymbol{C}$$

から求められ，その永年方程式は

$$|E\boldsymbol{I} - \boldsymbol{H}| = 0 \qquad (\boldsymbol{I}\text{ は単位行列})$$

となる．この式を満たす固有値 E は

$$\varepsilon_{1s} - \sqrt{2}\,|V|, \qquad \varepsilon_{1s}, \qquad \varepsilon_{1s} + \sqrt{2}\,|V|$$

であり，係数ベクトル $\boldsymbol{C}$ からそれらに対応する波動関数（分子軌道）は，

$$\frac{1}{\sqrt{2}}(\phi_a + \phi_c), \qquad \phi_b, \qquad \frac{1}{\sqrt{2}}(\phi_a - \phi_c)$$

となる．

次に，三角形の H_3 分子の場合の $\boldsymbol{H}$ 行列は

$$\boldsymbol{H} = \begin{pmatrix} \varepsilon_{1s} & V & V \\ V & \varepsilon_{1s} & V \\ V & V & \varepsilon_{1s} \end{pmatrix}$$

となり，永年方程式 $|E\boldsymbol{I} - \boldsymbol{H}| = 0$ を満たすエネルギー E は，

$$\varepsilon_{1s} - 2\,|V|, \qquad \varepsilon_{1s} + |V|, \qquad \varepsilon_{1s} + |V| \quad (2\text{ 重に縮重})$$

であり，対応する波動関数（分子軌道）は

$$\frac{1}{\sqrt{3}}(\phi_{\mathrm{a}}+\phi_{\mathrm{b}}+\phi_{\mathrm{c}}), \qquad \frac{1}{\sqrt{2}}(\phi_{\mathrm{a}}-\phi_{\mathrm{c}}), \qquad \frac{1}{\sqrt{6}}(\phi_{\mathrm{a}}+\phi_{\mathrm{c}})-\sqrt{\frac{2}{3}}\phi_{\mathrm{b}}$$

となる．

直線形分子と三角形分子に 3 個の電子を収容するときのエネルギーは，それぞれ $3\varepsilon_{1\mathrm{s}}-2\sqrt{2}\,|V|$, $3\varepsilon_{1\mathrm{s}}-3\,|V|$ となるので，三角形分子の方がエネルギーが低く安定といえる．

演習問題

［**1**］ (2.6) で与えられる $Y_{l,m}(\theta,\ \phi)$ が，方程式 (2.4) を満たすことを確かめよ．

［**2**］ $\Psi(\boldsymbol{r})=[P(r)/r]Y_{l,m}(\theta,\ \phi)$ がシュレーディンガー方程式を満たすとき，$P(r)$ は動径方程式 (2.9) を満たすことを確かめよ．

［**3**］ 水素の 1s 軌道の波動関数は，

$$R(r)=Ne^{-r/a_0}$$

の形をしていることを確かめよ．また，a_0 を電子の質量 m，電荷 e，プランク定数 h によって表せ．（ヒント： $Y_{0,0}(\theta,\ \phi)$ が定数であることを考慮して，(2.8c) に与式を代入すると

$$-\frac{\hbar^2}{2m}\left(-\frac{2}{a_0 r}+\frac{1}{a_0{}^2}\right)e^{-r/a_0}-\frac{e^2}{r}e^{-r/a_0}=Ee^{-r/a_0}$$

である．これより，

$$\frac{\hbar^2}{ma_0}=e^2, \qquad -\frac{\hbar^2}{2ma_0{}^2}=E=-|E|$$

であれば，シュレーディンガー方程式が満たされることを用いよ.）

［**4**］ He が 2 原子分子を形成しない理由を，分子軌道の立場から説明せよ．

3 結晶の中の電子

物性物理学の主な対象は，固体である．固体の性質を最も基礎的なところから理解しようとすると，固体の中で電子がどのように振舞っているかを知らなければならない．固体の重要な特徴は，ガラスなどの非晶質物質を除いて，それが一つの結晶，あるいは無数の小さな微結晶から構成されていることである．そこで本章では，完全な結晶の中で電子はどのような状態にあるかを述べる．

§3.1 格子と逆格子

結晶の中では原子は整然とある秩序をとって並んでいる．その秩序の一つに**並進対称性**とよばれるものがある．図3.1は結晶の中で原子が周期的に配列している様子を示しているが，このような系では格子全体をあるベクトル $\boldsymbol{R}$ だけ一斉に動かすと，元の格子と完全に重なる．したがって，結晶の中で電子の感じるポテンシャルを $V(\boldsymbol{r})$ とすると

$$V(\boldsymbol{r}+\boldsymbol{R}) = V(\boldsymbol{r}) \quad (3.1)$$

の関係が成り立つ．このような $\boldsymbol{R}$ は無数にあって**格子ベクトル**とよばれるが，それらは適当な3つの**基本格子ベクトル**

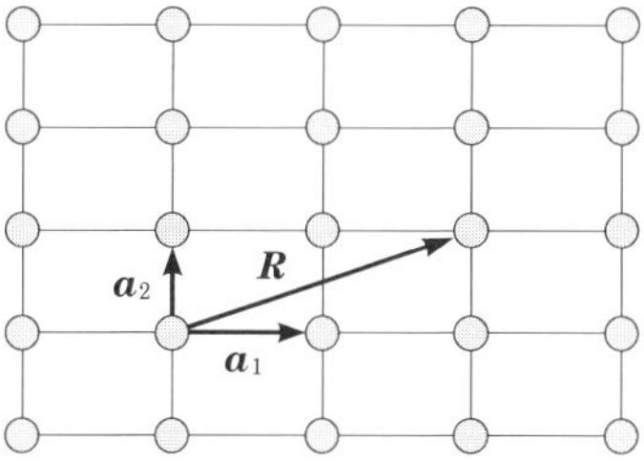

図3.1 格子と基本格子ベクトル（2次元の場合）

$\boldsymbol{a}_1$, $\boldsymbol{a}_2$, $\boldsymbol{a}_3$ を用いて

$$\boldsymbol{R} = n_1\boldsymbol{a}_1 + n_2\boldsymbol{a}_2 + n_3\boldsymbol{a}_3 \tag{3.2}$$

と書ける．ここで n, n_2, n_3 は任意の整数である．格子ベクトル $\boldsymbol{R}$ はある格子点と別の格子点を結ぶベクトルであるから，このような関係が成り立つことは図 3.1 から明らかであろう．

次に，**逆格子**という重要な概念を導入しておく．任意の格子ベクトル $\boldsymbol{R}$ に対して，それらとの内積をとると 2π の整数倍になるベクトル $\boldsymbol{K}$ を，**逆格子ベクトル**という．逆格子ベクトルは 3 つの**基本逆格子ベクトル** $\boldsymbol{b}_1$, $\boldsymbol{b}_2$, $\boldsymbol{b}_3$ によって

$$\boldsymbol{K} = m_1\boldsymbol{b}_1 + m_2\boldsymbol{b}_2 + m_3\boldsymbol{b}_3 \tag{3.3}$$

のように表すことができる．ここで m_1, m_2, m_3 は任意の整数である．

基本逆格子ベクトルは，次の関係によって定義できる．

$$\boldsymbol{a}_i \cdot \boldsymbol{b}_j = 2\pi\delta_{ij} \qquad (i,\ j = 1,\ 2,\ 3) \tag{3.4}$$

したがって，逆格子の逆格子は元の格子である．ここで δ_{ij} はクロネッカーのデルタとよばれる記号で $i = j$ のとき 1，それ以外ではゼロの値をとる．章末の演習問題［1］でみるように，基本逆格子ベクトル $\boldsymbol{b}_1$, $\boldsymbol{b}_2$, $\boldsymbol{b}_3$ は基本格子ベクトル $\boldsymbol{a}_1$, $\boldsymbol{a}_2$, $\boldsymbol{a}_3$ を用いて簡単に表せる．

多くの金属結晶は，**体心立方格子**（**bcc**）や**面心立方格子**（**fcc**）の構造をと

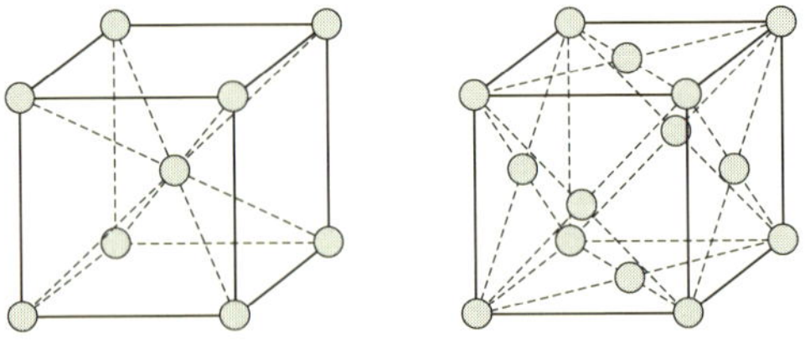

体心立方格子（bcc）　　面心立方格子（fcc）

図 3.2

る．図 3.2 に示すように，これらの構造は，立方体の各頂点，および体心立方格子ではその中心，面心立方格子では各面の中心にも格子点があるようなものである．体心立方格子の逆格子は面心立方格子であり，その逆も成り立つ (章末の演習問題［2］).

逆格子の概念は，結晶の中の電子の波動関数やその他の物理量を議論する上で，重要な役割を果たす．その一例は，格子の並進対称性をもつような任意の量 $V(\boldsymbol{r})$ が，逆格子による展開

$$V(\boldsymbol{r}) = \sum_{\boldsymbol{K}} v(\boldsymbol{K})\, e^{i\boldsymbol{K}\cdot\boldsymbol{r}} \tag{3.5}$$

で表されることである．これは，周期関数のフーリエ展開と本質的に同じである．

§3.2　結晶の中の電子

結晶の内部における電子は，結晶場の並進対称性を反映してどのように振る舞うのだろうか．結晶の中の電子が感じるポテンシャル $V(\boldsymbol{r})$ は (3.1) の性質を示し，並進対称性を満たしている．この結晶場の中のシュレーディンガー方程式

$$\left\{-\frac{\hbar^2}{2m}\Delta + V(\boldsymbol{r})\right\}\Psi(\boldsymbol{r}) = E\,\Psi(\boldsymbol{r}) \tag{3.6}$$

で決定される電子の波動関数 Ψ は，次の**ブロッホの定理**

$$\Psi(\boldsymbol{r}+\boldsymbol{R}) = e^{i\boldsymbol{k}\cdot\boldsymbol{R}}\,\Psi(\boldsymbol{r}) \tag{3.7}$$

を満たすことが示される．これは**ブロッホ条件**ともよばれる．また (3.7) で表される波を，**ブロッホ波**という．ここで $\boldsymbol{R}$ は任意の格子ベクトル，$\boldsymbol{k}$ はある実数のベクトルであり，**波数ベクトル**とよばれる．

始めに，この定理の物理的な意味を考えてみよう．(3.6) における座標の原点を，ある格子ベクトル $\boldsymbol{R}$ だけずらした位置にとり直したとすると，

$$\left\{-\frac{\hbar^2}{2m}\Delta + V(\boldsymbol{r}+\boldsymbol{R})\right\}\Psi(\boldsymbol{r}+\boldsymbol{R}) = E\,\Psi(\boldsymbol{r}+\boldsymbol{R}) \tag{3.8}$$

となり，$V(\boldsymbol{r}+\boldsymbol{R})=V(\boldsymbol{r})$ であることから，$\Psi(\boldsymbol{r}+\boldsymbol{R})$ も (3.6) と同じシュレーディンガー方程式の同じエネルギー固有値に対応する固有関数である．したがって，もしこのエネルギーの状態に縮重がないとすると，$\Psi(\boldsymbol{r}+\boldsymbol{R})$ は $\Psi(\boldsymbol{r})$ の定数倍でなければならない．

$$\Psi(\boldsymbol{r}+\boldsymbol{R})=C(\boldsymbol{R})\,\Psi(\boldsymbol{r}) \tag{3.9}$$

そして，両方の関数がともに規格化されているという条件から，定数 $C(\boldsymbol{R})$ の絶対値は1であり，$\boldsymbol{R}$ の ある実数関数 $\omega(\boldsymbol{R})$ によって

$$C(\boldsymbol{R})=e^{i\,\omega(\boldsymbol{R})} \tag{3.10}$$

の形に書けることがわかる．

次に，格子ベクトル $\boldsymbol{R}$ を2つの格子ベクトルの和として，

$$\boldsymbol{R}=\boldsymbol{R}_1+\boldsymbol{R}_2 \tag{3.11}$$

と表すと，

$$\omega(\boldsymbol{R})=\omega(\boldsymbol{R}_1+\boldsymbol{R}_2)=\omega(\boldsymbol{R}_1)+\omega(\boldsymbol{R}_2) \tag{3.12}$$

でなければならない．なぜなら $\boldsymbol{R}$ という並進操作は，$\boldsymbol{R}_1$ という並進操作と $\boldsymbol{R}_2$ という並進操作を続けて行なうことによって得られるから

$$C(\boldsymbol{R})=C(\boldsymbol{R}_1)\,C(\boldsymbol{R}_2) \tag{3.13}$$

であり，したがって，

$$e^{i\,\omega(\boldsymbol{R})}=e^{i\,\omega(\boldsymbol{R}_1)}e^{i\,\omega(\boldsymbol{R}_2)}=e^{i\,\{\omega(\boldsymbol{R}_1)+\omega(\boldsymbol{R}_2)\}} \tag{3.14}$$

であることが要求されるからである．

$\omega(\boldsymbol{R})$ が任意の $\boldsymbol{R}=\boldsymbol{R}_1+\boldsymbol{R}_2$ についての線形な関係 (3.12) を満たすためには，一般に実数のベクトル $\boldsymbol{k}$ によって

$$\omega(\boldsymbol{R})=\boldsymbol{k}\cdot\boldsymbol{R} \tag{3.15}$$

と表されることが必要である．これを (3.10) に代入すると，(3.9) から，ブロッホの定理が導かれる．この証明は縮重のない場合についてであったが，縮重があっても同様にブロッホの定理を証明することができる．

さて，ブロッホの定理 (ブロッホ条件) を満たす関数を**ブロッホ関数**またはブロッホ波というのであるが，ブロッホ関数は必ず

$$\Psi(\boldsymbol{r}) = e^{i\boldsymbol{k}\cdot\boldsymbol{r}}\, U(\boldsymbol{r}) \tag{3.16}$$

のように，波数 $\boldsymbol{k}$ の平面波 $e^{i\boldsymbol{k}\cdot\boldsymbol{r}}$ という因子と格子の並進対称性，

$$U(\boldsymbol{r}+\boldsymbol{R}) = U(\boldsymbol{r}) \tag{3.17}$$

をもつ関数の積として書き表すことができる．なぜなら $e^{-i\boldsymbol{k}\cdot\boldsymbol{r}}\Psi(\boldsymbol{r}) = U(\boldsymbol{r})$ であるが，この $\boldsymbol{r}$ を $\boldsymbol{r}+\boldsymbol{R}$ でおきかえると，(3.7) より

$$\begin{aligned} U(\boldsymbol{r}+\boldsymbol{R}) &= e^{-i\boldsymbol{k}\cdot(\boldsymbol{r}+\boldsymbol{R})}\Psi(\boldsymbol{r}+\boldsymbol{R}) = e^{-i\boldsymbol{k}\cdot(\boldsymbol{r}+\boldsymbol{R})}e^{i\boldsymbol{k}\cdot\boldsymbol{R}}\Psi(\boldsymbol{r}) \\ &= e^{-i\boldsymbol{k}\cdot\boldsymbol{r}}\Psi(\boldsymbol{r}) = U(\boldsymbol{r}) \end{aligned} \tag{3.18}$$

となるからである．

(3.16) で表せられる関数 $\psi_{n\boldsymbol{k}}(\boldsymbol{r}) = e^{i\boldsymbol{k}\cdot\boldsymbol{r}}\,U(\boldsymbol{r})$ を模式的に示すと図 3.3 のようになる．これは原子スケールで細かく変化する因子 $U(\boldsymbol{r})$ と，その関数の包絡線となってゆるやかに変化する平面波の因子 $e^{i\boldsymbol{k}\cdot\boldsymbol{r}}$ とで構成されている．第 4 章で学ぶが，結晶の中の電子は空間的および時間的にゆっくり変化する外場に対しては，質量は真空中の電子と異なるものの，真空中の自由な電子と同じように振舞うことが多い．これは (3.16) の波動関数の因子の中でも，平面波の部分 $e^{i\boldsymbol{k}\cdot\boldsymbol{r}}$ の外場に対する応答による．

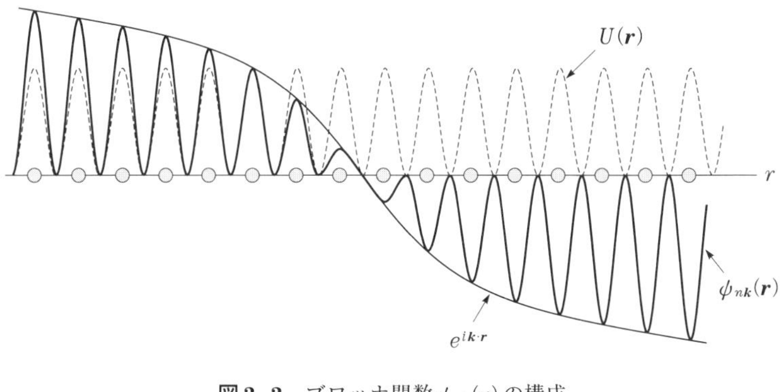

図 3.3　ブロッホ関数 $\psi_{n\boldsymbol{k}}(\boldsymbol{r})$ の構成

§3.3　エネルギーバンドとブリュアン域

前節でみたように，ブロッホ関数を特徴づける波数ベクトル $\boldsymbol{k}$ は，その状態を指定する量子数であって，ブロッホ関数のエネルギー E（(3.6) の右辺に現れるエネルギー固有値）は，この $\boldsymbol{k}$ の連続関数 $E = E(\boldsymbol{k})$ である．

波数ベクトル $\boldsymbol{k}$ の異なるブロッホ関数は，直交することを示すことができる（章末の演習問題［6］）．また，同じ波数ベクトル $\boldsymbol{k}$ をもつブロッホ関数で異なるエネルギーをもつものを区別するために，それらの状態を番号づけして，対応するエネルギーと固有関数とを

$$E_n(\boldsymbol{k}), \qquad \psi_{n\boldsymbol{k}}(\boldsymbol{r}) = e^{i\boldsymbol{k}\cdot\boldsymbol{r}}\, U_{n\boldsymbol{k}}(\boldsymbol{r}) \qquad (n = 1,\ 2,\ \cdots) \tag{3.19}$$

のように表す．$E_n(\boldsymbol{k})$ は n 番目の**エネルギーバンド**とよばれる．

波数ベクトル $\boldsymbol{k}$ の空間の中でエネルギーバンドを定義するには，**ブリュアン域**とよばれる逆格子の対称単位胞を導入すると便利である．なぜなら，エネルギーバンドは逆格子の空間で並進対称性をもち，任意の逆格子ベクトル $\boldsymbol{K}$ に対して

$$E_n(\boldsymbol{k} + \boldsymbol{K}) = E_n(\boldsymbol{k}) \tag{3.20}$$

の性質があるためである．(3.20) が成り立つ理由は，次のようにして理解できる．ブロッホ関数の量子数である波数 $\boldsymbol{k}$ は (3.7) の関係によって導入されたが，この関係は任意の逆格子ベクトルを $\boldsymbol{K}$ として，$\boldsymbol{k}$ を $\boldsymbol{k} + \boldsymbol{K}$ に代えても，全く同様に成り立つ．このためには，(3.20) の関係が成立しなければならないのである．

ここで単位胞と対称単位胞について，説明を加えておこう．**単位胞**とは結晶を定義するのに必要な最小の細胞のようなものであり，これをすべての格子ベクトル $\boldsymbol{R}$ について，$\boldsymbol{R}$ だけずらした位置に平行移動して並べると，結晶全体を隙間も重なりもなく埋めつくすことができる．単位胞の選び方は，同じ格子でも無限にある．単純な選び方は，3つの基本格子ベクトル $\boldsymbol{a}_1$，$\boldsymbol{a}_2$，$\boldsymbol{a}_3$ で構成される平行6面体である．しかし，格子全体がもっているすべて

の幾何学的特徴，特にその群論的な対称性を反映させた単位胞が重要である．

この条件を満たす単位胞は**対称単位胞**とよばれ，次のように定義される．

> 対称単位胞とは，原点を含み，任意の格子点と原点との垂直2等分面で囲まれる多面体領域である．

あるいは，

> 他のどんな格子点よりも原点との距離の方が近い点の集合である．

この2つの定義が同等であることはすぐに理解できよう．ここで重要なことは，結晶格子の点群の操作を行なっても対称単位胞の形状は不変な形をとることである．ここで**点群**とは図形の1点を固定して，その周りの回転，鏡映，反転など，この図形をそれ自身に重ね合わせる操作全体の成す群のことである（「物理数学II」（拙著，朝倉書店）を参照）．例えば格子点の周りで，3回軸の回転対称のある結晶では，対称単位胞の形状がやはり3回軸の回転対称性をもっている（図3.4）．

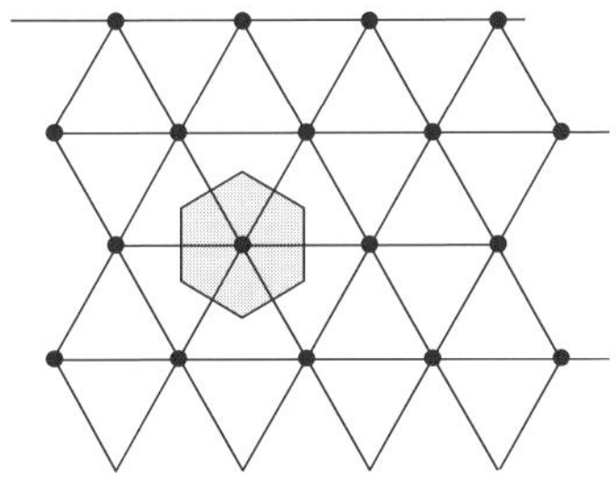

図3.4　3角格子と対称単位胞

ここでブリュアン域の定義に戻ると，ブリュアン域とは元の格子の逆格子についての対称単位胞のことである．なぜ，単なる単位胞ではなく“対称”単位胞の必要性があるかについては，次節の議論で明らかになる．ついでに実空間での対称単位胞は**ウィグナー‐ザイツセル**（Wigner‐Seitz cell）とよばれ，これも金属電子論で重要な役割を果たすことを述べておこう．

［**例題3.1**］　単層のグラファイトの結晶構造は蜂の巣（ハニカム）形をしていて，単位胞当り2個の原子が含まれる．この結晶の基本格子ベクトル $\boldsymbol{a}_1$, $\boldsymbol{a}_2$ と単位胞を示せ．また，逆格子の構造とブリュアン域を示せ．

［解］ 単位胞，単位格子ベクトルは図の左のようになる．また，単位格子ベクトルの長さを a として，単位格子ベクトルと単位逆格子ベクトルは以下のようになる．

$$\boldsymbol{a}_1 = a\left(\frac{\sqrt{3}}{2},\ -\frac{1}{2}\right), \qquad \boldsymbol{a}_2 = a\left(\frac{\sqrt{3}}{2},\ \frac{1}{2}\right)$$

$$\boldsymbol{b}_1 = \frac{4\pi}{\sqrt{3}\,a}\left(\frac{1}{2},\ -\frac{\sqrt{3}}{2}\right), \qquad \boldsymbol{b}_2 = \frac{4\pi}{\sqrt{3}\,a}\left(\frac{1}{2},\ \frac{\sqrt{3}}{2}\right)$$

ブリュアン域は図の右のようになる．

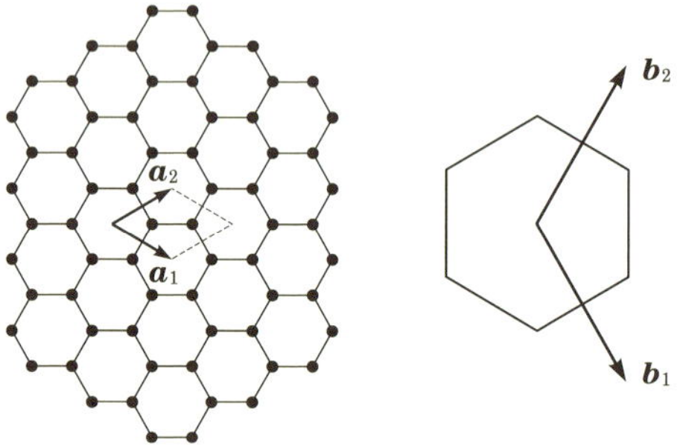

§3.4　ほとんど自由な電子の模型

この節では固体のエネルギーバンド構造を，ほとんど自由な電子の模型 (nearly free electron model) と，強結合模型（タイトバインディング模型，tight - binding model）によって考察する．この 2 つの模型は，エネルギーバンドの異なる 2 つの極限に対応しており，現実の結晶のエネルギーバンドでは両方の中間的な特徴を示すことが多い．始めに，ほとんど自由な電子の模型について述べよう．

完全に自由な電子の状態とは一様なポテンシャル場の中にいる電子の状態をいうのであるが，このとき電子の波動関数は平面波，あるいは大きさの等しい波数ベクトルの平面波の重ね合わせで記述される．一方，ほとんど自由な電子の状態は，波数が互いに逆格子ベクトルだけ異なるごく少数の平面波から構成される状態で，ポテンシャル場の変動が小さい周期場で実現される．

すなわち，電子の感じる結晶場のポテンシャルは，すでに述べたように逆格子 $\{\boldsymbol{K}_m\}$ により，

$$V(\boldsymbol{r}) = \sum_m v(\boldsymbol{K}_m)\, e^{i\boldsymbol{K}_m\cdot\boldsymbol{r}} \tag{3.21}$$

と展開されるのであるが，一様でないポテンシャルの成分 $v(\boldsymbol{K}_m)(\boldsymbol{K}_m \neq \boldsymbol{0})$ は，運動エネルギーに比べて小さいと仮定する．一方，電子の波動関数，すなわちブロッホ関数を

$$\Psi(\boldsymbol{r}) = e^{i\boldsymbol{k}\cdot\boldsymbol{r}}U(\boldsymbol{r}) \tag{3.22}$$

と書けば，$U(\boldsymbol{r})$ は結晶の並進対称性をもつ関数なので，同じように

$$U(\boldsymbol{r}) = \sum_m C(\boldsymbol{K}_m)\, e^{i\boldsymbol{K}_m\cdot\boldsymbol{r}} \tag{3.23}$$

と展開することができる．(3.21)，(3.23) の m についての和は，すべての逆格子ベクトルについての和である．

これらの展開形を結晶のシュレーディンガー方程式 (3.6) に代入し，波数ベクトル $\boldsymbol{k} + \boldsymbol{K}_m$ の平面波成分に注目すれば

$$\left\{\frac{\hbar^2}{2m}(\boldsymbol{k} + \boldsymbol{K}_m)^2 - E(\boldsymbol{k})\right\}C(\boldsymbol{K}_m) + \sum_n v(\boldsymbol{K}_m - \boldsymbol{K}_n)\, C(\boldsymbol{K}_n) = 0 \tag{3.24}$$

の関係が成立することがわかる．エネルギーの一番低い状態については，$U(\boldsymbol{r})$ の展開係数の中で，運動エネルギーが最も小さい項に対応するものが大きく，$|C(\boldsymbol{0})| \gg |C(\boldsymbol{K}_m \neq \boldsymbol{0})|$ が成り立つ．そのため，(3.24) の左辺第2項の中で，$\boldsymbol{K}_n = \boldsymbol{0}$ の項が圧倒的に大きい．そこで，その項だけを残して他を無視すれば

$$C(\boldsymbol{K}_m) \cong \frac{v(\boldsymbol{K}_m)\, C(\boldsymbol{0})}{E(\boldsymbol{k}) - \dfrac{\hbar^2}{2m}(\boldsymbol{k} + \boldsymbol{K}_m)^2} \tag{3.25}$$

が得られる．この関係式を，(3.24) で $\boldsymbol{K}_m = \boldsymbol{0}$ の場合の式に代入すると，エネルギー $E(\boldsymbol{k})$ について，次の結果が得られる．

$$E(\boldsymbol{k}) \cong \frac{\hbar^2 \boldsymbol{k}^2}{2m} + \sum_{n \neq 0} \frac{v(-\boldsymbol{K}_n)\, v(\boldsymbol{K}_n)}{E(\boldsymbol{k}) - \dfrac{\hbar^2}{2m}(\boldsymbol{k} + \boldsymbol{K}_n)^2} \tag{3.26}$$

$v(\boldsymbol{K}_n)$ は小さい量であるから，その2乗のオーダーとなる第2項は分母が特に小さくならない限り第1項に比べて小さい．第1項は自由電子のエネルギーなので，(3.26) で決まるエネルギーバンドは大部分の $\boldsymbol{k}$ 空間（波数ベクトル $\boldsymbol{k}$ の空間）の領域で，すなわち，以下に述べる特別な $\boldsymbol{k}$ の領域を除いては，自由電子とほとんど同じように振舞う．したがって，この模型を**ほとんど自由な電子の模型**という．

自由電子のエネルギー分散からのずれが大きくなるのは，(3.26) の右辺第2項の分母がゼロに近づくときである．これは，次の関係式

$$\frac{\hbar^2 \boldsymbol{k}^2}{2m} = \frac{\hbar^2}{2m}(\boldsymbol{k} + \boldsymbol{K}_n)^2 \tag{3.27}$$

が成立する波数ベクトル $\boldsymbol{k}$ の近くである．あるいは，

$$|\boldsymbol{k}| = |\boldsymbol{k} + \boldsymbol{K}_n| \tag{3.28}$$

が成立する $\boldsymbol{k}$ に近い領域である．この条件を満たす波数ベクトル $\boldsymbol{k}$ は，波数空間の原点と逆格子点 $-\boldsymbol{K}_n$ との垂直2等分面上にある．[†] 前節で述べたように，ブリュアン域の境界面は条件 (3.28) を満たすから，波数ベクトルが $\boldsymbol{k}$ 空間の原点からブリュアン域の境界に近づくと，図3.5のように自由電子のエネルギー分散からのずれが大きくなる．

このことの物理的な意味は，次のように理解できる．結晶中に平面波 $e^{i\boldsymbol{k}\cdot\boldsymbol{r}}$ が入射したとすると，結晶のポテンシャルによる散乱を受けて，無数のブラッグ反射した波に対応する平面波 $e^{i(\boldsymbol{k}+\boldsymbol{K}_n)\cdot\boldsymbol{r}}$ が生成する．$-\boldsymbol{K}_n$ をある逆格子ベクトルとして，波数ベクトル $\boldsymbol{k}$ が $-\boldsymbol{K}_n/2$ に近づいたとすると，反射波 $e^{i(\boldsymbol{k}+\boldsymbol{K}_n)\cdot\boldsymbol{r}}$ は，ちょうど入射波 $e^{i\boldsymbol{k}\cdot\boldsymbol{r}}$ と波長が等しくて波数ベクトルの符号が異なる波になるから，これらが干渉を起こして $\cos(\boldsymbol{K}_n\cdot\boldsymbol{r}/2)$ または $\sin(\boldsymbol{K}_n\cdot\boldsymbol{r}/2)$ のような定在波になってしまう．こうして進行波と反射波とが干

† $\boldsymbol{K}_n$ が逆格子点なので，$-\boldsymbol{K}_n$ も必ず逆格子点となる．

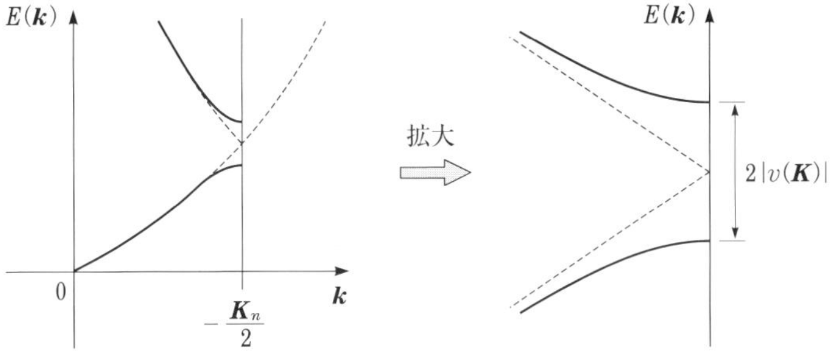

図3.5　ほとんど自由な電子の模型によるエネルギーバンド
（波数は自由電子のエネルギー分散）

渉を起こすと，干渉した波の節が原子面上にある定在波と原子面上にない定在波の2つが生じる．このため図3.5で2つのエネルギーバンドが交差するところで，低いエネルギーのバンドと高いエネルギーのバンドとができる．この状況を詳しくみるために，ほとんど縮重した系についての摂動法を適用しよう．

ブリュアン域の境界近くで

$$\Psi_k(\boldsymbol{r}) \sim c_1 e^{i\boldsymbol{k}\cdot\boldsymbol{r}} + c_2 e^{i(\boldsymbol{k}+\boldsymbol{K}_n)\cdot\boldsymbol{r}} \tag{3.29}$$

と書けることを利用しよう．係数 c_1, c_2 を決める永年方程式は

$$\begin{pmatrix} \dfrac{\hbar^2 k^2}{2m} & v(\boldsymbol{K}) \\ v^*(\boldsymbol{K}) & \dfrac{\hbar^2}{2m}(\boldsymbol{k}+\boldsymbol{K})^2 \end{pmatrix} \begin{pmatrix} c_1 \\ c_2 \end{pmatrix} = E \begin{pmatrix} c_1 \\ c_2 \end{pmatrix} \tag{3.30}$$

となる．ただし，$\boldsymbol{K}_n$ を単に $\boldsymbol{K}$ と記した．この永年方程式の行列式がゼロとなる条件から，エネルギー固有値 E は次のように求まる．

$$E(\boldsymbol{k}) \cong \frac{\hbar^2}{2m}\left(\boldsymbol{q}^2 + \frac{\boldsymbol{K}^2}{4}\right) \pm \sqrt{\left(\frac{\hbar^2}{2m}\boldsymbol{q}\cdot\boldsymbol{K}\right)^2 + |v(\boldsymbol{K})|^2} \tag{3.31}$$

ただし，

$$\boldsymbol{q} = \boldsymbol{k} + \frac{\boldsymbol{K}}{2} \tag{3.32}$$

は，ブリュアン域の境界上の点 $-\boldsymbol{K}/2$ から測った $\boldsymbol{k}$ の位置である．式 (3.31) から，波数ベクトル $\boldsymbol{k}$ がブリュアン域の境界面から遠ざかると，その距離とともに双曲線を成して上下のバンドが離れていく様子がわかる (図 3.5 (右側))．

1 次元結晶の場合について，ほとんど自由な電子の模型のエネルギーバンドを図示すると，図 3.6 のようになる．すなわち，各逆格子点を中心として放物線を成して上昇するエネルギーバンドは電子波 $\psi_n = e^{i(\boldsymbol{k}+\boldsymbol{K}_n)\cdot\boldsymbol{r}}$ に対応するのであるが，それらの交点ではエネルギーバンドは互いに反発し合い，**バンドギャップ**とよばれるエネルギーバンドのない領域を形成する．

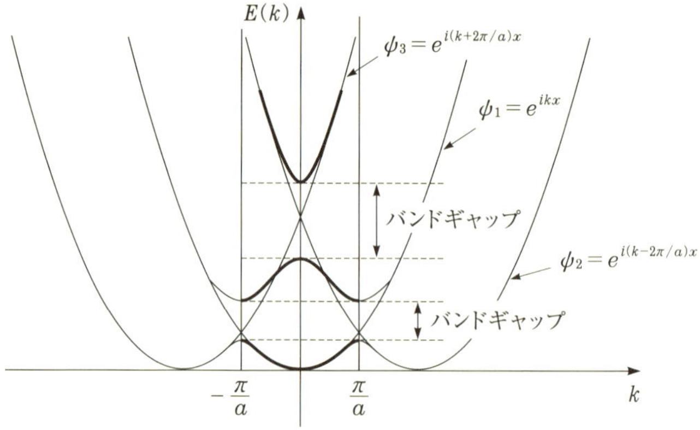

図 3.6　1 次元結晶における種々の平面波のエネルギーとエネルギーバンドとの関係

§ 3.5　強結合模型

前節では電子の振舞が自由電子とそれほど違わないほとんど自由な電子の模型について述べたが，強結合模型 (tight‐binding model) はこれと逆の極限になっている．すなわち，この模型では電子はどれかの原子に強く束縛されているが，全体としては結晶内のすべての原子を巡り歩いている．

これを記述する波動関数は，電子を束縛している原子の付近では，その原子の軌道で記述されるが，原子の存在する位置に応じて平面波の位相因子が掛かる．すなわち，この模型では電子の波動関数は

$$\Psi_{nk}(\boldsymbol{r}) = \frac{1}{\sqrt{N}} \sum_{\boldsymbol{R}} e^{i\boldsymbol{k}\cdot\boldsymbol{R}} \varphi_n(\boldsymbol{r} - \boldsymbol{R}) \tag{3.33}$$

のように表される．ここで $\varphi_n(\boldsymbol{r} - \boldsymbol{R})$ は，$\boldsymbol{R}$ に位置する原子の n 番目の原子軌道関数である．また N は，結晶中の格子点の数である．もっと正確には，電子の波動関数は何種類かの原子軌道の重ね合わせとして，

$$\Psi_{\lambda k}(\boldsymbol{r}) = \frac{1}{\sqrt{N}} \sum_{n,\boldsymbol{R}} e^{i\boldsymbol{k}\cdot\boldsymbol{R}} C^{\lambda}_{nk} \varphi_n(\boldsymbol{r} - \boldsymbol{R}) \tag{3.34}$$

のように書かれる．

さて，(3.33) または (3.34) のように書かれる波動関数は**ブロッホ和**とよばれるが，これらがブロッホの条件を満たすことは容易に示せる．すなわち，これらの式において

$$\Psi_{nk}(\boldsymbol{r}) = e^{i\boldsymbol{k}\cdot\boldsymbol{r}} U_{nk}(\boldsymbol{r})$$

$$U_{nk}(\boldsymbol{r}) = \frac{1}{\sqrt{N}} \sum_{\boldsymbol{R}} e^{-i\boldsymbol{k}\cdot(\boldsymbol{r}-\boldsymbol{R})} \varphi_n(\boldsymbol{r} - \boldsymbol{R})$$

とおくと，$U_{nk}(\boldsymbol{r})$ が結晶格子の並進対称性を満たすからである．このようにブロッホ和で波動関数が表されるとき，それに対応するエネルギーバンド $E_n(\boldsymbol{k})$ はどのようなものであろうか．これは (3.33) または (3.34) で表される状態について，ハミルトニアンの期待値をとればよい．

簡単のために，(3.33) の場合について述べると

$$\begin{aligned} E_n(\boldsymbol{k}) &= \langle \Psi_{nk} | H | \Psi_{nk} \rangle \\ &= \langle \varphi_n(\boldsymbol{r}) | H | \varphi_n(\boldsymbol{r}) \rangle + \sum_{\boldsymbol{d}} \langle \varphi_n(\boldsymbol{r}) | H | \varphi_n(\boldsymbol{r} - \boldsymbol{d}) \rangle \, e^{i\boldsymbol{k}\cdot\boldsymbol{d}} \end{aligned} \tag{3.35}$$

である．右辺の第 2 項は，異なる格子位置にある原子軌道の間の行列要素で

あるが，格子点同士を結ぶベクトル $\boldsymbol{d}$ が大きくなると，$\boldsymbol{d}$ について指数関数的に小さくなる．そこで通常は，第 2 項は最近接格子点にわたる和だけをとることが多い．すなわち，この場合のエネルギーバンドは

$$E_n(\boldsymbol{k}) = \varepsilon_n + J \sum_{\boldsymbol{d}} e^{i\boldsymbol{k}\cdot\boldsymbol{d}} \tag{3.36}$$

と表される．ただし，

$$\varepsilon_n = \langle \varphi_n(\boldsymbol{r}) | H | \varphi_n(\boldsymbol{r}) \rangle \tag{3.37}$$

は，n 番目の原子軌道のエネルギー準位に近いが，結晶中で他の原子のポテンシャルの影響を受けて多少の変化をしたものである．また，

$$J = \langle \varphi_n(\boldsymbol{r}) | H | \varphi_n(\boldsymbol{r} - \boldsymbol{d}) \rangle \tag{3.38}$$

は，電子が $\boldsymbol{d}$ だけ隔たった格子点上の軌道に飛び移る確率に比例するので，**ホッピング積分**または**トランスファー積分**とよばれる（共鳴積分とよばれることもある）．

図3.7(a) のような 1 次元格子の場合，強結合模型でのエネルギーバンドは

$$E_n(k) = \varepsilon_n + 2J \cos ka \tag{3.39}$$

と書ける．ただし，a は格子間隔である．また，格子定数が a の単純立方格子の結晶の場合，エネルギーバンドが

$$E_n(\boldsymbol{k}) = \varepsilon_n + 2J\,(\cos k_x a + \cos k_y a + \cos k_z a) \tag{3.40}$$

となることも容易に確かめられる．そこで，原子が集合して結晶を構成する

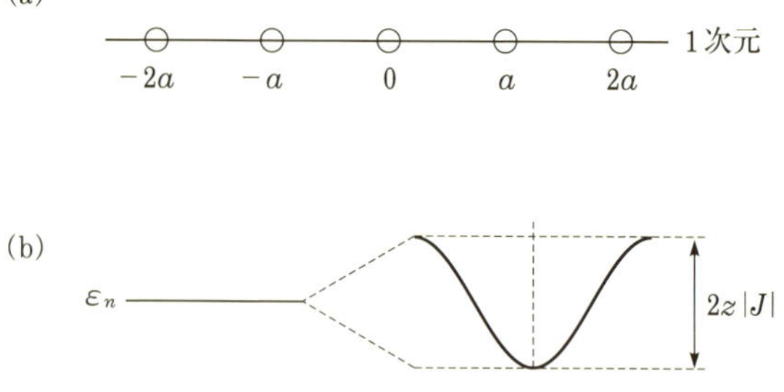

図 3.7　1次元結晶のモデル(a)と強結合模型でのエネルギーバンド(b)．1次元では，最近接原子数 z は2である．

ときの原子の軌道準位とエネルギーバンドとの関係を模式的に示せば，図3.7(b) のようになる．すなわち，z を最近接原子の数（配位数ともよばれる）として，結晶中ではエネルギーバンドが形成される効果によって原子の準位が $2z|J|$ の広がりをもつ．

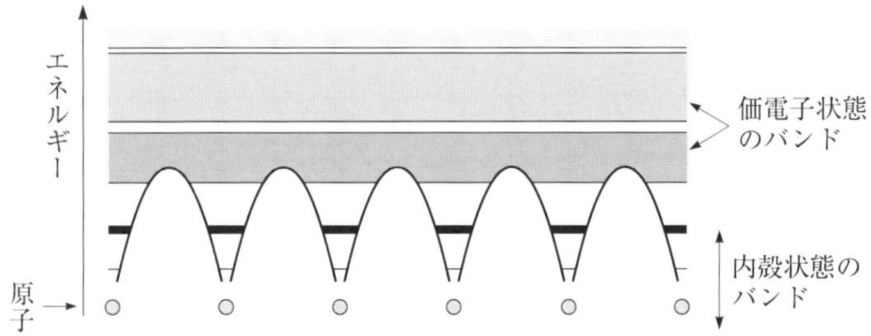

図3.8　結晶中のポテンシャルとエネルギーバンドの概念図

現実の結晶のエネルギーバンドは，強結合模型によるものと，ほとんど自由な電子の模型によるものと，どちらに近いだろうか．これは，考えているエネルギーの領域によって違ってくる．図3.8は，結晶中のポテンシャルとエネルギーバンドのおよその特徴を示したものである．結晶の中でも原子の中心にごく近ければ，そこでは結晶中のポテンシャルは原子のポテンシャルとほぼ等しく，非常に深く鋭くなっている．したがって，その中心付近に束縛された原子軌道（これを**内殻状態**という）はこの原子の周りに強く局在しており，隣の原子との間のホッピング積分も小さく，バンド幅は狭い．そのため，エネルギーが低い軌道にある電子については，強結合模型の方がほとんど自由な電子の模型よりも良い描像を与える．原子軌道の準位が高くなるにつれ，その軌道は広がってホッピング積分は大きくなり，バンド幅が増すことになる．

内殻状態よりエネルギーの高い状態は**価電子状態**とよばれる．価電子状態のエネルギーは結晶中のポテンシャル（結晶ポテンシャル）の最大値の付近となるので，波動関数は個々の原子に局在するのではなく，結晶全体に広がった波として表す方が現実に近くなる．結晶ポテンシャルの最大値よりエネルギーの高い領域では，ほとんど自由な電子の模型の方が良い近似になる．この状況でも，広いエネルギーバンドの間に狭いバンドギャップが形成されている．これは前節で述べたように，ブラッグ反射した波の間で定在波が形成される効果である．

［**例題 3.2**］　単層グラファイトの $2p_z$ 原子軌道から成るエネルギーバンドを求めよ．ただし，単位胞に含まれる2個の原子のそれぞれに対応する2つのブロッホ和を用い，それらの線形結合によって電子の波動関数を展開せよ．

［**解**］　グラファイトの π バンドをつくるブロッホ和は，

$$\Psi_{\mathrm{A}\boldsymbol{k}}(\boldsymbol{r}) = \frac{1}{\sqrt{N}} \sum_{\boldsymbol{R}} \exp\{i\boldsymbol{k}\cdot(\boldsymbol{R} + \boldsymbol{t}_{\mathrm{A}})\}\, \varphi(\boldsymbol{r} - \boldsymbol{R} - \boldsymbol{t}_{\mathrm{A}})$$

$$\Psi_{\mathrm{B}\boldsymbol{k}}(\boldsymbol{r}) = \frac{1}{\sqrt{N}} \sum_{\boldsymbol{R}} \exp\{i\boldsymbol{k}\cdot(\boldsymbol{R} + \boldsymbol{t}_{\mathrm{B}})\}\, \varphi(\boldsymbol{r} - \boldsymbol{R} - \boldsymbol{t}_{\mathrm{B}})$$

と表される．ここで $\boldsymbol{t}_{\mathrm{A}}$ と $\boldsymbol{t}_{\mathrm{B}}$ は，単位胞中にある原子 A, B の単位胞内での位置ベクトルである．電子の波動関数が $\Psi_{\boldsymbol{k}} = C_{\mathrm{A}\boldsymbol{k}}\Psi_{\mathrm{A}\boldsymbol{k}} + C_{\mathrm{B}\boldsymbol{k}}\Psi_{\mathrm{B}\boldsymbol{k}}$ と書けるとすれば，エネルギーバンド $E(\boldsymbol{k})$ と係数は

$$H = \begin{pmatrix} \langle \Psi_{\mathrm{A}\boldsymbol{k}}|H|\Psi_{\mathrm{A}\boldsymbol{k}}\rangle & \langle \Psi_{\mathrm{A}\boldsymbol{k}}|H|\Psi_{\mathrm{B}\boldsymbol{k}}\rangle \\ \langle \Psi_{\mathrm{B}\boldsymbol{k}}|H|\Psi_{\mathrm{A}\boldsymbol{k}}\rangle & \langle \Psi_{\mathrm{B}\boldsymbol{k}}|H|\Psi_{\mathrm{B}\boldsymbol{k}}\rangle \end{pmatrix}$$

$$= \begin{pmatrix} \varepsilon_{2\mathrm{p}} & -t(e^{i\boldsymbol{k}\cdot\boldsymbol{d}_1} + e^{i\boldsymbol{k}\cdot\boldsymbol{d}_2} + e^{i\boldsymbol{k}\cdot\boldsymbol{d}_3}) \\ -t(e^{-i\boldsymbol{k}\cdot\boldsymbol{d}_1} + e^{-i\boldsymbol{k}\cdot\boldsymbol{d}_2} + e^{-i\boldsymbol{k}\cdot\boldsymbol{d}_3}) & \varepsilon_{2\mathrm{p}} \end{pmatrix}$$

として，永年方程式

$$H\begin{pmatrix} C_{\mathrm{A}\boldsymbol{k}} \\ C_{\mathrm{B}\boldsymbol{k}} \end{pmatrix} = E(\boldsymbol{k})\begin{pmatrix} C_{\mathrm{A}\boldsymbol{k}} \\ C_{\mathrm{B}\boldsymbol{k}} \end{pmatrix}$$

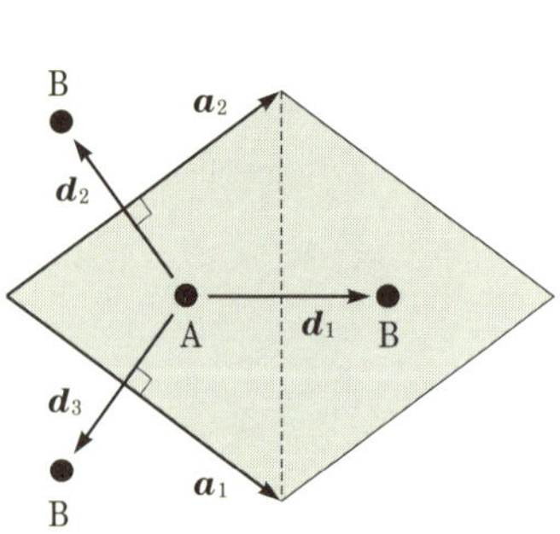

から求められる．ここで，$-t$ は隣り合う原子間のホッピング積分であり，$\boldsymbol{d}_1$, $\boldsymbol{d}_2$, $\boldsymbol{d}_3$ はある原子 A から見て，これに最も近い3つの原子 B の位置ベクトルである．この永年方程式を解けば

$$E_\pm(\boldsymbol{k}) = \varepsilon_{2\mathrm{p}} \pm t|e^{i\boldsymbol{k}\cdot\boldsymbol{d}_1} + e^{i\boldsymbol{k}\cdot\boldsymbol{d}_2} + e^{i\boldsymbol{k}\cdot\boldsymbol{d}_3}|$$

という 2 つのバンドができる．

§3.6　エネルギーバンドへの電子の収容

物質をその性質によって大きく分類すれば，金属，半導体，絶縁体に分けられる．これは電気の流れやすさをもとにした分け方であるが，熱的な性質や光学的な性質などもこの分類に従う．この節では，結晶におけるエネルギーバンドの状況から，その結晶が金属であるか，絶縁体であるか，半導体であるかについて手掛りが得られることを示そう．そのために，「1 つのエネルギーバンドが収容できる電子の総数は，その結晶中の単位胞の数の 2 倍である」という命題を証明することから始めよう．この 2 倍というのは，後で述べるように，スピンが上向きと下向きの 2 つの自由度をもつことと関係している．

さて，図 3.9 のような，それぞれの辺が基本格子ベクトルと平行な平行 6 面体の結晶を用意しよう．すなわち，この平行 6 面体のそれぞれの辺を

$$\boldsymbol{A}_1 = N_1\boldsymbol{a}_1, \qquad \boldsymbol{A}_2 = N_2\boldsymbol{a}_2, \qquad \boldsymbol{A}_3 = N_3\boldsymbol{a}_3 \tag{3.41}$$

であるとする．ただし，N_1, N_2, N_3 は 1 に比べて非常に大きい整数である．この結晶中における電子の波動関数を決定するには，境界条件を指定する必要がある．この境界条件は主に境界付近の電子の状態に影響するだけで，結晶の内部についてはほとんど影響がない．そのため，これを適当に仮定しても，これから議論しようとする結果には影響しない．そこで，**周期的境界条件**というものを仮定することにする．これは，平行 6 面体の向かい合った面では波動関数が全く同じになり，全空間で定義さ

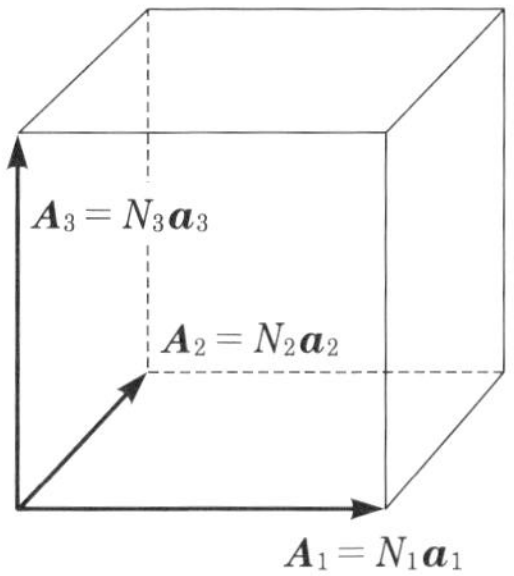

図 3.9　平行 6 面体の結晶模型

れる波動関数は各辺を表すベクトル $\boldsymbol{A}_1$, $\boldsymbol{A}_2$, $\boldsymbol{A}_3$ それぞれの並進操作で元の関数と一致するというものである．これを式で表せば，エネルギーバンド $E_n(\boldsymbol{k})$ の波動関数に対して

$$\left.\begin{aligned}\Psi_{nk}(\boldsymbol{r}+\boldsymbol{A}_1)&=\Psi_{nk}(\boldsymbol{r})\\ \Psi_{nk}(\boldsymbol{r}+\boldsymbol{A}_2)&=\Psi_{nk}(\boldsymbol{r})\\ \Psi_{nk}(\boldsymbol{r}+\boldsymbol{A}_3)&=\Psi_{nk}(\boldsymbol{r})\end{aligned}\right\}\tag{3.42}$$

の関係が成り立つというものである．(3.42) の境界条件のわかりやすい例は結晶が 2 次元の場合で，この場合は，結晶格子が図 3.10 で示すようなドーナツの形状を成している．

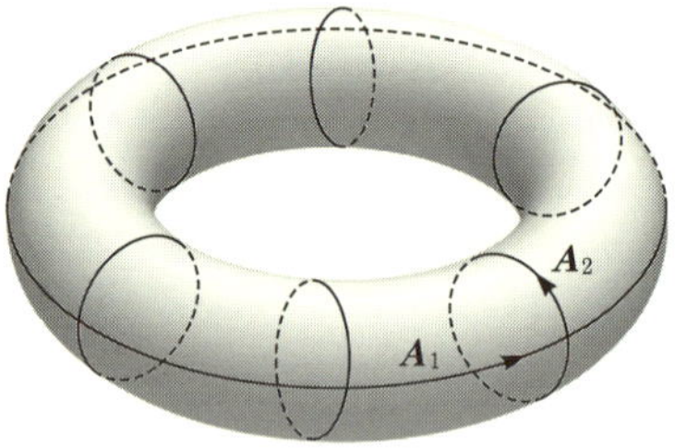

図 3.10　2 次元の周期的境界条件をもつ結晶

さて，(3.42) にブロッホの定理を適用すれば，

$$\Psi_{nk}(\boldsymbol{r}+\boldsymbol{A}_1)=e^{i\boldsymbol{k}\cdot\boldsymbol{A}_1}\Psi_{nk}(\boldsymbol{r})=e^{i\boldsymbol{k}\cdot N_1\boldsymbol{a}_1}\Psi_{nk}(\boldsymbol{r})=\Psi_{nk}(\boldsymbol{r})\tag{3.43}$$

であり，これが任意の位置ベクトル $\boldsymbol{r}$ で成り立つことから，$e^{i\boldsymbol{k}\cdot N_1\boldsymbol{a}_1}=1$．すなわち，波数空間の単位胞に波数ベクトル $\boldsymbol{k}$ があるとして

$$\boldsymbol{k}\cdot\boldsymbol{a}_1=\frac{2\pi m_1}{N_1}\qquad(m_1=0,\ 1,\ \cdots,\ N-1)\tag{3.44}$$

である．これは他の 2 つの辺の方向についても同様だから，波数ベクトル $\boldsymbol{k}$ は基本逆格子ベクトル $\boldsymbol{b}_1$, $\boldsymbol{b}_2$, $\boldsymbol{b}_3$ を用いて，

$$\boldsymbol{k}=q_1\boldsymbol{b}_1+q_2\boldsymbol{b}_2+q_3\boldsymbol{b}_3\tag{3.45}$$

$$q_i=\frac{m_i}{N_i}\qquad(m_i=0,\ 1,\ \cdots,\ N_i-1,\ \ i=1,\ 2,\ 3)\tag{3.46}$$

のようになる．ただし，$\boldsymbol{b}_1$, $\boldsymbol{b}_2$, $\boldsymbol{b}_3$ と実格子の基本格子ベクトル $\boldsymbol{a}_1$, $\boldsymbol{a}_2$, $\boldsymbol{a}_3$ との間には，$\boldsymbol{a}_i \cdot \boldsymbol{b}_j = 2\pi\delta_{ij}$ の関係があることに注意しよう．つまり，波数空間の波数ベクトル $\boldsymbol{k}$ で波動関数の境界条件を満たすものは連続的に分布するのではなくて，ある微細な格子点上に離散的に配列している．この許される $\boldsymbol{k}$ から成る微細格子の基本格子ベクトルを $\tilde{\boldsymbol{b}}_1$, $\tilde{\boldsymbol{b}}_2$, $\tilde{\boldsymbol{b}}_3$ とすると

$$\tilde{\boldsymbol{b}}_1 = \frac{1}{N_1}\boldsymbol{b}_1, \qquad \tilde{\boldsymbol{b}}_2 = \frac{1}{N_2}\boldsymbol{b}_2, \qquad \tilde{\boldsymbol{b}}_3 = \frac{1}{N_3}\boldsymbol{b}_3 \tag{3.47}$$

と表せる．

波数 ($\boldsymbol{k}$) 空間の単位胞には，この微細格子の格子点が

$$N = N_1 \times N_2 \times N_3 \text{ 個} \tag{3.48}$$

だけ入っており，またこれは波数 ($\boldsymbol{k}$) 空間の対称単位胞であるブリュアン域が含んでいる微細格子の格子点の数でもある．そして，この数は結晶が含んでいる単位胞の数に等しい．この微細な格子点上の波数ベクトル $\boldsymbol{k}$ はそれぞれ異なるブロッホ関数を定義し，これらは境界条件 (3.42) を満たす波動関数である．したがって，このエネルギーバンドについて許される状態の数は，スピンの自由度の 2 倍を掛けて，「結晶中の単位胞の数 × 2」ということになる．

電子はフェルミ粒子であるから，スピン状態まで区別すると，1 つの状態には電子を 1 つしか収容できない．そこで，エネルギーバンドに結晶内の各原子から供給されるすべての電子を収容させる場合，全体のエネルギーを最小にする方法は，微細格子の格子点の状態を一番低いエネルギーバンドからエネルギーの低い順に詰めていくことである．例えば 1s 軌道の 2 個の電子は，強結合模型では 1s バンドとよばれる一番低いバンドに完全に収容される．また，その次の 2s 電子は，それよりエネルギーの高い 2s バンドとよばれるエネルギーバンドに収容される．同様にして，さらにエネルギーの高い軌道にあった電子も，より高いエネルギーバンドに収容されていく．

こうしてすべての電子をバンドに収容したとき，完全に電子を収容してい

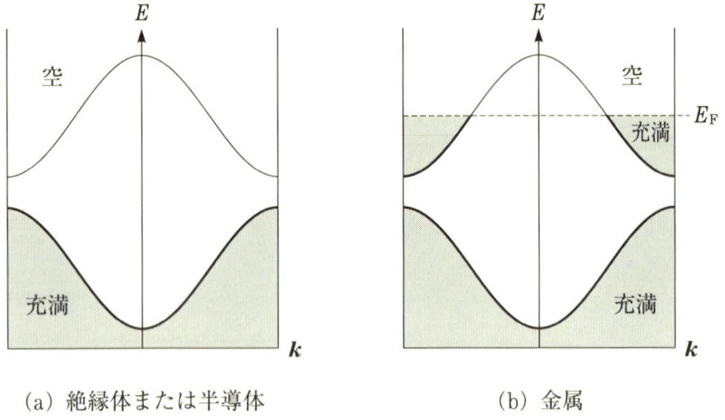

図 3.11

っぱいになったエネルギーバンドと完全に空のエネルギーバンドしかできない場合と，ある電子を部分的に収容したエネルギーバンドができる場合とがある．その状況をそれぞれ，図 3.11(a) と (b) に示した．(a) の場合は，完全に満ちたエネルギーバンドと完全に空のエネルギーバンドとの間が，バンドギャップによって隔てられているのに対して，(b) では，一部だけ電子を収容するエネルギーバンドが存在する．このとき，電子の存在する状態と存在しない状態の間のエネルギー差は，結晶が大きくなるにつれて無限に小さくなる．(a) は絶縁体または半導体に相当し，(b) は金属に相当する．(b) の場合，電子が収容されたエネルギー領域と収容されていないエネルギー領域を分かつエネルギーは**フェルミ準位**とよばれ，これは電子の**化学ポテンシャル**に対応する．

図 3.11(a) のような状況では，結晶に電場を加えても電子の状態は電場のない状態から変化できないので，電流を流すことができない．絶縁体ではこのような状況になっている．一方，図 3.11(b) のような場合には，電場をかけるとフェルミ準位付近で電子の収容のされ方がわずかに変化し，電場と逆方向に運動する電子が増加し，逆に電場方向に運動する電子は減少して電流が流れる．この詳しい議論は，第 9 章で行なうことにしよう．

ところで，図3.11(a) のような場合でもバンドギャップが小さければ，温度が上昇するにつれて，電場が加わると電流が流れるようになる．温度の上昇にともなって，バンドギャップの下側にある電子の満ちたエネルギーバンドから上側の空のエネルギーバンドに，少量の電子が励起されるためである．これは真性半導体において実現される．

さて金属について，**フェルミ面**という概念を導入しておこう．これは波数空間（$\boldsymbol{k}$ 空間）の等エネルギー面で

$$E_n(\boldsymbol{k}) = E_{\mathrm{F}} \tag{3.49}$$

を満たすものである（図3.12）．

フェルミ面は，電子が収容されている $\boldsymbol{k}$ 空間の領域と収容されていない領域を分ける曲面である．仮にエネルギーバンドが等方的で，あるパラメータ m^*（第4章で述べる有効質量）によって

$$E_n(\boldsymbol{k}) = \frac{\hbar^2 \boldsymbol{k}^2}{2m^*} \tag{3.50}$$

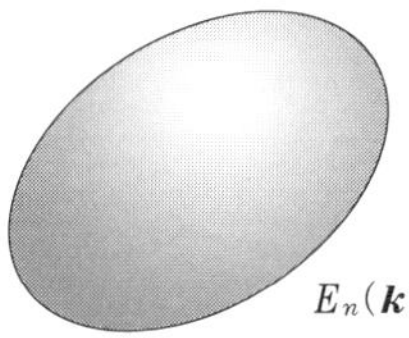

図3.12　フェルミ面（この内部に電子が詰まっている）

と表されるとすると，フェルミ面は半径

$$k_{\mathrm{F}} = \frac{1}{\hbar}\sqrt{2m^* E_{\mathrm{F}}} \tag{3.51}$$

の球面である．k_{F} を**フェルミ波数**とよび，対応する電子波の波長を**フェルミ波長**という．

上に述べたことから，単位胞に1価や3価などの原子を1個含む結晶が金属になることは容易に理解できる．なぜなら，これらの価電子よりエネルギーの低い電子は閉殻系を成して，それらに対応するエネルギーバンドは完全に満ちているとすると，1枚または2枚の価電子のエネルギーバンドを単位胞当り1個または3個の価電子で完全に満たすことはできないからである．

演習問題

［1］ 以下の関係を証明せよ．また，基本逆格子ベクトル $\boldsymbol{b}_2$, $\boldsymbol{b}_3$ を基本格子ベクトル $\boldsymbol{a}_1$, $\boldsymbol{a}_2$, $\boldsymbol{a}_3$ によって表せ．

$$\boldsymbol{b}_1 = 2\pi \frac{\boldsymbol{a}_2 \times \boldsymbol{a}_3}{\boldsymbol{a}_1 \cdot (\boldsymbol{a}_2 \times \boldsymbol{a}_3)}$$

［2］ 体心立方格子と面心立方格子が互いに逆格子の関係にあることを確かめよ．

［3］ (3.33) のブロッホ和

$$\Psi_{nk}(\boldsymbol{r}) = \frac{1}{\sqrt{N}} \sum_{\boldsymbol{R}} e^{i\boldsymbol{k}\cdot\boldsymbol{R}} \varphi_n(\boldsymbol{r} - \boldsymbol{R})$$

が，ブロッホの条件 (3.7) を満たすことを証明せよ．

［4］ 2次元正方格子の結晶，および3次元立方格子の結晶での強結合模型によるエネルギーバンドは，それぞれ

$$\varepsilon_n + 2J(\cos k_x a + \cos k_y a), \qquad \varepsilon_n + 2J(\cos k_x a + \cos k_y a + \cos k_z a)$$

で与えられることを示せ．ただし，1種類の等方的な（s軌道の）原子軌道がある場合だけを考える．

［5］ $\boldsymbol{k}$ を任意のブロッホ波の波数ベクトルとするとき，結晶内のすべての格子点についての和について，次の関係を示せ．

$$\sum_{\boldsymbol{R}} e^{i\boldsymbol{k}\cdot\boldsymbol{R}} = \begin{cases} N & (\boldsymbol{k}\text{ が逆格子ベクトル }\boldsymbol{K}\text{ のとき}) \\ 0 & (\text{それ以外のとき}) \end{cases}$$

ただし，N は格子点の総数である．

［6］ 異なる波数ベクトル $\boldsymbol{k}$, $\boldsymbol{k}'$ をもつ2つのブロッホ関数 $\Psi_{\boldsymbol{k}}(\boldsymbol{r})$ と $\Psi_{\boldsymbol{k}'}(\boldsymbol{r})$ $(\boldsymbol{k} \neq \boldsymbol{k}')$ は，互いに直交することを示せ．

4 金属と半導体の電子構造

第3章では，電子を収容するバンド構造によって，金属，半導体，絶縁体などの違いが生じることをみたが，本章では具体的に，簡単な金属および半導体について，それらのバンド構造を概観してみる．金属はフェルミ面をもち，フェルミ面上の電子が様々な物性を決定づける．始めにその例を比熱と帯磁率とで学び，単純金属を中心に具体的なバンド構造について考察する．半導体のバンド構造を特徴づけるものは，価電子帯と伝導帯の間のバンドギャップであるが，ここではその起源をいくつかの側面から探ってみる．

§4.1　金属の電子比熱と磁気的性質

本章の前半では代表的な金属について，そのエネルギーバンドの特徴とそれに関連する性質を述べよう．始めに結晶構造について触れておくと，多くの金属は**体心立方格子**か**面心立方格子**，あるいは**六方稠密格子**(ちゅうみつ)をとる．このうち，体心立方格子と面心立方格子とは互いに格子と逆格子の関係にある．また，面心立方格子は六方稠密格子と同じように最稠密格子，すなわち等しい大きさの球をできるだけ密集して並べるときの構造である．これらの格子とブリュアン域とを図4.1に示す．ブリュアン域の中の対称性の良い点や線には決まった記号が付けられている．図ではそれらの記号も示した．

ところで，電気抵抗，電子比熱，帯磁率，プラズマ振動，磁気抵抗効果など，金属の多くの性質は，フェルミ準位付近での電子の振舞によって決まる

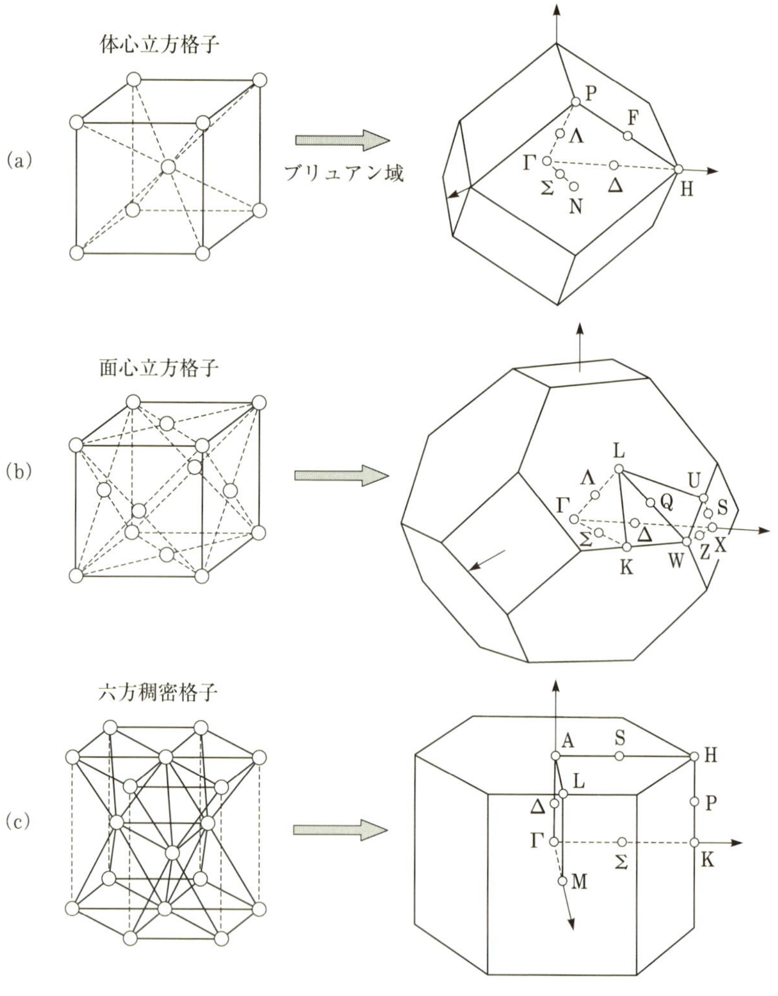
体心立方格子
(a)
ブリュアン域
P
F
Λ
Γ
Δ
H
Σ
N
面心立方格子
(b)
L
Λ
U
Γ
Q
S
Σ
Δ
X
K
W
Z
六方稠密格子
(c)
A
S
H
L
Δ
P
Γ
Σ
K
M

図4.1

ことが知られている．逆にこれらの物性量から，フェルミ面についての情報を得ることができる．本節では電子比熱と帯磁率についてのみ説明し，その他の金属の電子物性とバンドの関係については，以後の節で詳しく述べる．

電子比熱は金属の物性を特徴づける基本的な物性量であるが，これを解析するために，**状態密度**という概念を導入しよう．エネルギーが E から $E+dE$ までのエネルギー区間に入る電子の状態数は，状態密度 $D(E)$ を用いて $D(E)\,dE$ と表される．したがって，エネルギーが E 以下である電子の状態数は

$$N(E) = \int_{-\infty}^{E} D(E)\,dE \tag{4.1}$$

となる．

ごく簡単な例として，有効質量 m^* のほとんど自由な電子の模型を考えよう．“有効質量”の概念は第5章で学ぶが，ここではエネルギーバンドが (3.50) の $E(\boldsymbol{k}) = \hbar^2\boldsymbol{k}^2/2m^*$ で与えられる金属を仮定するわけである．この系での状態密度を求めよう．$N(E)$ は波数空間における等エネルギー面 ($E(\boldsymbol{k}) = E$) 内部の状態数であるが，この等エネルギー面は半径が

$$k(E) = \sqrt{\frac{2m^*E}{\hbar^2}} \tag{4.2}$$

の球である．この球の内部にある状態数 $N(E)$ は，中に含まれる微細格子点 (§3.6 を参照) の数であり，その $\boldsymbol{k}$ 空間における単位胞の体積は

$$\frac{2\pi}{N_1a_1}\frac{2\pi}{N_2a_2}\frac{2\pi}{N_3a_3} = \frac{(2\pi)^3}{V} \tag{4.3}$$

であるから，

$$N(E) = 2 \times \frac{4\pi}{3}\,k^3(E) \cdot \frac{V}{(2\pi)^3} = \frac{V}{3\pi^2}\,k^3(E) \tag{4.4}$$

で与えられる．ここで V は結晶の体積，(4.4) における2倍の因子はスピンの自由度による．

(4.2) と (4.4) から，

$$N(E) = \frac{V}{3\pi^2}\left(\frac{2m^*E}{\hbar^2}\right)^{3/2} \tag{4.5}$$

となり，したがって状態密度は

$$\begin{aligned} D(E) &= \frac{d}{dE}N(E) = \frac{V}{2\pi^2}\frac{2m^*}{\hbar^2}\left(\frac{2m^*E}{\hbar^2}\right)^{1/2} \\ &= \frac{m^*V}{\pi^2\hbar^2}k(E) = \frac{\sqrt{2}\,V(\sqrt{m^*})^3}{\pi^2\hbar^3}\sqrt{E} \end{aligned} \tag{4.6}$$

のように求められる．エネルギーバンドが一般の形をしている場合の状態密度の求め方については，第 6 章で述べることにしよう．

図 4.2 の斜線の領域のように，温度が絶対零度のときには電子はフェルミ準位 E_{F} 以下の状態だけを占めている．このフェルミ準位は (4.5) の関係から n を電子密度 $N(E)/V$ として

$$E_{\mathrm{F}} = \frac{\hbar^2}{2m^*}(3\pi^2 n)^{2/3} \tag{4.7}$$

である．温度が有限なときは，電子はフェルミ準位より上にも分布し，またフェルミ準位より下でも電子が占拠しない確率が生じる．統計力学によれば，エネルギーが E の状態を電子が占める確率は**フェルミ分布関数**

$$f(E) = \frac{1}{e^{(E-E_{\mathrm{F}})/k_{\mathrm{B}}T} + 1} \tag{4.8}$$

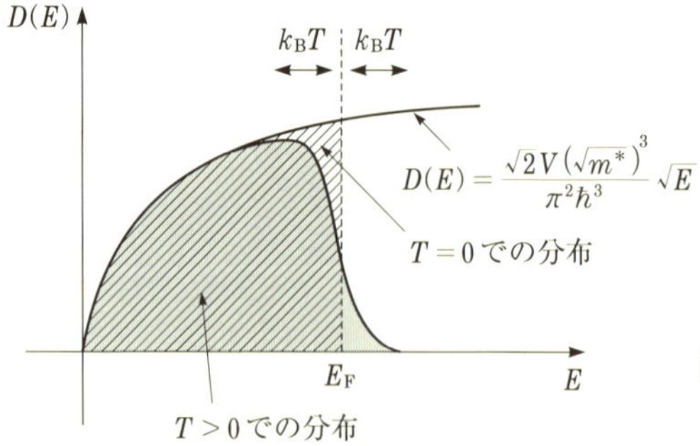

図 4.2　ほとんど自由な電子の状態密度と電子分布

によって表される．すると，図4.2に示すように有限温度 T では，E_F 以下のほぼ $k_\mathrm{B}T$ のエネルギー領域にある電子は，元の状態よりエネルギーが $k_\mathrm{B}T$ 程度高い状態に熱励起されている．このような熱励起によって電子系の内部エネルギーが高くなっているが，この内部エネルギーの増加量を $\varDelta E$ と書くことにすると，その大きさはおよそ

$$\varDelta E \propto \frac{1}{2}\{D(E_\mathrm{F})\,k_\mathrm{B}T\}k_\mathrm{B}T \sim \frac{1}{2}k_\mathrm{B}{}^2\,D(E_\mathrm{F})\,T^2 \tag{4.9}$$

と見積もられる．ここで，$D(E_\mathrm{F})\,k_\mathrm{B}T$ は E_F から $E_\mathrm{F}+k_\mathrm{B}T$ までに入る電子の状態数である．したがって，この効果による比熱 C はおよそ絶対温度に比例し，

$$C = \frac{d\,\varDelta E}{dT} \cong D(E_\mathrm{F})\,k_\mathrm{B}{}^2 T \tag{4.10}$$

と見積もられる．

もう少し厳密に議論するには，$\varDelta E$ として次の定義式を用いればよい．

$$\varDelta E = \int_0^\infty \varepsilon\,D(\varepsilon)\,f(\varepsilon)\,d\varepsilon - \int_0^{E_\mathrm{F}} \varepsilon\,D(\varepsilon)\,d\varepsilon \tag{4.11}$$

電子の総数 N に E_F を掛けた量が，

$$NE_\mathrm{F} = \int_0^\infty E_\mathrm{F}\,D(\varepsilon)\,f(\varepsilon)\,d\varepsilon \tag{4.12}$$

で与えられることから

$$\begin{aligned} C &= \frac{d}{dT}(\varDelta E - NE_\mathrm{F}) = \int_0^\infty (\varepsilon - E_\mathrm{F})\,D(\varepsilon)\,\frac{\partial f}{\partial T}\,d\varepsilon \\ &\cong D(E_\mathrm{F})\int_0^\infty (\varepsilon - E_\mathrm{F})\,\frac{\partial f}{\partial T}\,d\varepsilon \end{aligned} \tag{4.13}$$

が得られる．$\varDelta E$ から温度によらない NE_F を差し引いておくのは，以後の計算を見通しよく行なうためである．ここでフェルミ分布関数の温度微分は

$$\frac{\partial f}{\partial T} = \frac{\dfrac{\varepsilon - E_\mathrm{F}}{k_\mathrm{B}T^2}\,e^{(\varepsilon - E_\mathrm{F})/k_\mathrm{B}T}}{\{e^{(\varepsilon - E_\mathrm{F})/k_\mathrm{B}T}+1\}^2} \tag{4.14}$$

であるから，比熱 C を与える式は $x = (\varepsilon - E_\mathrm{F})/k_\mathrm{B}T$ と積分変数を変換して

$$C \cong D(E_\mathrm{F})\,k_\mathrm{B}{}^2 T \int_{-E_\mathrm{F}/k_\mathrm{B}T}^{\infty} \frac{x^2 e^x}{(e^x+1)^2}\,dx \cong \frac{\pi^2 k_\mathrm{B}{}^2}{3} D(E_\mathrm{F})\,T \tag{4.15}$$

となる．ただし，第2式は積分の下端を $-E_\mathrm{F}/k_\mathrm{B}T \to -\infty$ として得られたものである．(4.10) では比例係数の数値までは決まらなかったが，(4.15) によりこの係数の値も決定される．

ほとんど自由な電子の模型の状態密度について，(4.6) を (4.15) に代入すると，単位体積当りの電子比熱が

$$\begin{aligned} C &= \frac{\pi^2 k_\mathrm{B}{}^2}{3} \frac{m^*}{\hbar^2 \pi^2} k_\mathrm{F} T \\ &= \frac{m^* k_\mathrm{B}{}^2}{3\hbar^2} k_\mathrm{F} T = \gamma T \qquad \left(\gamma = \frac{m^* k_\mathrm{B}{}^2}{3\hbar^2} k_\mathrm{F} \propto (m^*)^{3/2}\right) \end{aligned} \tag{4.16}$$

と求められる．ここで k_F はフェルミ波数

$$k_\mathrm{F} = \frac{1}{\hbar}\sqrt{2m^* E_\mathrm{F}} \tag{4.17}$$

であり，比熱の温度係数 γ は電子の有効質量 m^* の 3/2 乗に比例する．比熱を低温で精度良く測定すれば，(4.16) にもとづいて電子の状態密度と有効質量を決めることができる．

例えば，実験から測定された金属 (K) の比熱 $C(T)$ について $C(T)/T$ を温度の2乗 T^2 についてプロットすると，低温では図4.3のようなほぼ直線の関係が得られる．これは低温で，比熱が

$$C(T) = \gamma T + AT^3 \qquad (A：定数) \tag{4.18}$$

のように表されることを意味している．温度の3乗に比例する右辺の第2項は，第7章で述べるように格子振動による比熱である．電子比熱は第1項で表され，その温度についての比例係数 γ は図4.3の直線と縦軸の交点なので，これを実験から決めれば γ の値が求まる．

一般に，物質に磁場をかけると磁化が発生するが，その帯磁率には正負が

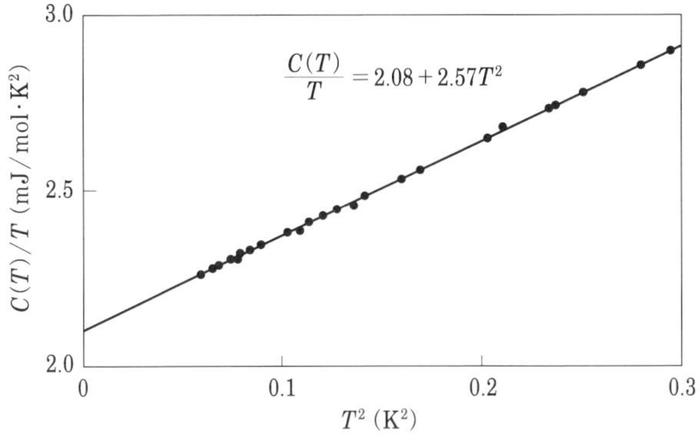

図4.3　低温でのKの比熱

あり，正の場合，すなわち磁化が磁場と同じ向きの場合を**常磁性**とよび，負の場合を**反磁性**とよぶ．金属に磁場をかけるとき，伝導電子のスピンが磁場方向に傾こうとする性質から生じる磁化は常磁性に寄与し，電子の並進運動が磁場の影響を受けることから生じる磁化は反磁性に寄与する．ほとんど自由な電子の模型が成り立つ金属では，前者の常磁性帯磁率を χ_{P} とすれば，後者の反磁性帯磁率は $-\chi_{\mathrm{P}}/3$ であることが知られている．そこで，ここでは金属の常磁性帯磁性を見積もってみよう．

電子の磁気モーメントを $\boldsymbol{\mu}$，外部からかけた磁場を $\boldsymbol{H}$ とすれば，そのゼーマン相互作用エネルギーは

$$\begin{aligned} E_{\mathrm{H}} &= -\boldsymbol{\mu}\cdot\boldsymbol{H} \\ &= -2\mu_{\mathrm{B}}\boldsymbol{s}\cdot\boldsymbol{H} \end{aligned} \tag{4.19}$$

のように与えられる．ここで，μ_{B} は**ボーア磁子**とよばれる量 (9.27×10^{-21} erg/gauss) である．$\boldsymbol{s}$ は電子のスピン変数であり，$\boldsymbol{H}$ の向きを z 軸方向に選べば，上向きスピンは $s_z = 1/2$，下向きスピンは $s_z = -1/2$ の状態である．ゼーマン相互作用エネルギーによって，上向きスピンの電子の状態密度曲線はエネルギーの低い方に $\mu_{\mathrm{B}}H$ だけずれ，逆に下向きスピンの電子の状態密度曲線はエネルギーの高い方に $\mu_{\mathrm{B}}H$ だけ移動することになる．したが

って，上向きスピンの電子の数 $N_\uparrow$ は下向きスピンの電子の数 $N_\downarrow$ に比べて

$$\begin{aligned}\varDelta N &= N_\uparrow - N_\downarrow \\ &= 2\mu_{\mathrm{B}}H \times \frac{D(E_{\mathrm{F}})}{2} = \mu_{\mathrm{B}}H\,D(E_{\mathrm{F}}) \qquad (4.20)\end{aligned}$$

だけ増えることになる．ここで，$D(E_{\mathrm{F}})$ は全体の電子の状態密度である．なぜなら，磁場 H が加わると，すべての上向きスピンの電子はエネルギーが $\mu_{\mathrm{B}}H$ だけ低下するので，上向きスピンの電子数 $N_\uparrow$ は $\mu_{\mathrm{B}}H \times D(E_{\mathrm{F}})/2$ だけ増加し，下向きスピンの電子数 $N_\downarrow$ は $\mu_{\mathrm{B}}H \times D(E_{\mathrm{F}})/2$ だけ減少するからである．ここで $D(E_{\mathrm{F}})/2$ は上向きスピンの電子，または下向きスピンの電子のフェルミ準位での状態密度である．

(4.20) で与えられる全スピンの偏りによって $M = \mu_{\mathrm{B}}\,\varDelta N$ の磁化が発生するので，対応する帯磁率は

$$\chi_{\mathrm{P}} = \frac{\partial M}{\partial H} = \mu_{\mathrm{B}}{}^2\,D(E_{\mathrm{F}}) \qquad (4.21)$$

と与えられる．注目すべきことは，この伝導電子による常磁性帯磁率が温度に依存しないことである．実験で計測する帯磁率は反磁性帯磁率 ($\approx -\chi_{\mathrm{P}}/3$) と内殻電子による反磁性の寄与も加わっているが，いずれも温度に依存しない．また，実験によって伝導電子の常磁性帯磁率の寄与だけを抜き出すのは難しい．しかし，フェルミ準位における状態密度が際立って鋭く高くなる遷移金属を除いて，多くの帯磁率の実測値は温度依存性が小さく，(4.21) の関係が成り立っていると思われる．

§4.2　アルカリ金属

常温，常圧の条件下で，Li, Na, K, Rb, Cs などのアルカリ金属は体心立方格子を成す．それらの価電子のエネルギーバンド構造は類似しているが，代表として Na の価電子のバンド構造を示すと，図 4.4(a) のようになる．フェルミ準位 E_{F} は図に示したバンドの内，1 番低いバンドの途中にある．

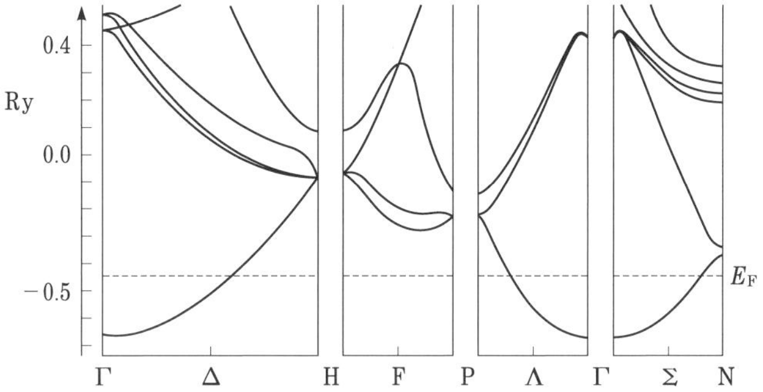

(a) 現実のNaのエネルギーバンド

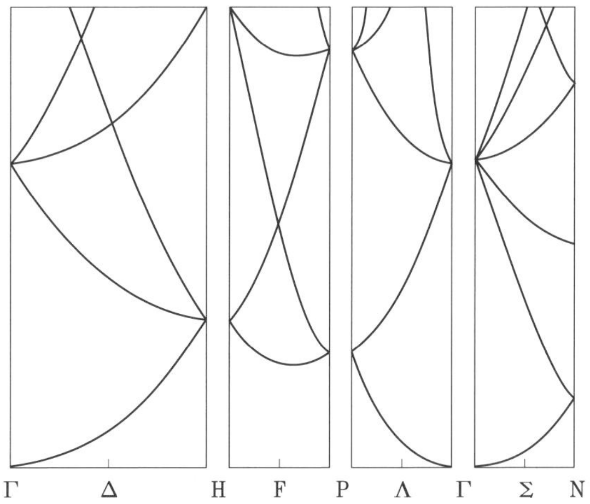

(b) 空の格子模型のエネルギーバンド

図4.4　Naのエネルギーバンド

このエネルギーバンドの分散は，ほぼ(3.50)のような有効質量をもつ自由電子と同様の形状をしている．実際，Na原子によるポテンシャルをゼロとした「空の格子模型」のエネルギーバンドは図4.4(b)のようになり，現実のNaの価電子のバンドとよく似ている(章末の演習問題［3］)．空の格子模型におけるエネルギーバンドは，各逆格子点 $\boldsymbol{K}$ を中心とする自由電子の

エネルギーバンド $E_K(\boldsymbol{k}) = \hbar^2(\boldsymbol{k} - \boldsymbol{K})^2/2m$ をすべての逆格子ベクトル $\boldsymbol{K}$ について重ね合わせたものである．したがって，Naのフェルミ面はほとんど球形であり，多くの物性は質量をわずかに変更すれば，自由電子系について期待されるものと一致する．

比熱の実験からほとんど自由な電子の模型での有効質量が決められることはすでに述べたが，この方法で決めた各アルカリ金属の質量の実験値と，エネルギーバンドの理論計算から (3.50) によって決めた値とを表 4.1 に示す．表を見るとわかるように，バンドの理論計算から推定される値の方が実験値より小さくなる傾向がある．これは，電子比熱として観察される有効質量は，正確にいうと格子振動との相互作用で重くなるためである．表 4.1 の理論計算値ではこの効果がとり入れられていない．

表 4.1

	Li	Na	K	Rb	Cs
m^*（比熱の実験）	2.19	1.27	1.25	1.25	1.47
m^*（バンド計算）	1.64	1.00	1.07	1.18	1.75

いずれにしても，アルカリ金属の有効質量は真空中の電子質量と近い値をとる．これは，結晶ポテンシャルが原子の中心付近では強いことを考えると不思議であるが，原子の芯付近での内殻軌道との直交性の効果によるものである．すなわち，内殻軌道と結晶内を自由に伝播する電子波とは，常に波動関数が直交する必要がある．このためには，後者の波は原子芯の領域で多くの節をもたなければならないが，その結果，運動エネルギーが大きくなり，原子芯付近で実効的な斥力ポテンシャルがはたらく．この斥力ポテンシャルが，強いクーロン引力ポテンシャルを相殺するのである．

［**例題 4.1**］　体心立方格子の空の格子模型のエネルギー分散を求め，低いエネルギーバンドが図 4.4(b) のようになることを確かめよ．

［**解**］ 3つの基本逆格子ベクトルを，

$$\boldsymbol{b}_1 = \frac{2\pi}{a}(1,\ 1,\ 0), \qquad \boldsymbol{b}_2 = \frac{2\pi}{a}(1,\ 0,\ 1), \qquad \boldsymbol{b}_3 = \frac{2\pi}{a}(0,\ 1,\ 1)$$

とするとき，ブリュアン域のΓからNへ向かう直線 Σ 上の波数ベクトル $\boldsymbol{k}$ は $\boldsymbol{k} = t\boldsymbol{b}_1\,(0 \leqq t \leqq 1/2)$ で与えられる．$t = 0$ はΓ点，$t = 1/2$ はN点，$0 < t < 1/2$ の値のときは，ΓとNをつなぐ直線 Σ 上の一般の点に対応する．したがって，Σ 線上をΓからNまで動くときの最も低いエネルギーバンドは，

$$E_1(t\boldsymbol{b}_1) = \frac{\hbar^2}{2m}t^2\boldsymbol{b}_1{}^2 = \frac{4\pi^2\hbar^2}{ma^2}t^2 \qquad \left(0 \leqq t \leqq \frac{1}{2}\right)$$

その1つ上のバンドは

$$E_1(t\boldsymbol{b}_1) = \frac{\hbar^2}{2m}(t\boldsymbol{b}_1 - \boldsymbol{b}_1)^2 = \frac{4\pi^2\hbar^2}{ma^2}(t-1)^2 \qquad \left(0 \leqq t \leqq \frac{1}{2}\right)$$

などとなる．ΓからHへ向かうΔ線上では $\boldsymbol{k} = t\,(\boldsymbol{b}_1 + \boldsymbol{b}_2 - \boldsymbol{b}_3)$ なので，一番低いバンドは

$$E_1(t\,(\boldsymbol{b}_1 + \boldsymbol{b}_2 - \boldsymbol{b}_3)) = \frac{\hbar^2}{2m}t^2(\boldsymbol{b}_1 + \boldsymbol{b}_2 - \boldsymbol{b}_3)^2 = \frac{8\pi^2\hbar^2}{ma^2}t^2 \qquad \left(0 \leqq t \leqq \frac{1}{2}\right)$$

となり，他も同様に求められる．

§4.3　アルカリ金属以外の単純金属

単純金属とは，遷移金属と異なり，伝導帯がs軌道とp軌道の電子 (s，p電子) から構成され，d軌道の電子 (d電子) がほとんど物性に寄与しないような金属をいう．前節に述べたアルカリ金属も一種の単純金属である．

単純金属の典型として，AlおよびMgのバンド構造を概観しよう．Alの結晶は面心立方格子であり，そのブリュアン域は図4.1(b) で示したようになっている．Alの面心立方格子の単位胞は原子1個を含み，単位胞当り3個の価電子が供給される．したがって，伝導体の底から1.5枚のエネルギーバンドが必要である．そのため，フェルミ準位の位置は図4.5に示すように，一番下の伝導帯 (s，pバンド) が，X点，W点，U点などブリュアン域の境界まで上りきった位置より少し高いエネルギー位置に対応している．

図 4.5 の破線は Al の空の格子模型によるエネルギーバンドである．実際のバンドはこれとよく似ており，ほとんど自由な電子の模型が良い近似であることがわかる．

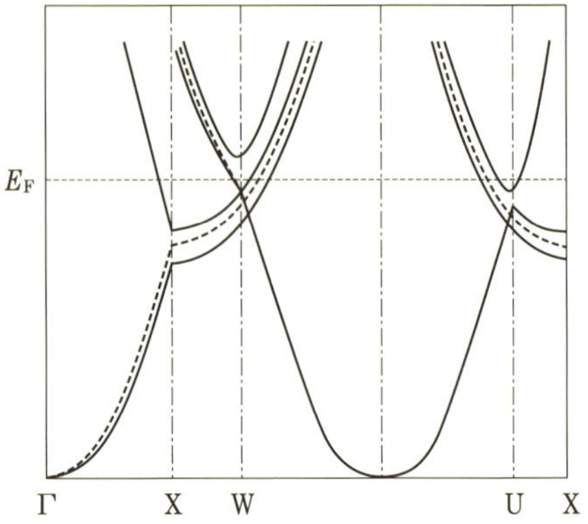

図 4.5　Al のエネルギーバンド

図 4.6 はブリュアン域の X 点，L 点，K 点を通る断面で，自由電子の模型でのフェルミ面に対応する円（灰色の線）と実際のフェルミ面の

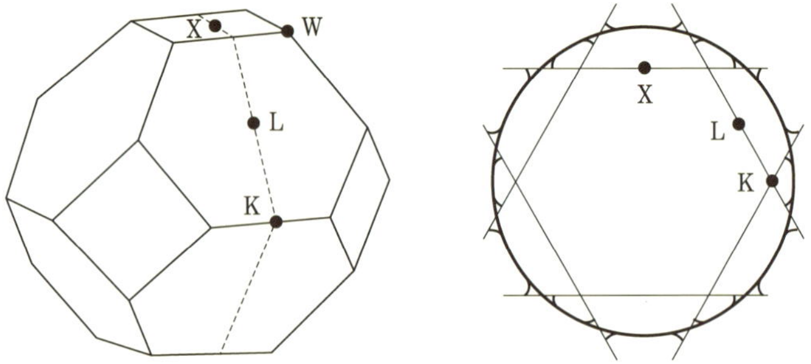

図 4.6　Al のブリュアン域とフェルミ面の断面

断面（実線）とが示されている．3 次元的にフェルミ面を描いたものが図 4.7 であるが，**モンスター面**と**ホール面**の 2 つがある．図 4.6 でよくわかるように，Al の実際のフェルミ面は拡張ブリュアン域† で表すと自由電子のバン

† ここで拡張ブリュアン域とは，基本のブリュアン域を逆格子ベクトル $\boldsymbol{K}$ だけずらしながら周期的につなげて，$\boldsymbol{k}$ 空間全体に敷きつめたものである．原点に近いブリュアン域からより遠いブリュアン域へとエネルギーの順に，バンドを 1 枚ずつ描くと便利である．

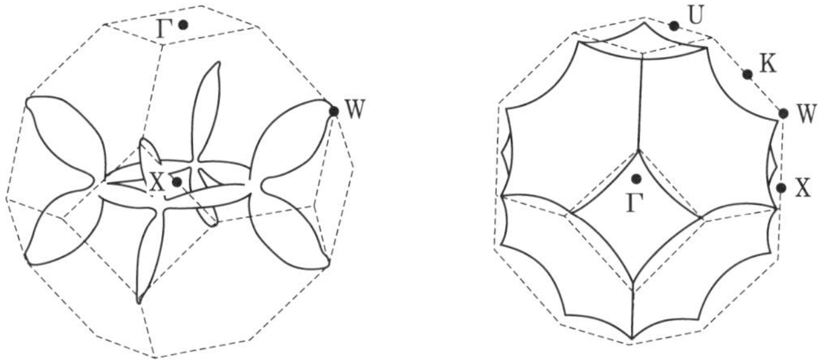

(a) モンスター面　　(b) ホール面

図4.7　Alのフェルミ面

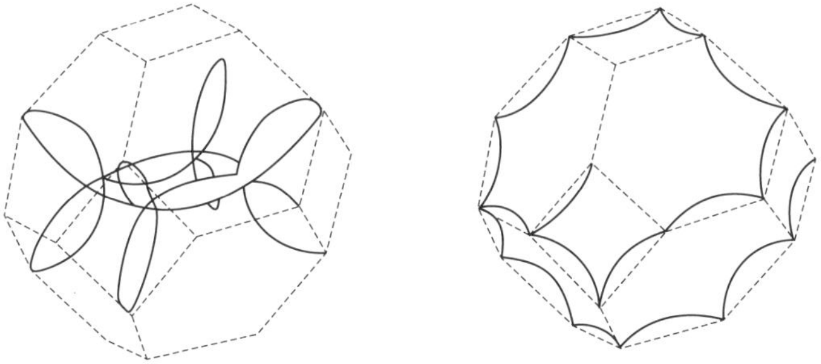

(a) モンスター面　　(b) ホール面

図4.8　自由な電子の模型によるAlのフェルミ面

ド構造とほとんど同じであるが，各ブリュアン域の境界では第3章に述べたブラッグ反射の効果が効いて差が生じる．このような特徴は，ほとんど自由な電子の模型によって説明できる．

拡張ブリュアン域に描いたフェルミ面の断片を，適当に逆格子ベクトルだけずらして1つの曲面とすると，図4.7のような2つの閉じた曲面（モンスター面とホール面）ができる．同じことを自由な電子の模型による球面について行なうと，図4.8のようになるので，図4.7の曲面がほぼ球面の破片をつなぎ合わせたものと似ていることがわかる．

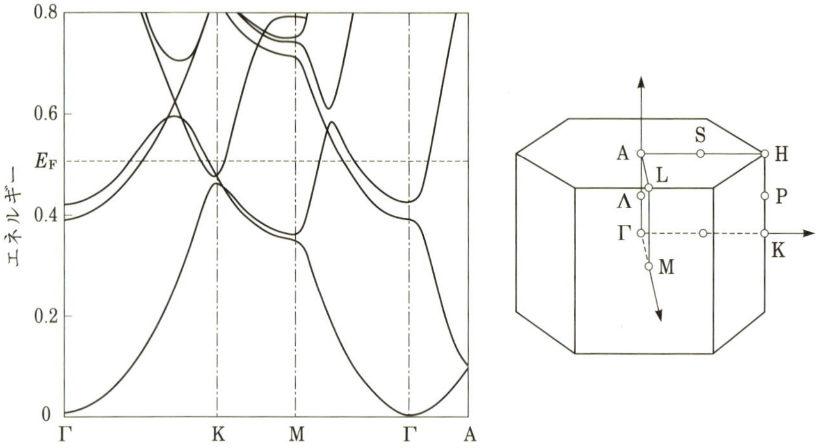

図 4.9　Mg のエネルギーバンド

このように，Al のバンド構造やフェルミ面は自由電子のフェルミ面がわずかに変形したものといえる．2 価の金属である Mg も単純金属であり，そのバンド構造も Al と同様にほとんど自由な電子の模型によってよく理解される．ただし結晶形は六方稠密格子であり，ブリュアン域の形もそれに対応したものであるから，Al とは少し違って見えるが，図 4.9 に示したように定性的な特徴，例えばフェルミ準位 E_F（図の点線）が自由電子のバンドと類似した 2 枚目，3 枚目の伝導帯に掛かっていることがわかる．図からは直接に見えないが，フェルミ面が球の断片をつなぎ合わせたようなものであることも確かめられている．

Al でみたような複雑なフェルミ面は様々な物性量に反映する．実験からフェルミ面の幾何学的構造を決定する研究は**フェルミオロジー**とよばれ，その基本的な手法は確立されている．例えば，強い磁場に対して帯磁率や電気伝導度が磁場の逆数の関数として周期的に振動する現象は，それぞれ**ド・ハース－ファン・アルフェン**（de Haas－van Alphen）**効果**，および**ド・ハー**

ス‐シュブニコフ (de Haas‐Schubnikov) **効果**とよばれる．第5章で述べるように，これらの実験によって磁場と垂直方向に切ったフェルミ面の断面積の極大値または極小値がわかるので，磁場の向きを傾けてこれらの値を実測すれば，フェルミ面の重要な手掛りが得られる．

§4.4 遷移金属

遷移金属は単純金属と異なり，フェルミ準位はd軌道のつくるエネルギーバンド，すなわちdバンドのエネルギー領域に位置している．このため物性を担う電子はd電子であり，その性質が遷移金属特有の興味深い物性に反映している．例えば，多くの遷移金属は強磁性あるいは反強磁性などの強い磁性を示し，触媒などの化学的な反応性を示す．これらはd電子の性質に起因するものである．

図4.10は第3周期の遷移金属元素であるFeのエネルギーバンドとフェルミ準位 E_F の位置を描いたものである．Feの結晶は体心立方格子である

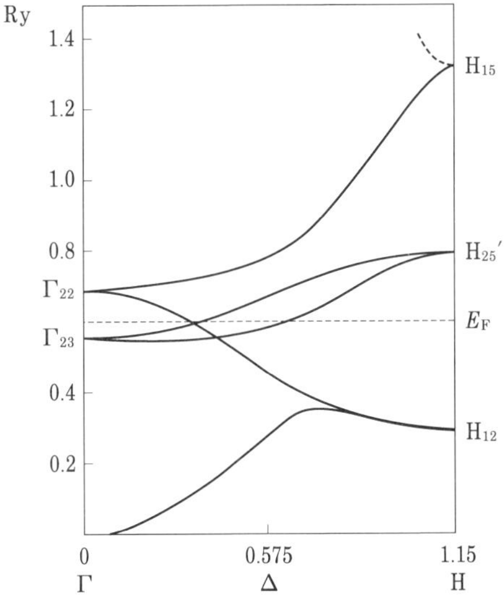

図4.10　Feのエネルギーバンド

が，バンドの図は Γ 点から H 点に至る Δ 線上で示した．このバンド図で典型的に示されるように，一般的に d バンドのバンド幅 ($H_{25'}$ と H_{12} の区間) は狭く，その軌道は原子付近に局在した性質を示すが，これは次のように説明される．

結晶の中の 1 つの原子を中心として，その動径方向の運動を記述する結晶ポテンシャル $V_{\mathrm{eff}}(r)$ は，図 4.11 の太い実線のような振舞を示す．これを

$$V_{\mathrm{eff}}(r) = V(r) + \frac{\hbar^2 l(l+1)}{2mr^2} \tag{4.22}$$

のように分解すると，第 1 項は結晶ポテンシャルの角度についての平均，第 2 項は遠心力ポテンシャルである．第 1 項は原子の中心に近づくと $-Ze^2/r$ のように強くなる引力ポテンシャルだが，第 2 項は $1/r^2$ に比例して急激に大きくなる斥力ポテンシャルであり，中心付近では斥力項がより支配的にな

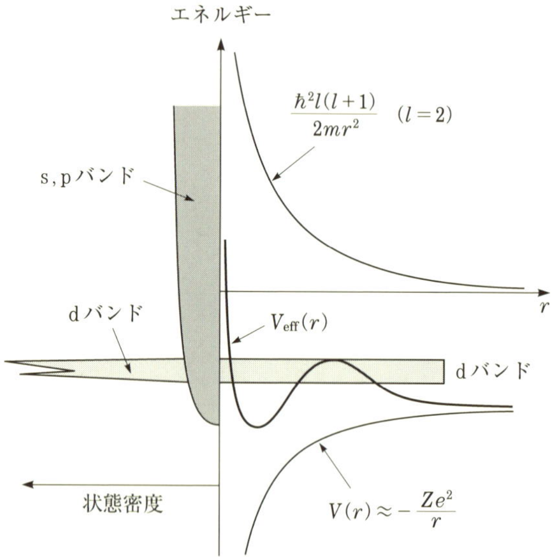

図 4.11

る．特にdバンドについては $l=2$ なので この効果は大きく，全体のポテンシャル $V_{\mathrm{eff}}(r)$ は原子芯の少し外側で盛り上がりを示す．

さらに外側は原子と原子との隙間の空間領域に対応し，ポテンシャルはほとんど一定になっている．ポテンシャルのゆっくりした変動は，伝導電子の**遮蔽効果**で平らになるからである．ここで遮蔽効果とは，金属内部のポテンシャルが，それによって生じる伝導電子分布のわずかな変化によって，ゆっくり変化する長距離成分（正確には長波長成分）を消失させてしまう現象である．dバンドのエネルギーの中心は この一定ポテンシャルの少し上で，原子芯の外縁におけるポテンシャルの山より低い位置にある．したがって，その電子の軌道はポテンシャルの山によって原子球内部に閉じ込められるが，その束縛は完全ではなく，山の外側にも染み出している．

このようにしてdバンドの波動関数は，原子に局在した性質と原子間を自由に渡り歩く2つの性質を合わせもっている．これがdバンドの種々の特別な性質を生じる理由である．バンド幅は単純金属に比べてかなり狭いが，これも波動関数が原子付近に局在することに原因がある．

§4.5 半導体の電子構造

半導体のエネルギーバンドの基本的な性質は，第3章で述べたように電子が完全に満ちたエネルギーバンドと，電子を収容していないエネルギーバンドとがバンドギャップを隔てて存在することである．前者のバンドは，**価電子帯** (valence band) とよばれ，後者のバンドは**伝導帯** (conduction band) とよばれる．

図4.12(a)，(b) には，典型的な半導体として Si と GaAs のエネルギーバンド構造をそれぞれ示す．Si では，価電子帯の頂上はブリュアン域の $\boldsymbol{k}=\mathbf{0}$ の点（これは Γ 点とよばれる）にあるが，伝導帯の底は Γ 点から X 点に向かう Δ 線上の点にある．このように伝導帯の底と価電子帯の頂上が $\boldsymbol{k}$ 空間の異なる位置にあるとき，このバンドギャップを**間接ギャップ**といい，そう

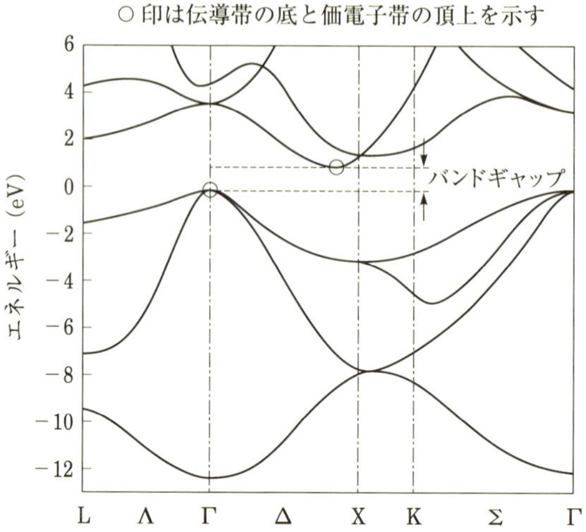

(a) 半導体Siのバンド構造

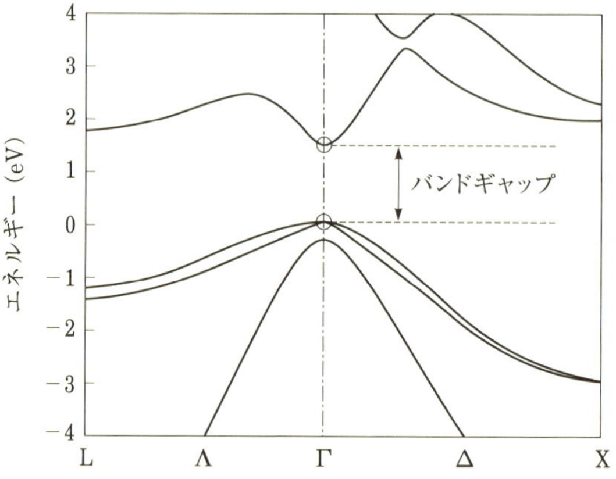

(b) GaAsのバンド構造

図4.12

表 4.2　代表的な半導体のギャップ E_g
（i ＝ 間接ギャップ，d ＝ 直接ギャップ）

	ギャップの種類	E_g(eV) 300K		ギャップの種類	E_g(eV) 300K
Diamond	i		Te	d	—
Si	i	1.11	PbS	d	0.34〜0.37
Ge	i	0.66	PbSe	i	0.27
σSn	d	0.00	PbTe	i	0.29
InSb	d	0.17	CdS	d	2.42
InAs	d	0.36	CdSe	d	1.74
InP	d	1.27	CdTe	d	1.44
GaP	i	2.25	ZnO		3.2
GaAs	d	1.43	ZnS		3.6
GaSb	d	0.68	SnTe	d	0.18
AlSb	i	1.6	Cu_2O	d	—

でない場合を**直接ギャップ**という．表 4.2 には代表的な半導体のギャップの大きさとタイプをまとめた．

一方，GaAs では価電子帯の頂上と伝導帯の底はともにΓ点にあるので，直接ギャップの半導体である．バンドギャップを挟むバンド構造の詳しい特徴は，半導体の電子的な性質を決める上で重要だが，これらについては第 8 章で述べることにする．ここではバンドギャップの起源を，半導体の共有結合性との関連から大づかみに考えてみよう．

共有結合とエネルギーバンド構造

シリコンを始めとするIV 族半導体の結晶構造はダイヤモンド構造であり，GaAs などのIII‐V 族あるいは一部のII‐VI 族半導体は，ジンクブレンド（閃亜鉛型）構造あるいはウルツァイト（ウルツ鉱型）構造を成している．これらの結晶においては，1 つの原子が 4 個の最近接原子と強い共有結合を形成する．すなわち，これらの構造では結晶内の 1 個の原子に着目すると，これを中心とする正 4 面体の頂点の方向に隣接原子がある．

上に述べた共有結合型半導体の価電子は s 電子と p 電子であり，原子当り 4 個ある．そこで 3 つの p 軌道，p_x, p_y, p_z と 1 つの s 軌道から，次の 4 つの軌道を新たに定義することにしよう．

$$\begin{aligned}\varphi_1 &= \frac{1}{2}(\varphi_{\mathrm{s}} + \varphi_{\mathrm{p}x} + \varphi_{\mathrm{p}y} + \varphi_{\mathrm{p}z}) \\ \varphi_2 &= \frac{1}{2}(\varphi_{\mathrm{s}} - \varphi_{\mathrm{p}x} - \varphi_{\mathrm{p}y} + \varphi_{\mathrm{p}z}) \\ \varphi_3 &= \frac{1}{2}(\varphi_{\mathrm{s}} + \varphi_{\mathrm{p}x} - \varphi_{\mathrm{p}y} - \varphi_{\mathrm{p}z}) \\ \varphi_4 &= \frac{1}{2}(\varphi_{\mathrm{s}} - \varphi_{\mathrm{p}x} + \varphi_{\mathrm{p}y} - \varphi_{\mathrm{p}z})\end{aligned} \tag{4.23}$$

これらは **$\mathbf{sp^3}$ 混成軌道**とよばれるが，その 4 つの軌道は図 4.13 に示すように，中心から隣接原子のいる正 4 面体の頂点の方向に伸びている．

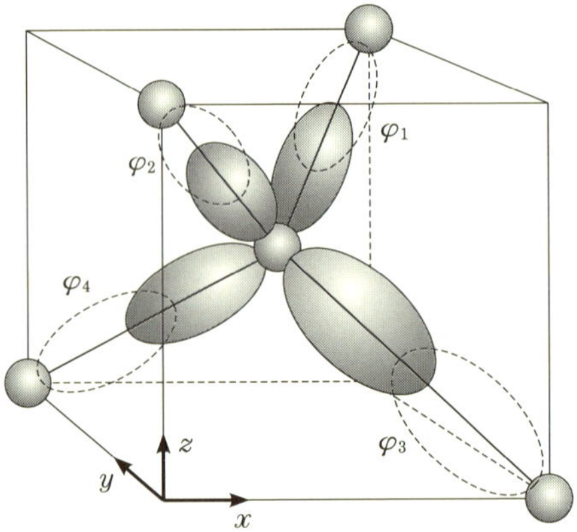

図 4.13　$\mathrm{sp^3}$ 混成軌道

これらの 4 つの軌道は互いに直交し，ハミルトニアンの期待値で定義される軌道エネルギーは

$$E_{\mathrm{m}} = \frac{1}{4}(3E_{\mathrm{p}} + E_{\mathrm{s}}) \tag{4.24}$$

と書ける．E_{m} は s 軌道のエネルギーと p 軌道のエネルギーの 1 対 3 の重率平均である．そこで原子当り 4 個の電子をこの軌道に収容させると，電子の

エネルギーの総和は $3E_{\mathrm{p}} + E_{\mathrm{s}}$ である．一方，原子のときには2個の電子はs軌道に，残りの2個の電子はp軌道に収容されていたので，そのときの原子当りの電子のエネルギーの総和は $2E_{\mathrm{p}} + 2E_{\mathrm{s}}$ である．したがって，混成軌道をつくると価電子全体としてエネルギーが

$$3E_{\mathrm{p}} + E_{\mathrm{s}} - (2E_{\mathrm{p}} + 2E_{\mathrm{s}}) = E_{\mathrm{p}} - E_{\mathrm{s}} \tag{4.25}$$

だけ，上がってしまう．ただし，これは真空中の1個の原子の場合である．

結晶内においては，隣の原子との相互作用があるので事情は異なる．すなわち，(4.23) の混成軌道の各々が伸びる方向には，隣接原子から逆に伸びてくる軌道が存在し，それらとの間に強い相互作用が存在する．φ_i $(i = 1, 2, 3, 4)$ に対して，その反対方向から伸びてくる隣の原子の軌道を $\overline{\varphi_i}$ とすれば，これとの強い相互作用によって結合軌道 Ψ_{BO} と反結合軌道 Ψ_{AO}

$$\Psi_{\mathrm{BO}} = \frac{1}{\sqrt{2}}(\varphi_i + \overline{\varphi_i}), \qquad \Psi_{\mathrm{AO}} = \frac{1}{\sqrt{2}}(\varphi_i - \overline{\varphi_i}) \tag{4.26}$$

が形成され，それらのエネルギー期待値はそれぞれ，

$$E_{\substack{\mathrm{AO}\\\mathrm{BO}}} = E_{\mathrm{m}} \pm |V| \tag{4.27}$$

と表される．すなわち，混成軌道のエネルギー E_{m} が相互作用エネルギー $|V|$ の分だけ，上下に大きくずれることになる．特に電子の詰まった状態は $|V|$ だけエネルギーが下がり，$|V| > (E_{\mathrm{p}} - E_{\mathrm{s}})/4$ ならば混成軌道を形成する方がエネルギー的に有利になる．

結合型軌道は隣りの原子との中間領域で，その振幅が大きいので，結合型軌道に電子が収容されるとこの中間領域に電子がたまって両側のイオンを引き付けて，強い共有結合ができるのである．実際の半導体結晶のエネルギーバンドでは多数の結合型混成軌道 Ψ_{BO} が互いに相互作用するので，これらは強結合模型で議論したようにエネルギーバンドを形成して，幅がついている．反結合型混成軌道 Ψ_{AO} についても同様に幅がついて，結局，エネルギーバンドの定性的な見方は図4.14のようになる．したがって，半導体の価電子帯と伝導帯を隔てるバンドギャップは，結晶の隣り合う原子間を結び付け

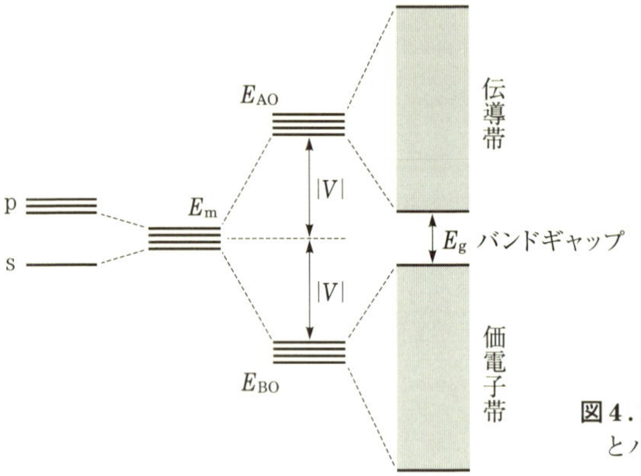

図 4.14　混成軌道のエネルギーとバンド構造の関係

る共有結合の起源でもある．

上で述べたような混成軌道を基底とする半導体のバンドと，第3章で述べたような単純な原子軌道を基底とするバンドとはどのように関係し合っているのだろうか．仮に，仮想的に半導体の格子間隔を拡大していったとすると，最終的にはすべての波動関数は，s 軌道のバンド，および3つの p 軌道のバンドから成るはずである．このとき，波動関数を強結合模型で表すと，図 4.15 のように電子の分布は各原子を中心としてその周辺に集中しているであろう．

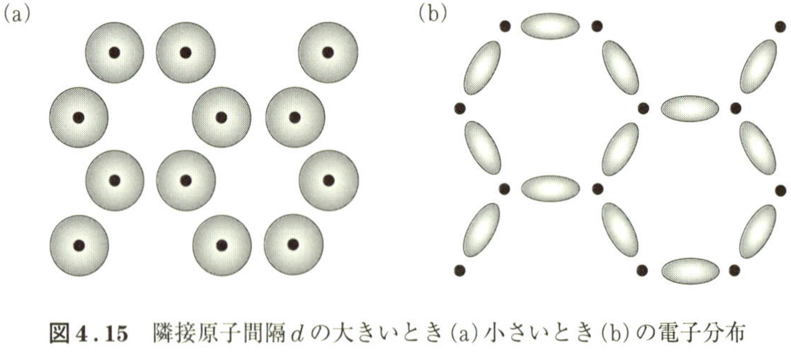

図 4.15　隣接原子間隔 d の大きいとき(a)小さいとき(b)の電子分布

次に，格子間隔を次第に小さくして現実の結晶の値に近づけるプロセスを考える．この過程では，図 4.16 に示すように，始め E_s にあった s 軌道のバンドと E_p にあった p 軌道のバンドのそれぞれのバンド幅が次第に増加し続ける．そして，ある格子間隔のところ

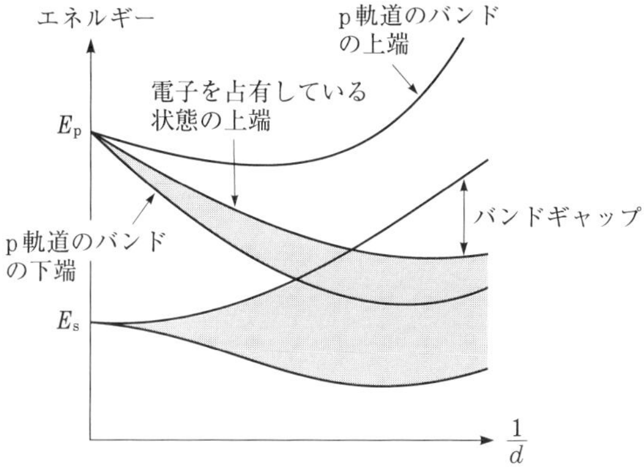

図 4.16 隣接原子間隔 d とエネルギーバンドの関係．影をつけた領域は電子に占有された状態である．

で s バンドの上端と p バンドの下端が交差し，バンドが 1 つになるであろう．さらに格子間隔を小さくしていくと，ある値でこの 1 つのバンドが 2 つに分裂して中央にギャップが開くようになる．これらのことは，モデルについての数値計算を実行すれば確かめられる．

このように，隣接原子間の軌道間相互作用 V が小さい場合にも大きい場合にもバンドは 2 つに分裂するが，それぞれの電子状態の性質は極めて異なるものである．すなわち，先に述べたように V が小さい場合には電子は原子に局在しているが，V が大きい領域でバンドギャップが開く状態では，図 4.15(b) のように隣り合う原子の中間に電子密度が大きい領域が形成される．そして，この場合には 2 つのバンドの中でエネルギーの低いバンドが完全に電子で占有され，エネルギーの高いバンドは完全に空である．

図 4.14 で E_{B0} の準位からつくられる価電子帯がエネルギーの低いバンドに，E_{A0} の準位からつくられる伝導帯がエネルギーの高いバンドに対応している．したがって，エネルギーの低いバンドの軌道は先に述べた隣接原子間領域で大きな振幅をもつようになっている．一方，V がごく小さいときの

バンドでは，p 軌道に由来する上の方のバンドはその 1/3 が電子に占有されている．簡単にいうと，V が大きくてバンドが 2 つに割れる場合は共有結合が形成された状態であるのに対し，V が小さいときには共有結合は形成されていない状態である．

［**例題 4.2**］ x 軸方向に並んだ 2 つの同種原子 A, B の s 軌道 s_A, s_B と p_x 軌道 p_A, p_B からつくられる混成軌道を例にとって，共有結合的な軌道の形成機構を調べよう．電子は，各原子当り 2 個ずつあるものとする．計算を簡単にするために，次のように基底となる軌道を導入する．

$$s_\pm = \frac{1}{\sqrt{2}}(s_A \pm s_B), \qquad p_\pm = \frac{1}{\sqrt{2}}(p_A \mp p_B)$$

原子間の 2 等分面に関する鏡映操作について，s_+, p_+ はともに対称，s_-, p_- はともに反対称であるので，ハミルトニアンの固有関数は，前者の組の線形結合である対称軌道と，後者の組の線形結合である反対称軌道のいずれかに分類できる．これを利用して，異なる原子間の軌道間相互作用（トランスファー積分）$V_{ss} = \langle s_A|H|s_B\rangle$, $V_{sp} = \langle s_A|H|p_B\rangle$, $V_{pp} = \langle p_A|H|p_B\rangle$ の値が，ゼロから $V_{ss} = tv_{ss}$, $V_{pp} = tv_{pp}$, $V_{ps} = tv_{ps}$ のようにパラメータ t とともに次第に増加するとき，どのように軌道の性質が変化するか，どのように共有結合が形成されるかを調べよ．ただし，$V_{sp}{}^2 + 2V_{ss}V_{pp} < 0$ とする．

［**解**］ $\psi_+ = C_{s+}s_+ + C_{p+}p_+$ として対称軌道の状態を求める．係数を決める永年方程式は，

$$\begin{pmatrix} \langle s_+|H|s_+\rangle & \langle s_+|H|p_+\rangle \\ \langle p_+|H|s_+\rangle & \langle p_+|H|p_+\rangle \end{pmatrix} \begin{pmatrix} C_{s+} \\ C_{p+} \end{pmatrix} = E \begin{pmatrix} C_{s+} \\ C_{p+} \end{pmatrix}$$

であるが，この行列要素は $\langle s_+|H|s_+\rangle = \varepsilon_s + V_{ss}$, $\langle s_+|H|p_+\rangle = -V_{sp}$, $\langle p_+|H|p_+\rangle = \varepsilon_p - V_{pp}$ である．なお，ε_s, ε_p はそれぞれ s 軌道，p 軌道のエネルギー準位である．

これから 2 つの対称軌道のエネルギー準位 $E_+{}^g$, $E_-{}^g$ が，それぞれ

$$E_\pm{}^g = \frac{\varepsilon_s + \varepsilon_p + V_{ss} - V_{pp}}{2} \pm \sqrt{\left(\frac{\varepsilon_s - \varepsilon_p + V_{ss} + V_{pp}}{2}\right)^2 + |V_{sp}|^2}$$

と求められる．一方，反対称軌道の状態を $\psi_{-} = C_{\mathrm{s}-}s_{-} + C_{\mathrm{p}-}p_{-}$ とおいて同じように求めれば，それらのエネルギー準位 $E_{+}{}^{\mathrm{u}}$, $E_{-}{}^{\mathrm{u}}$ はそれぞれ

$$E_{\pm}{}^{\mathrm{u}} = \frac{\varepsilon_{\mathrm{s}} + \varepsilon_{\mathrm{p}} - V_{\mathrm{ss}} + V_{\mathrm{pp}}}{2} \pm \sqrt{\left(\frac{\varepsilon_{\mathrm{s}} - \varepsilon_{\mathrm{p}} - V_{\mathrm{ss}} - V_{\mathrm{pp}}}{2}\right)^2 + |V_{\mathrm{sp}}|^2}$$

となる．4 つのエネルギー準位とそれらの軌道の特徴を示すと，下図のようになる．ただし，$V_{\mathrm{ss}} < 0$, $V_{\mathrm{pp}} > 0$, $V_{\mathrm{pp}} > |V_{\mathrm{ss}}|$ であることに注意する．

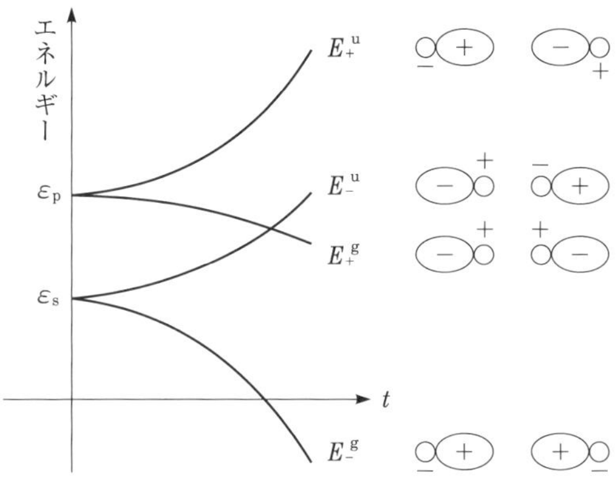

これらの軌道の性質をみるためには，各基底に対応する係数を調べるとよい．例えば，固有値 $E_{-}{}^{\mathrm{g}}$, $E_{+}{}^{\mathrm{g}}$ に対応する対称軌道の係数については，

$$\cos\theta = \frac{\varepsilon_{\mathrm{p}} - \varepsilon_{\mathrm{s}} - V_{\mathrm{ss}} - V_{\mathrm{pp}}}{\sqrt{(\varepsilon_{\mathrm{p}} - \varepsilon_{\mathrm{s}} - V_{\mathrm{ss}} - V_{\mathrm{pp}})^2 + 4|V_{\mathrm{sp}}|^2}}$$

とするとき，それぞれ以下で与えられる．

$$\begin{pmatrix} C_{\mathrm{s}+}^{-} \\ C_{\mathrm{p}+}^{-} \end{pmatrix} = \begin{pmatrix} \cos\dfrac{\theta}{2} \\ \sin\dfrac{\theta}{2} \end{pmatrix}, \qquad \begin{pmatrix} C_{\mathrm{s}+}^{+} \\ C_{\mathrm{p}+}^{+} \end{pmatrix} = \begin{pmatrix} -\sin\dfrac{\theta}{2} \\ \cos\dfrac{\theta}{2} \end{pmatrix}$$

反対称軌道についても同様に，各基底に対応する係数が求められる．2 つの原子が無限に離れているとき $t = 0$，すなわち $V_{\mathrm{ss}} = V_{\mathrm{pp}} = V_{\mathrm{sp}} = 0$ となる．したがって $\cos\theta = 1$, $\theta = 0$ であり，$E_{-}{}^{\mathrm{g}}$ の状態の係数は $C_{\mathrm{s}+}^{-} = 1$, $C_{\mathrm{p}+}^{-} = 0$ となって，この極限では，$E_{-}{}^{\mathrm{g}}$ の状態は 2 つの原子の s 軌道だけから成る．一方，この極限の

$E_+{}^{g}$ の状態は $C^-_{s+}=0$, $C^-_{p+}=1$ より，p 軌道だけから成る．t の値をゼロから増加させて各トランスファー積分の絶対値を大きくしていくと，$\cos\theta$ の値は 1 から減少し，負の値をとる．対応する θ の値はゼロから増加して，$\pi/2$ から π の間のある値に近づく．この極限での係数から，各軌道とも s 軌道成分と p 軌道成分を両方とも含むことがわかる．

t をゼロから増加させていくと，ある t の値で $E_-{}^{u}$ の準位と $E_+{}^{g}$ の準位は交差する．交差の後では（すなわち，前者の準位が後者より高い状況では），電子は $E_-{}^{g}$ と $E_+{}^{g}$ の 2 つの準位を占有するが，これらはいずれも原子間の中間領域に波動関数の節がない状態なので，この領域に電子が集まって共有結合が形成されることになる．

以上は Si, Ge, C などの IV 族元素半導体の電子構造の概観であるが，閃亜鉛鉱型（ジンクブレンド型）あるいはウルツ鉱型結晶構造をもつ，III‐V 族半導体ではどうなっているだろうか．GaAs の場合を例にして，考察してみよう．

Ga 原子は 4s 軌道に 2 個の電子，4p 軌道に 1 個の電子があるから，原子当り 3 個の価電子をもっている．一方，As は 4s 軌道に 2 個，4p 軌道に 3 個で合計 5 個の価電子をもっている．結晶を構成する原子全体としては，平均して原子 1 個当り 4 個の価電子があるという点では，IV 族元素半導体の場合と同じである．そこで，すでに述べた sp^3 混成軌道を形成すると，IV 族元素半導体と同様の結合軌道のバンドをつくって，そこだけに価電子を収容することができる．ただし，IV 族元素半導体のときと異なる点が 2 つある．1 つは，混成軌道から結合型軌道をつくるときに単に隣り合う 2 つの原子の軌道の和と差から結合型軌道はできないこと，2 つめは，したがって共有結合を担う結合型軌道に収容される電子が 2 つの原子のちょうど中間にはいなくて，偏った分布をとることである．

すなわち，混成軌道は原子の種類ごとに軌道エネルギーが異なるために，

隣り合う 2 つの原子からの結合型軌道を

$$\phi = C_{\mathrm{As}}\,\phi_{\mathrm{As}} + C_{\mathrm{Ga}}\,\phi_{\mathrm{Ga}} \tag{4.28}$$

のように展開する必要がある．ここで ϕ_{As}, ϕ_{Ga} は，それぞれの原子における sp^3 混成軌道である．係数を決める方程式は，［例題 4.2］で行なったように

$$\begin{pmatrix} \langle\phi_{\mathrm{As}}|H|\phi_{\mathrm{As}}\rangle & \langle\phi_{\mathrm{As}}|H|\phi_{\mathrm{Ga}}\rangle \\ \langle\phi_{\mathrm{Ga}}|H|\phi_{\mathrm{As}}\rangle & \langle\phi_{\mathrm{Ga}}|H|\phi_{\mathrm{Ga}}\rangle \end{pmatrix}\begin{pmatrix} C_{\mathrm{As}} \\ C_{\mathrm{Ga}} \end{pmatrix} = E\begin{pmatrix} C_{\mathrm{As}} \\ C_{\mathrm{Ga}} \end{pmatrix} \tag{4.29}$$

である．ここで $\langle\phi_{\mathrm{As}}|H|\phi_{\mathrm{As}}\rangle \sim \varepsilon_{\mathrm{As}}$, $\langle\phi_{\mathrm{As}}|H|\phi_{\mathrm{Ga}}\rangle = V$, $\langle\phi_{\mathrm{Ga}}|H|\phi_{\mathrm{Ga}}\rangle \sim \varepsilon_{\mathrm{Ga}}$ とおくと，(4.29) から決まるエネルギー準位 $E_{\pm}$ は，

$$E_{\pm} = \frac{\varepsilon_{\mathrm{As}} + \varepsilon_{\mathrm{Ga}}}{2} \pm \sqrt{\left(\frac{\varepsilon_{\mathrm{Ga}} - \varepsilon_{\mathrm{As}}}{2}\right)^2 + |V|^2} \tag{4.30}$$

である．反結合軌道のエネルギー E_{+} と結合軌道のエネルギー E_{-} の差は

$$E_{\mathrm{g}} = 2\sqrt{|V|^2 + \left(\frac{\varepsilon_{\mathrm{Ga}} - \varepsilon_{\mathrm{As}}}{4}\right)^2} \tag{4.31}$$

となる．ただし，$\varepsilon_{\mathrm{As}}$ と $\varepsilon_{\mathrm{Ga}}$ はそれぞれ，As 原子と Ga 原子の sp^3 混成軌道エネルギー ($\varepsilon_{\mathrm{As}} = E_{\mathrm{m}}^{\mathrm{As}} = (3E_{\mathrm{p}}^{\mathrm{As}} + E_{\mathrm{s}}^{\mathrm{As}})/4$, $\varepsilon_{\mathrm{Ga}} = E_{\mathrm{m}}^{\mathrm{Ga}} = (3E_{\mathrm{p}}^{\mathrm{Ga}} + E_{\mathrm{s}}^{\mathrm{Ga}})/4$) である．

E_{g} は半導体のバンドギャップの目安であるが，元素半導体のときの E_{g} は単に $2|V|$ であったが，化合物半導体では，アニオン（負イオン）とカチオン（正イオン）の軌道エネルギーの差にも依存する．化合物半導体は元素半導体と比べて，軌道相互作用エネルギー（ホッピング積分）V が同程度なら，構成元素の電気陰性度の違い，すなわちイオン性によってさらにバンドギャップの値が大きくなることがわかる．

ところで，この結合軌道の電子分布は As 原子と Ga 原子の間で $|C_{\mathrm{As}}|^2$: $|C_{\mathrm{Ga}}|^2$ の割合で分けもたれている．これらの 2 つの量は，

$$\theta = \frac{2|V|}{\varepsilon_{\mathrm{Ga}} - \varepsilon_{\mathrm{As}}} \tag{4.32}$$

として，

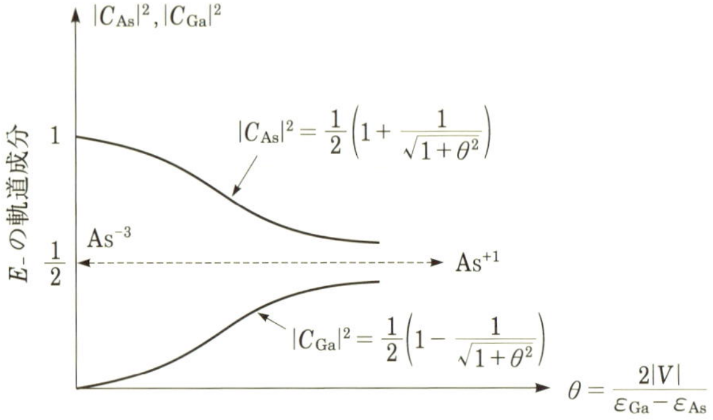

図4.17　化合物半導体における共有結合性と結合軌道の成分の関係

$$|C_{As}|^2=\frac{1}{2}\left(1+\frac{1}{\sqrt{1+\theta^2}}\right) \tag{4.33}$$

$$|C_{Ga}|^2=\frac{1}{2}\left(1-\frac{1}{\sqrt{1+\theta^2}}\right) \tag{4.34}$$

と書ける．これらの関係を図4.17に示した．θ は共有結合的性格とイオン結合的性格の比を表す指標である．θ がゼロの極限は，完全なイオン結合，無限大の極限では完全な共有結合に対応する．図4.17では，θ がゼロの極限では結晶中の価電子は完全にAsに帰属し，θ が無限大の極限ではちょうど半数の電子がAsに，残りの半数の電子がGaに帰属することがわかる．すなわちAsは，前者の場合はマイナス3価にイオン化，後者ではプラス1価にイオン化していることに対応する．これら2つの場合はいずれも現実的でなく，結晶中ではAsはややマイナスだが，マイナス3価までにはならない．このような現実の状況は，もちろん適当な θ の値で実現している．

ほとんど自由な電子の模型によるバンドギャップ

前節では半導体のバンド構造，特にバンドギャップの起源を強結合模型にもとづいて考察し原子の軌道との関連を調べたが，ここではもう一つのエネルギーバンドの見方であるほとんど自由な電子の模型によって考察しよう．

この立場からは，半導体のバンド構造はどう理解されるのだろうか．

ほとんど自由な電子の模型では，バンドギャップは進行波と結晶ポテンシャルによってブラッグ反射されてくる後退波との間の干渉による定在波形成の効果として説明される．第3章でみたように，バンドギャップの大きさは進行波と後退波との間の結晶ポテンシャルで決まる．この値は，その行列要素の絶対値の2倍である．そこでこの量を，閃亜鉛鉱型構造をもつIII - V族化合物半導体の場合に見積もってみよう．

行列要素 V は，2つの波の間の波数差に対応する逆格子ベクトルを $\boldsymbol{G}$ として

$$V(\boldsymbol{G}) = \frac{1}{\Omega_0 N}\int V(\boldsymbol{r})e^{-i\boldsymbol{G}\cdot\boldsymbol{r}}\,d\boldsymbol{r}$$

$$= \frac{1}{\Omega_0}\int\{V_{\mathrm{A}}(\boldsymbol{r}-\boldsymbol{\tau}) + V_{\mathrm{B}}(\boldsymbol{r}+\boldsymbol{\tau})\}\,e^{-i\boldsymbol{G}\cdot\boldsymbol{r}}\,d\boldsymbol{r} \qquad (4.35)$$

で与えられる．ここで，Ω_0 は単位胞の体積，N は結晶中の単位胞の数であり，V_{A} と V_{B} は結晶を構成する2種の原子AおよびBの原子ポテンシャルである．また，$\boldsymbol{\tau}$ は2つの原子対の中点から測ったA原子の位置である（図4.18を参照）．

それぞれの原子ポテンシャル $V_{\mathrm{A}}(\boldsymbol{r})$, $V_{\mathrm{B}}(\boldsymbol{r})$ のフーリエ係数，およびその和と差を

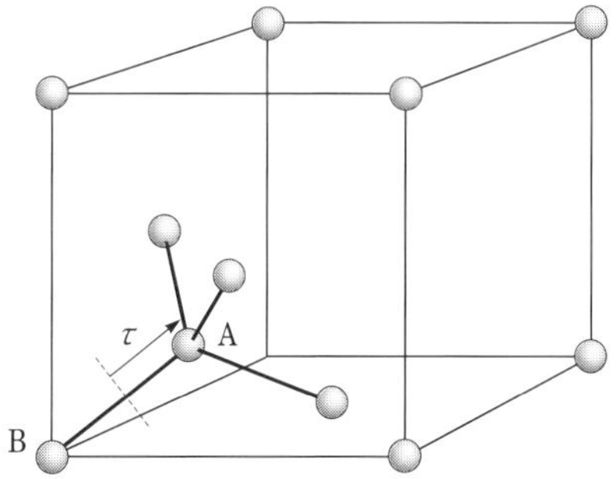

図4.18　ダイヤモンド構造および閃亜鉛鉱型構造における原子配置

$$V_{\mathrm{B}}^{\mathrm{A}}(\boldsymbol{G}) \equiv \frac{2}{\Omega}\int V_{\mathrm{B}}^{\mathrm{A}}(\boldsymbol{r})\, e^{-i\boldsymbol{G}\cdot\boldsymbol{r}}\, d\boldsymbol{r} \tag{4.36}$$

$$V_{\mathrm{A}}^{\mathrm{S}}(\boldsymbol{G}) \equiv \frac{1}{2}\{V_{\mathrm{A}}(\boldsymbol{G}) \pm V_{\mathrm{B}}(\boldsymbol{G})\} \tag{4.37}$$

で定義すると，(4.35) における結晶ポテンシャルのフーリエ成分は

$$V(\boldsymbol{G}) = V^{\mathrm{S}}(\boldsymbol{G}) \cos \boldsymbol{G}\cdot\boldsymbol{\tau} - iV^{\mathrm{A}}(\boldsymbol{G}) \sin \boldsymbol{G}\cdot\boldsymbol{\tau} \tag{4.38}$$

と表される．第3章で述べたように，この2つの波の干渉によるエネルギーギャップは

$$E_{\mathrm{g}} = 2|V(\boldsymbol{G})| \tag{4.39}$$

であったから，(4.38) により

$$E_{\mathrm{g}}{}^2 = E_{\mathrm{h}}{}^2 + E_{\mathrm{c}}{}^2 \tag{4.40}$$

と表される．ここで

$$\left.\begin{aligned} E_{\mathrm{h}}{}^2 &= 4|V^{\mathrm{S}}(\boldsymbol{G})|^2 \cos^2 \boldsymbol{G}\cdot\boldsymbol{\tau} \\ E_{\mathrm{c}}{}^2 &= 4|V^{\mathrm{A}}(\boldsymbol{G})|^2 \sin^2 \boldsymbol{G}\cdot\boldsymbol{\tau} \end{aligned}\right\} \tag{4.41}$$

という記号を用いた．(4.40) の物理的な意味は，エネルギーギャップの2乗が，2つの原子ポテンシャルの平均からの寄与$E_{\mathrm{h}}{}^2$とポテンシャルの差による寄与$E_{\mathrm{c}}{}^2$とに分解できるということである．前節に述べた強結合模型では，(4.40) の関係は (4.31) に対応するもので，したがって $E_{\mathrm{h}} \longleftrightarrow 2|V|$，$E_{\mathrm{c}} \longleftrightarrow |\varepsilon_{\mathrm{Ga}} - \varepsilon_{\mathrm{As}}|$ という関係がある．

このように化合物半導体のバンドギャップは，原子の共有性を反映する部分とイオン性を反映する部分とがあり，前者は2つの原子種についての平均的なポテンシャルに由来するもの，後者はそれぞれのポテンシャルの差に由来するものである．(4.40) あるいは (4.31) で表されるバンドギャップの性質は，低周波誘電率の測定から確かめられる．詳細は他書に譲るが，半導体の低周波誘電率はおよそ

$$\varepsilon(0) \approx 1 + \frac{\hbar^2 \omega_{\mathrm{p}}{}^2}{E_{\mathrm{g}}{}^2} \tag{4.42}$$

のように表される．ここで ω_p はプラズマ角振動数 $\omega_p{}^2 \sim 4\pi ne^2/m$（$n$ は電子密度，e は素電荷，m は電子の質量）である．これから

$$\frac{1}{\varepsilon(0)-1} \doteqdot \frac{E_g{}^2}{\hbar^2\omega_p{}^2} = \frac{E_h{}^2+E_c{}^2}{\hbar^2\omega_p{}^2} \tag{4.43}$$

という関係が得られる．

種々の化合物半導体について左辺の量を測定し，化合物の価数の差 Δz の2乗についてプロットすると，図4.19のようになる．これは周期律の同じ周期に沿っては，平均ポテンシャルの部分がIV族，III - V族，II - VI族と変わってもそれほど変化しないこと，イオンポテンシャルの差の部分は価数の差の2乗にほぼ比例することを示唆している．

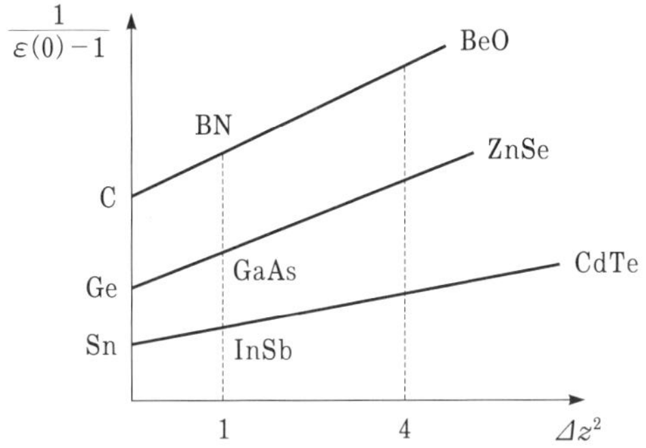

図4.19　種々の元素および化合物半導体の誘電率と原子番号の差の関係

演習問題

［**1**］　Alのエネルギーバンドを自由な電子の模型で近似したとき，そのフェルミ波長の値を求めよ．ただし，図4.1(b)の立方体の1辺を a とせよ．

［**2**］　エネルギーバンドが

$$E(k) = \frac{\hbar^2 k_x{}^2}{2m_x} + \frac{\hbar^2 k_y{}^2}{2m_y} + \frac{\hbar^2 k_z{}^2}{2m_z}$$

と表される金属について，状態密度 $D(E)$ はどのように与えられるか．

［**3**］　面心立方格子の空の格子模型のエネルギー分散を求め，図4.5の点線のよう

になることを確かめよ．

［4］ 層状結晶であるBNは，グラファイト結晶の炭素原子をBとN原子が互いに最近接原子になるようにおきかえたものである．単層のBN結晶のエネルギーバンド（π バンド）を求めよ．ただし，B原子およびN原子の $2p_z$ 軌道のエネルギーをそれぞれ ε_B, ε_N とせよ．

密度汎関数法

現実の物質のエネルギーバンドを決めるのは，結晶中で電子が感じる結晶ポテンシャル（第3章の (3.6) 中に現れる $V(\boldsymbol{r})$）である．実際の結晶に対して，これをどのように求めることができるのだろうか．

計算機や計算理論が十分に進歩していなかった1970年代以前では，純粋な理論計算だけから結晶ポテンシャル $V(\boldsymbol{r})$ を求めることはできず，$V(\boldsymbol{r})$ に適当な関数形を仮定して求めたエネルギーバンドを，各種の実験データと比較しながらこれを決めていくという現象論的な方法が行なわれていた．しかし，現在ではホーエンベルグ (Hohenberg) とコーン (Kohn) によって考案された密度汎関数法 (DFT 法) が大きく発展し，実験的な情報を借用せずに，理論計算だけで結晶ポテンシャル $V(\boldsymbol{r})$ を決め，これによってエネルギーバンドや波動関数，原子配置構造などあらゆる物性量を計算することができる．計算機の性能は過去数十年にわたって幾何級数的に進歩しているので巨大計算が可能となり，このような第一原理計算といわれる分野が大きな発展を遂げつつある．

密度汎関数法では電子密度の空間分布を基本的な関数として，その汎関数として系全体のエネルギーを定める．この汎関数を極小とする変分条件から，個々の電子の波動関数の満たす方程式が得られるが，これがコーン‐シャム (Sham) 方程式といわれるもので，シュレーディンガー方程式と同じ形をしている．その結晶場ポテンシャルは原子核のポテンシャルの他に，解かれた1電子波動関数に電子を収容して得られる電荷分布による静電ポテンシャルと，電子間相互作用を反映した交換・相関ポテンシャルとから成る．ポテンシャルと波動関数とをつじつまが合うように計算するのである．

5 外場や不純物の効果

これまでの各章では結晶の中の電子の状態，特にエネルギーバンドについて述べてきた．本章ではこのような結晶の中の電子に外場が加わったとき，あるいは不純物などによるポテンシャルが生じたときに，電子の状態がどのような影響を受けるかを考察してみよう．

§5.1　波束とその運動方程式

電子の状態が1つのブロッホ関数で表されるとすると，その電子が結晶の中のどのような位置にあるかを指定することはできない．この状態では，粒子としての電子の性質が見えにくいのである．そこで，電子が粒子であるという性質を露に見るために，波束という概念を用いる．

(1.46) によれば，波動関数の時間因子まで含めたブロッホ関数の状態は

$$\Psi_{nk}(\boldsymbol{r},\ t) = \exp\left[i\left(\boldsymbol{k}\cdot\boldsymbol{r} - \frac{E_n(\boldsymbol{k})\ t}{\hbar}\right)\right] U_{nk}(\boldsymbol{r}) \tag{5.1}$$

という波動関数で表される．ここで $E_n(\boldsymbol{k})$ は，バンドのエネルギーである．この状態では電子がどこにいるかを指定できない．そこで，電子の位置を指定するにはこのような波をたくさん重ね合わせて，次のような**波束**とよばれる状態をつくる．

$$\Psi_{nk}^{\mathrm{wp}}(\boldsymbol{r},\ t) = \int d\boldsymbol{k}\ \omega(\boldsymbol{k})\ \Psi_{nk}(\boldsymbol{r},\ t) \tag{5.2}$$

ここで $\omega(\boldsymbol{k})$ は，図 5.1 に示されるような，ある波数領域に 1 つのピークをもった重ね合わせの重み（重率関数）である．

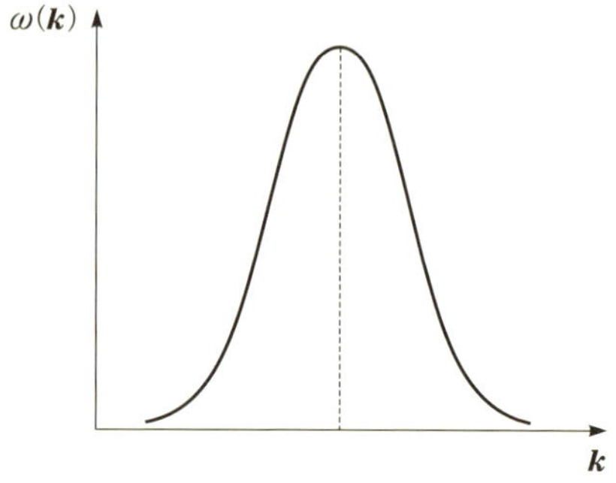

図 5.1　波束をつくるための重率関数

これらの 2 つの波 $\Psi_{n\boldsymbol{k}}$，$\Psi_{n\boldsymbol{k}}^{\mathrm{wp}}$ の様子を模式的に示すと図 5.2 のようになる．$\Psi_{n\boldsymbol{k}}$ では電子は一様な確率分布をしているのに，$\Psi_{n\boldsymbol{k}}^{\mathrm{wp}}$ では電子は空間のある狭い領域でのみ見出される．

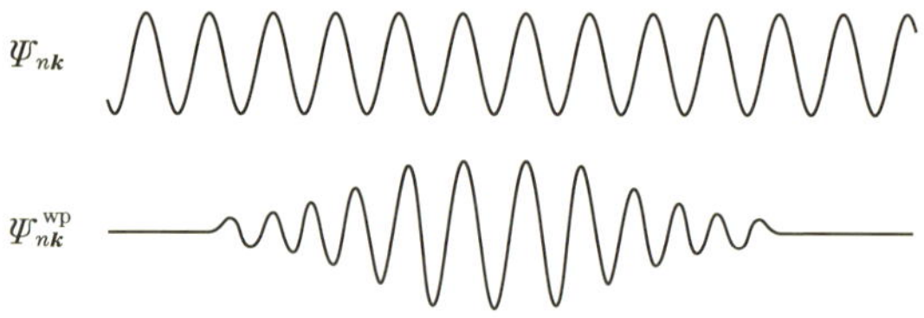

図 5.2　ブロッホ波 $\Psi_{n\boldsymbol{k}}$ とその波束 $\Psi_{n\boldsymbol{k}}^{\mathrm{wp}}$

この領域の広がりは重率関数 $\omega(\boldsymbol{k})$ のピーク幅と関係していて，その幅が大きいほど，すなわちブロッホ関数をより広い波数空間から集めているほど，波束の広がりは小さくなる．そして，この波束の広がりが十分に小さいとすれば，これを粒子としての電子であると解釈することができる．では，このとき，電子に対応する粒子（＝波束）は外場の中でどのような運動をするだろうか．

始めに，波束の中心がどのような位置にあるかを考える．注意すべきことは，(5.2) の $\boldsymbol{k}$ について積分を行なうとき，普通はブロッホ関数 $\Psi_{n\boldsymbol{k}}$ の中の位相因子が $\boldsymbol{k}$ の関数として激しく変化し，特殊な条件が満足されない限り積分値がほとんどゼロになってしまうことである．特殊な条件とは，位相部分が $\boldsymbol{k}$ の関数として停留値をとることである．この場合には，位相因子の激しい振動はないので，有限な積分値が得られる．

位相部分の停留条件は

$$\frac{\partial}{\partial \boldsymbol{k}}\left\{i\boldsymbol{k}\cdot\boldsymbol{r}-\frac{i\,E_n(\boldsymbol{k})\,t}{\hbar}\right\}=0 \tag{5.3}$$

すなわち，

$$\boldsymbol{r}-\frac{t}{\hbar}\nabla_k E_n(\boldsymbol{k})=0 \tag{5.4}$$

である．これは，波束の中心が時間とともにどのように変化するかを与える関係である．これを時間 t で微分すると，波束の中心が運動する速度 $\boldsymbol{v}$ が次のように求められる．

$$\boldsymbol{v}=\frac{1}{\hbar}\nabla_k E_n(\boldsymbol{k}) \tag{5.5}$$

この関係は，波数 $\boldsymbol{k}$ のブロッホ状態にある電子の速度がエネルギーバンドの勾配に比例するという極めて重要な性質である．これは波束のつくり方の詳細によらない，バンドの一般的な性質であることに注意しよう．また，この関係はエネルギーバンドが波数 $\boldsymbol{k}$ の関数として極値をもつ場合 $(\nabla_k E_n(\boldsymbol{k})=0)$，そこでの電子の速度がゼロになってしまうことを意味している．ブリュアン域の端でバンドギャップが開いている場合は，そこでの電子の速度がゼロになるが，これはほとんど自由な電子の模型のところで学んだ，定在波の生成に対応している．

さて次に，外場が存在するときに，電子波の状態がどのように時間変化するかを考える．そのため，電子の運動方程式を導いてみよう．結論を先に述べると，電場 $\boldsymbol{E}$ と磁場 $\boldsymbol{H}$ が存在するとき，電荷 e の電子は古典的には

$$\boldsymbol{F}=e\left(\boldsymbol{E}+\frac{1}{c}\boldsymbol{v}\times\boldsymbol{H}\right)\qquad(c：光速) \tag{5.6}$$

の力を受けるが，このとき波束の中心の波数（重率関数のピークの波数）$\boldsymbol{k}$ は，次のような時間変化

$$\hbar \dot{\boldsymbol{k}} = \boldsymbol{F} \tag{5.7}$$

をする (・は時間微分を表す). 磁場がない場合について，この関係式を証明することは容易である．それは，外場が加わると，電子のエネルギーがどのように時間変化するかを考察するとわかる．すなわち，

$$\frac{d}{dt}E_n(\boldsymbol{k}) = \{\nabla_k E_n(\boldsymbol{k})\}\dot{\boldsymbol{k}} = \hbar \boldsymbol{v}\cdot\dot{\boldsymbol{k}} \tag{5.8}$$

であるが，左辺はエネルギーのバランスから

$$\frac{d}{dt}E_n(\boldsymbol{k}) = \boldsymbol{v}\cdot\boldsymbol{F} \tag{5.9}$$

と等しいはずだから，(5.8) と (5.9) の右辺同士が等しい．これから，(5.7) の関係が得られる．ここでの証明は力に垂直な速度の成分についてはなされていない．しかし，別の詳細な証明によって，その方向の成分についても (5.7) が成り立つことが確認できる．

次に，電子の速度の時間変化である加速度について考えてみよう．電子の速度は (5.5) により波数 $\boldsymbol{k}$ の関数だから，$\boldsymbol{k}$ が時間変化をするなら速度も時間変化をするわけである．その加速度は

$$\begin{aligned}\dot{\boldsymbol{v}} &= \frac{1}{\hbar}\nabla_k\nabla_k E_n(\boldsymbol{k})\dot{\boldsymbol{k}} \\ &= \frac{1}{\hbar^2}\{\nabla_k\nabla_k E_n(\boldsymbol{k})\}\boldsymbol{F} \\ &= \frac{1}{\underline{\underline{m}}}\cdot\boldsymbol{F}\end{aligned} \tag{5.10}$$

と表される．ここで $\underline{\underline{m}}$ は

$$\frac{1}{\underline{\underline{m}}} \stackrel{\mathrm{def}}{=} \frac{1}{\hbar^2}\nabla_k\nabla_k E_n(\boldsymbol{k}) \tag{5.11}$$

で定義されるテンソル (3 × 3 行列) の逆行列である．

$\underline{\underline{m}}$ は真空中の電子あるいは，ほとんど自由な電子の模型の場合について

は，その質量あるいは有効質量と単位行列の積なので，**有効質量テンソル**とよばれる．例えば，エネルギーバンド（$E_n(\boldsymbol{k})$）の極値付近（$\boldsymbol{k} = \boldsymbol{k}_0$）でそのバンドが

$$E_n(\boldsymbol{k}) = E_0 + \frac{c}{2}(\boldsymbol{k} - \boldsymbol{k}_0)^2 + \cdots \tag{5.12}$$

のように表されていれば，(5.11) の右辺を実際に計算すればわかるように，有効質量テンソルの逆行列はスカラー量で

$$\frac{1}{\underline{\underline{m}}} = \frac{c}{\hbar^2} \times \begin{pmatrix} 1 & 0 & 0 \\ 0 & 1 & 0 \\ 0 & 0 & 1 \end{pmatrix} \tag{5.13}$$

に等しい．このとき $1/\underline{\underline{m}} = (1/m^*)\mathbf{1}$ とおき，m^* $(= \hbar^2/c)$ を**有効質量**とよぶ．すなわち，エネルギーバンドの極値付近の 2 次の展開係数 c は，運動方程式における有効質量と逆比例する．

このように有効質量はエネルギーバンドの曲率と関係するが，これは一般にはスカラー量とは限らないので，次の［例題 5.1］にみるように，電子は力と異なる方向に加速されることがありうる．

［**例題 5.1**］　エネルギーバンドが $\boldsymbol{k}_0 = (k_{0x},\ k_{0y},\ k_{0z})^t$ において極小になり，その付近で

$$E_n(\boldsymbol{k}) = E_0 + \frac{1}{2} \sum_{\xi = x,y,z} \sum_{\eta = x,y,z} (k_\xi - k_{0\xi})\, C_{\xi\eta}\, (k_\eta - k_{0\eta}) + \cdots$$

と展開される場合，有効質量テンソルの逆行列を求めよ．また x 方向に電場 $\boldsymbol{E}$ が加わったときの，電子のx, y, z 方向の加速度 $\dot{\boldsymbol{v}}$ をそれぞれ求めよ．

ただし，$(a,\ b,\ c)^t = \begin{pmatrix} a \\ b \\ c \end{pmatrix}$ である．

［**解**］　与式を (5.11) に代入すれば

$$\frac{1}{\underline{\underline{m}}} = \frac{1}{\hbar^2}\begin{pmatrix} C_{xx} & C_{xy} & C_{xz} \\ C_{yx} & C_{yy} & C_{yz} \\ C_{zx} & C_{zy} & C_{zz} \end{pmatrix}$$

となる．また電場を $\boldsymbol{E} = (E,\ 0,\ 0)^t$ とすると，加速度 $\dot{\boldsymbol{v}}$ は次式で与えられる．

$$\dot{\boldsymbol{v}} = \frac{e}{\underline{\underline{m}}}\boldsymbol{E} = \frac{eE}{\hbar^2}(C_{xx},\ C_{yx},\ C_{zx})^t$$

§5.2　強磁場中での金属電子の運動

金属に強い磁場 $\boldsymbol{H}$ を加えると，磁場の逆数の関数として周期的に磁化や電気伝導度が振動する現象が見られる．これはそれぞれ，**ド・ハース - ファン・アルフェン効果**，**ド・ハース - シュブニコフ効果**とよばれる現象である．いずれも，金属のフェルミ面の幾何学的構造を決定する上で重要な実験法である．ここでは，ド・ハース - ファン・アルフェン効果について，その機構とフェルミ面との関係を述べる．

結晶に強い磁場 $\boldsymbol{H}$ が加わると，結晶中のブロッホ電子の波数 $\boldsymbol{k}$ は次のような運動方程式に従って，時間とともに変化する．

$$\hbar\dot{\boldsymbol{k}} = \frac{e}{c}\boldsymbol{v} \times \boldsymbol{H} \tag{5.14}$$

この式から，$\boldsymbol{k}$ 空間での電子の軌跡は磁場 $\boldsymbol{H}$ と速度 $\boldsymbol{v}$ に直交することがわ

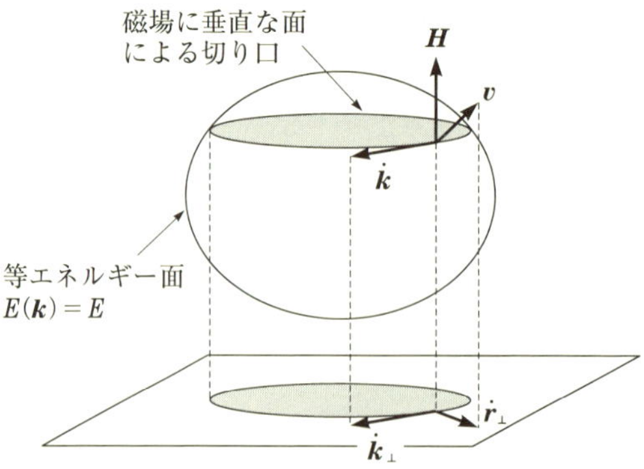

図5.3　磁場が加えられたときの，電子の波数空間での軌跡と，その磁場に垂直な面への投影．なお，$\dot{\boldsymbol{r}}_\perp$ と $\dot{\boldsymbol{k}}_\perp$ は直交している．

かる．軌跡はバンドの等エネルギー面 ($E(\boldsymbol{k}) = E$) の法線に常に直交するので，電子は図 5.3 に示すように，等エネルギー面 $E(\boldsymbol{k}) = E$ の磁場に垂直な面による切り口の曲線に沿って運動することになる．この電子 (の波束) の座標空間での位置を $\boldsymbol{r}$，その磁場に垂直な平面への射影を $\boldsymbol{r}_\perp$ とし，また $\boldsymbol{k}$ の磁場に垂直な平面への射影を $\boldsymbol{k}_\perp$ で表そう．すると，(5.14) より

$$\hbar \dot{\boldsymbol{k}}_\perp = \frac{e}{c} \dot{\boldsymbol{r}}_\perp \times \boldsymbol{H} \tag{5.15}$$

が成り立つ．この式の両辺に左から $\boldsymbol{H}$ を外積すると

$$\dot{\boldsymbol{r}}_\perp = \frac{\hbar c}{eH} \frac{\boldsymbol{H}}{H} \times \dot{\boldsymbol{k}}_\perp \tag{5.16}$$

したがって，

$$\boldsymbol{r}_\perp = \frac{\hbar c}{eH} \frac{\boldsymbol{H}}{H} \times \boldsymbol{k}_\perp \tag{5.17}$$

である．この関係から，実空間における電子の運動を磁場に垂直な平面に投影すると，$\boldsymbol{k}$ 空間での軌跡を $\hbar c/eH$ 倍して全体を 90 度回転した軌跡が描かれることがわかる．軌跡に沿う速度は，(5.15) から，$\boldsymbol{r}_\perp$ の速度の大きさを $v_\perp$ として次のようになる．

$$|\dot{\boldsymbol{k}}_\perp| = \frac{eH}{\hbar c} v_\perp \tag{5.18}$$

バンドの等エネルギー面として，$E(\boldsymbol{k}) = E$ に対応するものの他に，エネルギーをわずかに変化させた $E(\boldsymbol{k}) = E + \delta E$ も同時に考えることにする．図 5.4 は，これらの等エネルギー面の磁場に垂直な平面による切り口をそれぞれ示している．帯状領域の軌跡に垂直な厚さ $\delta k_\perp$ は次のように与えられる．

$$\delta k_\perp = \frac{\delta E}{|\nabla_{\boldsymbol{k}_\perp} E|} = \frac{\delta E}{\hbar v_\perp} \tag{5.19}$$

そこで (5.18) と (5.19) から

$$|\dot{\boldsymbol{k}}_\perp| \, \delta k_\perp = \frac{eH}{\hbar^2 c} \delta E \tag{5.20}$$

となるが，これは 2 つの軌跡に挟まれる狭い帯状部分が掃かれていく面積速

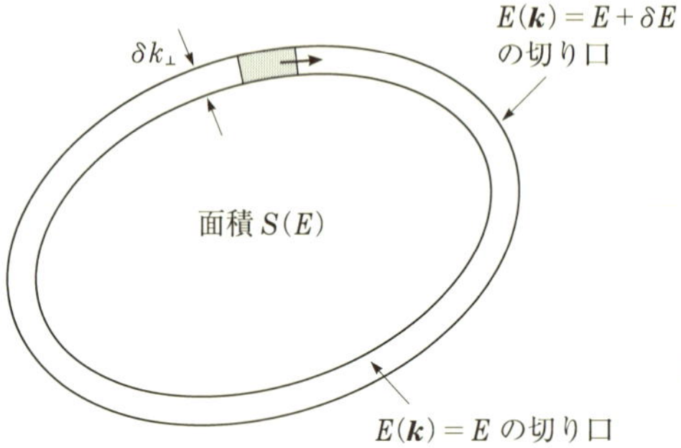

図 5.4　バンドの等エネルギー面の磁場に垂直な切り口

度が一定であることを意味している．

電子の軌跡が図 5.4 のように閉じているとき，これを 1 周する周期を T としよう．すると，(5.20) の量を T 倍したものは，帯状領域の全面積 dS であることから

$$\frac{eTH}{\hbar^2 c}\,\delta E=\frac{dS}{dE}\,\delta E \qquad \text{すなわち，} \qquad T=\frac{\hbar^2 c}{eH}\frac{dS}{dE} \tag{5.21}$$

である．ここで $S(E)$ はバンドの等エネルギー面の磁場に垂直な面による切り口の面積である．この周期運動の角振動数 ω_{c} を**サイクロトロン角振動数**といい，

$$\omega_{\mathrm{c}}=\frac{2\pi}{T}=\frac{2\pi eH}{\hbar^2 c}\frac{1}{\dfrac{dS}{dE}}=\frac{eH}{m_{\mathrm{c}}c} \tag{5.22}$$

のように表されるが，最後の式では**サイクロトロン質量**とよばれる

$$m_{\mathrm{c}}=\frac{\hbar^2}{2\pi}\frac{dS}{dE} \tag{5.23}$$

という量を導入し，これによって ω_{c} を表した．

自由電子については，このサイクロトロン質量はこれまでに定義した有効質量 m^* に等しいが，一般には異なる値をとる．有効質量はバンド端でのエネルギーバンドの曲率で決まるのに対して，サイクロトロン質量はエネルギーバンドの大域的性質で決まるからである．

これまでに述べたことから明らかなように，結晶に磁場をかけると，金属の伝導電子の運動は磁場に垂直な面へ射影すると閉じた軌道上の周期運動になっている (図 5.3)．これを**サイクロトロン運動**とよび，その周期と角振動数がそれぞれ (5.21)，(5.22) で与えられる．サイクロトロン運動を実測する方法には様々なものがあり，磁場とともに高周波の電磁場を印可して吸収スペクトルの共鳴を観測する方法は，その一例である．

ところで，量子力学の原理からすれば，粒子の周期運動は必ず量子化されなければならない．サイクロトロン運動も例外でなく，この量子化によって強磁場下での興味深い振動現象が出現するのである．以下では，サイクロトロン運動の量子化を，半古典的なボーア - ゾンマーフェルト (Bohr - Sommerfeld) の条件式

$$\oint \boldsymbol{p}\cdot d\boldsymbol{q} = 2\pi\hbar\,(n+\gamma) \qquad (n = 0,\ 1,\ 2,\ \cdots) \tag{5.24}$$

で行なうことにする．ここで $\boldsymbol{q}$ は周期運動に対応する一般化座標，$\boldsymbol{p}$ はこれに共役な運動量である．また，γ は自由電子については 1/2 である．

さて，磁場が加わっている条件では，波数 $\boldsymbol{k}$ と座標に共役な運動量 $\boldsymbol{p}$ とは

$$\hbar\boldsymbol{k} = \boldsymbol{p} - \frac{e}{c}\boldsymbol{A} \tag{5.25}$$

のように関係している．なお，ここで $\boldsymbol{A}$ は磁場のベクトルポテンシャル ($\boldsymbol{H} = \mathrm{rot}\,\boldsymbol{A}$) である．すでに述べたように，電子の実空間 $\boldsymbol{r}$ での軌跡を磁場に垂直な面に投影した $\boldsymbol{r}_\perp$ の軌跡は，これまで述べてきた $\boldsymbol{k}_\perp$ の軌跡を 90 度回転して $\hbar c/eH$ 倍にした閉じた軌道を成す．この軌道を貫く磁束を Φ とすると (5.24) の左辺は，

$$\oint \boldsymbol{p}\cdot d\boldsymbol{q} = \oint\left(\hbar\boldsymbol{k} + \frac{e}{c}\boldsymbol{A}\right)\cdot d\boldsymbol{q} = \oint \frac{e}{c}(\boldsymbol{r}_\perp \times \boldsymbol{H} + \boldsymbol{A})\cdot d\boldsymbol{r}_\perp$$
$$= -\frac{e}{c}\Phi \tag{5.26}$$

となる．ただし，2 番目の等式では $d\boldsymbol{q} = d\boldsymbol{r}_\perp$，$\hbar\boldsymbol{k} \to \hbar\boldsymbol{k}_\perp = (e/c)\boldsymbol{r}_\perp \times \boldsymbol{H}$

とおいている．また最後の式では

$$\oint(\boldsymbol{r}_\perp \times \boldsymbol{H})\cdot d\boldsymbol{r}_\perp = -\boldsymbol{H}\cdot\oint \boldsymbol{r}_\perp \times d\boldsymbol{r}_\perp = -\boldsymbol{H}\cdot\int 2\,d\boldsymbol{S}$$
$$= -2\Phi \qquad (5.27)$$

$$\oint \boldsymbol{A}\cdot d\boldsymbol{r}_\perp = \iint \mathrm{rot}\,\boldsymbol{A}\cdot d\boldsymbol{S} = \iint \boldsymbol{H}\cdot d\boldsymbol{S}$$
$$= \Phi \qquad (5.28)$$

という関係を用いた．これから，軌跡を貫く磁束が次のように量子化されることがわかる．

$$\Phi = \frac{2\pi\hbar c}{e}(n+\gamma) \qquad (n = 0,\ 1,\ 2,\ \cdots) \qquad (5.29)$$

ここで，(5.29) を H で割ると実空間での面積であり，これを $\boldsymbol{k}$ 空間と実空間の軌跡のスケール比の 2 乗である $(eH/\hbar c)^2$ 倍すれば，$\boldsymbol{k}$ 空間での対応する軌跡の面積 S_n が次のように得られる．

$$S_n = \frac{2\pi eH}{\hbar c}(n+\gamma) \qquad (n = 0,\ 1,\ 2,\ \cdots) \qquad (5.30)$$

量子化の結果として，等エネルギー面の磁場に垂直な任意の切り口が軌跡

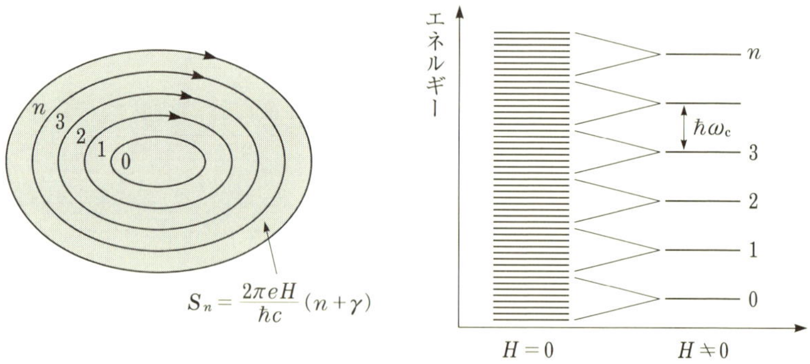

(a) $\boldsymbol{k}$ 空間の許される軌道　　(b) エネルギースペクトル

図 5.5　磁場中での許される電子の状態

として許されるのではなく，その囲む面積が (5.30) を満たすものしか許されなくなる (図 5.5(a))．また，許される軌道に対応するエネルギーは，以下に述べるように離散化した値をとる (図 5.5(b))．

簡単のため，これをエネルギーバンドが自由な電子の模型

$$E(\boldsymbol{k}) = \frac{\hbar^2}{2m^*}(k_x{}^2 + k_y{}^2) + \frac{\hbar^2}{2m^*}k_z{}^2 \tag{5.31}$$

のように書ける場合に当てはめると，等エネルギー面の切り口の面積が (5.30) の S_n で与えられるときのエネルギー E は次のようになる．

$$\begin{aligned} E &= \frac{\hbar^2}{2\pi m^*}S_n + \frac{\hbar^2}{2m^*}k_z{}^2 \\ &= \hbar\omega_c(n+\gamma) + \frac{\hbar^2}{2m^*}k_z{}^2 \qquad (n = 0,\ 1,\ 2,\ \cdots) \end{aligned} \tag{5.32}$$

ただしこのモデルでは，サイクロトロン質量は有効質量と同じ値になること ($m_c = m^*$) を用いた．

(5.31) と (5.32) を比べると，磁場がないときに連続的に分布する x, y 方向のエネルギー $(\hbar^2/2m^*)(k_x{}^2 + k_y{}^2)$ は，磁場を加えると $\hbar\omega_c(n+\gamma)$ のように，間隔 $\hbar\omega_c$ の離散化したエネルギー準位に束ねられる (図 5.5(b))．このとき，ある 1 つの n に対応する準位の縮重度 D は，結晶の単位面積当り

$$D = \frac{m^*\omega_c}{2\pi\hbar} = \frac{eH}{2\pi\hbar c} \tag{5.33}$$

であることが示される．なぜなら，(5.23) により，n が増すごとに面積 S_n は

$$\begin{aligned} \Delta S = S_{n+1} - S_n &= \frac{dS}{dE} \times \hbar\omega_c \\ &= \frac{2\pi m_c}{\hbar^2} \times \hbar\omega_c \end{aligned}$$

だけ増加するが，この増加した領域 ΔS 内にある許される状態数は，第 3 章で述べた波数空間の微細格子点の密度 (2 次元であること，$L = 1$ としていることに注意) である $1/(2\pi)^2$ を掛けて，

$$D = \varDelta S \times \frac{1}{(2\pi)^2}$$
$$= \frac{m^* \omega_c}{2\pi\hbar}$$

となるからである．

［**例題 5.2**］　一様な磁場 $\boldsymbol{H} = (0,\ 0,\ H)$ が加わった系の電子の波動関数 $\varPsi$ は，シュレーディンガー方程式

$$\frac{1}{2m}\left(\frac{\hbar}{i}\nabla - \frac{e}{c}\boldsymbol{A}\right)^2 \varPsi = E\varPsi \tag{5.34}$$

を満たす．ただし，$\boldsymbol{A} = (0,\ Hx,\ 0)$ は磁場のベクトルポテンシャルである．波動関数 $\varPsi$ を

$$\varPsi(x,\ y,\ z) = e^{i(\beta y + k_z z)}\, u(x) \tag{5.35}$$

のように仮定して，未知の固有関数 $u(x)$，エネルギー固有値 E_n を求めよ．

［**解**］　$\varPsi(\boldsymbol{r}) = f(y,\ z)\, u(x)$, $f(y,\ z) = e^{i(\beta y + k_z z)}$ とおいて，(5.34) に代入すると，

$$\left\{-\frac{\hbar^2}{2m}\frac{d^2}{dx^2} + \frac{m\omega_c^{\,2}}{2}\left(x - \frac{c\hbar}{eH}\beta\right)^2\right\} u(x) = \left(E - \frac{\hbar^2 k_z^{\,2}}{2m}\right) u(x)$$

が得られる．ただし，$\omega_c = eH/mc$ である．$K = m\omega_c^{\,2}$ とおくと，この微分方程式は (1.57) で x を $x - c\hbar\beta/eH$ におきかえたものになっている．したがって§1.10 の議論と同じように，固有関数 $u_n(x)$ と固有値 E_n が次のように求められる．

$$u_n(x) = N_n H_n \left\{\sqrt{\frac{m\omega_c}{\hbar}}\left(x - \frac{c\hbar}{eH}\beta\right)\right\} \exp\left\{-\frac{m\omega_c}{2\hbar}\left(x - \frac{c\hbar}{eH}\beta\right)^2\right\}$$

$$E_n = \frac{\hbar^2 k_z^{\,2}}{2m} + \hbar\omega_c\left(n + \frac{1}{2}\right) \qquad (n = 1,\ 2,\ \cdots)$$

これまでの議論から，強磁場 H が結晶に加わったときの電子のエネルギー分布が求められたので，強磁場のもとにおける電子系の自由エネルギーを見積もり，これからド・ハース－ファン・アルフェン効果を導いてみよう．この系の自由エネルギー F は，統計力学の原理によれば

$$F = N\mu - k_\mathrm{B} T \int_{-\infty}^{\infty} \left[\frac{eH}{2\pi^2 \hbar c} \sum_{n=0}^{\infty} \ln \left[1 + \exp\left\{ \frac{\mu - E(n+\gamma,\ k_z)}{k_\mathrm{B} T} \right\} \right] \right] dk_z \tag{5.36}$$

のように与えられる.† ここで μ はフェルミエネルギー (E_F, 電子の化学ポテンシャル), $E(n+\gamma,\ k_z) = \hbar\omega_\mathrm{c}(n+\gamma) + \hbar^2 k_z{}^2/2m^*$ は, (5.32) の最後の式で表された n と k_z で指定される電子状態のエネルギーである.

(5.36) は整数値 n についての和を含むが, これを処理するにはポアソンの和の公式

$$\sum_{n=0}^{\infty} f\left(n + \frac{1}{2}\right) = \int_0^{\infty} f(x)\, dx + 2\sum_{s=1}^{\infty} (-1)^s \int_0^{\infty} f(x) \cos 2\pi x s\, dx \tag{5.37}$$

を用いる. この関係より, $\gamma = 1/2$ として (5.36) は以下のように変形できる.

$$\begin{aligned} F = N\mu - k_\mathrm{B} T \int_{-\infty}^{\infty} \left[\frac{eH}{2\pi^2 \hbar c} \int_0^{\infty} \ln \left[1 + \exp\left\{ \frac{\mu - E(x,\ k_z)}{k_\mathrm{B} T} \right\} \right] dx \right] dk_z \\ - 2k_\mathrm{B} T \sum_{s=1}^{\infty} \int_{-\infty}^{\infty} \left[\frac{eH}{2\pi^2 \hbar c} (-1)^s \int_0^{\infty} \ln \left[1 + \exp\left\{ \frac{\mu - E(x, k_z)}{k_\mathrm{B} T} \right\} \right] \cos 2\pi x s\, dx \right] dk_z \end{aligned} \tag{5.38}$$

最後の項における被積分関数は, 部分積分により次のように変形できる.

$$\begin{aligned} &\int_0^{\infty} \ln \left[1 + \exp\left\{ \frac{\mu - E(x,\ k_z)}{k_\mathrm{B} T} \right\} \right] \cos 2\pi x s\, dx \\ &= \ln \left[1 + \exp\left\{ \frac{\mu - E(x,\ k_z)}{k_\mathrm{B} T} \right\} \right] \frac{\sin 2\pi x s}{2\pi s} \bigg|_0^{\infty} \\ &\qquad + \frac{1}{k_\mathrm{B} T} \int_0^{\infty} f(E) \frac{\partial E}{\partial x} \times \frac{\sin 2\pi x s}{2\pi s}\, dx \\ &= \frac{1}{2\pi s k_\mathrm{B} T} \left[- f(E) \frac{\partial E}{\partial x} \frac{\cos 2\pi x s}{2\pi s} \bigg|_0^{\infty} \right. \\ &\qquad \left. + \frac{1}{2\pi s} \int_0^{\infty} \frac{\partial}{\partial x} \left\{ f(E) \frac{\partial E}{\partial x} \right\} \cos 2\pi x s\, dx \right] \end{aligned}$$

---

† フェルミ粒子系におけるヘルムホルツの自由エネルギーは, 統計物理学によると

$$F = N\mu - k_\mathrm{B} T \sum_r \ln \{1 + e^{-\beta(E_r - \mu)}\}$$

で与えられる. ただし, r の和はすべて 1 粒子状態 (エネルギー E_r) にわたる.

$$= \frac{1}{4\pi^2 s^2 k_B T} f(E) \frac{\partial E}{\partial x}\bigg|_{x=0} + \int_0^\infty \frac{\cos 2\pi xs}{4\pi^2 s^2 k_B T} \left\{ f(E) \frac{\partial^2 E}{\partial x^2} + \frac{\partial f}{\partial x} \frac{\partial E}{\partial x} \right\} dx \tag{5.39}$$

なお，$f(E)$ はフェルミ分布関数である．$E = E(x,\ k_z) = \hbar\omega_c x + \hbar^2 k_z{}^2/2m^*$ は x の1次関数なので，右辺第2項の{　}内で，最後の項だけを拾えばよい．またこの項は，フェルミ分布関数のエネルギー微分 $\partial f/\partial E \cong -\delta(E-\mu)$ を含んでいるので，電子のエネルギー $E(x,\ k_z)$ が μ に等しいときに際立って大きくなり，それ以外は小さい．

そこで

$$E(X,\ k_z) = \mu \tag{5.40}$$

を満足する X を用いて，(5.39) の積分変数を x から

$$x = X + \frac{k_B T}{\hbar\omega_c} y \tag{5.41}$$

で与えられる y に変換しよう．X は (5.30)，(5.32) から，フェルミ面の磁場に垂直な切り口の断面積 $S(\mu,\ k_z)$ によって

$$X = \frac{c\hbar}{2\pi eH} S(\mu,\ k_z) \tag{5.42}$$

と与えられる．結局，(5.39) の積分は次のように評価できる．†

$$\begin{aligned} &\int_0^\infty \ln\left[1 + \exp\left\{\frac{\mu - E(x,\ k_z)}{k_B T}\right\}\right] \cos 2\pi xs\, dx \\ &\quad \cong h(s,\ k_z) + \frac{\hbar\omega_c}{4\pi^2 s^2 k_B T} \int_{-\infty}^\infty \cos\left\{2\pi s\left(X + \frac{k_B T}{\hbar\omega_c} y\right)\right\} \frac{\partial f}{\partial y}\, dy \\ &\quad = h(s,\ k_z) - \frac{\hbar\omega_c}{4\pi^2 s^2 k_B T} \frac{\dfrac{2\pi^2 s k_B T}{\hbar\omega_c}}{\sinh \dfrac{2\pi^2 s k_B T}{\hbar\omega_c}} \cos\left\{\frac{sc\hbar}{eH} S(\mu,\ k_z)\right\} \end{aligned} \tag{5.43}$$

---

† $\displaystyle\int_{-\infty}^\infty \cos\left(\frac{2\pi s k_B T}{\hbar\omega_c} y\right) \frac{\partial f}{\partial y}\, dy \cong -\frac{\dfrac{2\pi^2 s k_B T}{\hbar\omega_c}}{\sinh \dfrac{2\pi^2 s k_B T}{\hbar\omega_c}},\quad \int_{-\infty}^\infty \sin\left(\frac{2\pi s k_B T}{\hbar\omega_c} y\right) \frac{\partial f}{\partial y}\, dy = 0$

の関係を用いた．

ここで $h(s,\ k_z)$ は (5.39) の最右辺の第1項で，磁場については，ゆっくりと変化する．(5.43) の右辺の第2項は，磁場の逆数の関数として周期的に振動する因子を含む．この振動は図5.5(b) の右図に示す離散的準位が次々とフェルミ準位を横切ることから生じる．ある離散準位が磁場強度の増大によってフェルミ準位を越えるとき，その準位を占有していた電子は急にこの状態を占有できなくなり（これらの電子は k_z の異なる状態に収容される)，自由エネルギーの大きな変化を生じるためである．

自由エネルギー F は上記の関数の k_z による積分で与えられる．最右辺における cos の中の量は k_z が特別な値をとるときを除いて激しく変化するから，その積分値への寄与は小さい．積分値は関数 $S(\mu,\ k_z)$ が k_z の関数として極値をとる領域 $k_z \approx k_z^{(1)},\ k_z^{(2)},\ \cdots$ で決まってしまう．したがって，全電子系の自由エネルギー F は，およそ次のように表される．

$$F \approx F_0 + \sum_{s=1}^{\infty}\sum_{i} c^{(i)}\left(\frac{\omega_c}{s}\right)^2 \frac{\dfrac{2\pi^2 s k_B T}{\hbar\omega_c}}{\sinh\dfrac{2\pi^2 s k_B T}{\hbar\omega_c}} \cos\left\{\frac{sc\hbar}{eH}S(\mu,\ k_z^{(i)})\right\} \tag{5.44}$$

なお，F_0 は (5.43) の右辺第1項による寄与で，磁場依存性は小さい．また $c^{(i)}$ は，温度や磁場によらない定数である．このように，F は，磁場の逆数に関して周期的に変化する項の和を含むことがわかる．帯磁率 M は F の磁

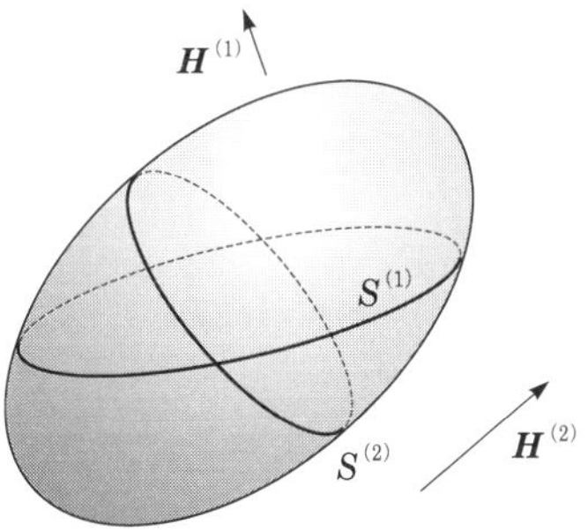

図5.6　ド・ハース-ファン・アルフェン効果によるフェルミ面の断面積の計測．$\boldsymbol{H}^{(1)}, \boldsymbol{H}^{(2)}$ の磁場方向では，それぞれ $S^{(1)}, S^{(2)}$ の断面積が測定できる．

場に関する導関数 $M = \partial F/\partial H$ なので，同じような振動的な磁場依存性が帯磁率においても生じる．これがド・ハース－ファン・アルフェン効果である．振動周期は $s = 1$ の項で決まるが，それは $\boldsymbol{k}$ 空間において磁場に垂直なフェルミ面の断面積 $S(\mu,\ k_z)$ の極値の逆数に $2e\pi/c\hbar$ を掛けた量である（図 5.6）．磁場の角度を変化させて，その関数として振動周期を計測すると金属のフェルミ面形状の手掛りが得られる．

§5.3　ワーニエ関数と有効質量方程式

さて，運動方程式 (5.10) によれば，結晶の中での電子は真空中とは異なる有効質量をもった粒子のように振舞う．この性質を結晶内にゆっくり変化するポテンシャルの場がある場合に，その電子状態への影響をみることで確認してみよう．

まず，**ワーニエ** (Wannier) **関数**の導入から始めよう．ワーニエ関数とはブロッホ関数の一種の 1 次変換であり，

$$a_n(\boldsymbol{r}-\boldsymbol{l}) = \frac{1}{\sqrt{N}}\sum_{\boldsymbol{k}} e^{-i\boldsymbol{k}\cdot\boldsymbol{l}}\ \Psi_{n\boldsymbol{k}}(\boldsymbol{r}) \tag{5.45}$$

によって導入される．ここで $\boldsymbol{l}$ は格子ベクトル，$\boldsymbol{k}$ についての和は第 3 章で述べた波数 ($\boldsymbol{k}$) 空間の微細格子点でとる．変換 (5.45) は一つのユニタリー変換であり，異なる格子点あるいは異なるエネルギーバンドのワーニエ関数は直交することが示せる．

$$\int a_m{}^*(\boldsymbol{r}-\boldsymbol{l})\ a_n(\boldsymbol{r}-\boldsymbol{l}')\ d\boldsymbol{r} = \delta_{mn}\delta_{\boldsymbol{l}\boldsymbol{l}'} \tag{5.46}$$

［**例題 5.3**］　ワーニエ関数の正規直交性

$$\int a_m{}^*(\boldsymbol{r}-\boldsymbol{l})\ a_n(\boldsymbol{r}-\boldsymbol{l}')\ d\boldsymbol{r} = \delta_{mn}\delta_{\boldsymbol{l}\boldsymbol{l}'}$$

を確認せよ．

［**解**］　単位胞が一辺の長さ a の立方体である場合，(5.45) から

$$\int a_m{}^*(\boldsymbol{r}-\boldsymbol{l})\,a_n(\boldsymbol{r}-\boldsymbol{l}')\,d\boldsymbol{r} = \frac{1}{N}\sum_{\boldsymbol{k},\boldsymbol{k}'} e^{i\boldsymbol{k}\cdot\boldsymbol{l}} e^{-i\boldsymbol{k}'\cdot\boldsymbol{l}'} \int \Psi^*{}_{m\boldsymbol{k}}(\boldsymbol{r})\,\Psi_{n\boldsymbol{k}'}(\boldsymbol{r})\,d\boldsymbol{r}$$

$$= \frac{1}{N}\left(\sum_{\boldsymbol{k}} e^{i\boldsymbol{k}\cdot(\boldsymbol{l}-\boldsymbol{l}')}\right)\delta_{mn} = \delta_{mn}\delta_{\boldsymbol{l}\boldsymbol{l}'}$$

となる．ここで $\boldsymbol{k}$ 空間の微細格子点に関する和について，次の関係を用いた．

$$\sum_{\boldsymbol{k}} e^{i\boldsymbol{k}\cdot(\boldsymbol{l}-\boldsymbol{l}')} = \sum_{k_x} e^{ik_x\Delta l_x} \sum_{k_y} e^{ik_y\Delta l_y} \sum_{k_z} e^{ik_z\Delta l_z}$$

$$= \sum_{n_x=0}^{N_x-1}\left(e^{i\frac{2\pi\Delta l_x}{L}}\right)^{n_x} \sum_{n_y=0}^{N_y-1}\left(e^{i\frac{2\pi\Delta l_y}{L}}\right)^{n_y} \sum_{n_z=0}^{N_z-1}\left(e^{i\frac{2\pi\Delta l_z}{L}}\right)^{n_z}$$

$$= \frac{1-e^{i\frac{2\pi\Delta l_x N_x}{L}}}{1-e^{i\frac{2\pi\Delta l_x}{L}}} \times \frac{1-e^{i\frac{2\pi\Delta l_y N_y}{L}}}{1-e^{i\frac{2\pi\Delta l_y}{L}}} \times \frac{1-e^{i\frac{2\pi\Delta l_z N_z}{L}}}{1-e^{i\frac{2\pi\Delta l_z}{L}}}$$

$$= \begin{cases} N_x N_y N_z = N & (\Delta l_x = \Delta l_y = \Delta l_z = 0 \text{ のとき}) \\ 0 & (\text{それ以外}) \end{cases}$$

ここで Δl_x, Δl_y, Δl_z は，$\boldsymbol{l}-\boldsymbol{l}'$ の x, y, z 成分，L を結晶の一辺の長さ，a を単位胞の一辺の長さとして，N_x, N_y, N_z はそれぞれ L/a に等しい．また，k_x, k_y, k_z に関するブリュアン域内の微細格子点についての和は，

$$k_x = \frac{2\pi}{L}n_x, \qquad k_y = \frac{2\pi}{L}n_y, \qquad k_z = \frac{2\pi}{L}n_z$$

として，整数値 n_x, n_y, n_z のゼロから N_x-1, N_y-1, N_z-1 にわたる和として書けることを用いた (第3章を参照)．

Δl_x, Δl_y, Δl_z はそれぞれ a の整数倍なので，これらがすべてゼロでなければ，上の式の値はゼロになってしまう．Δl_x, Δl_y, Δl_z がすべてゼロのときは，最初の等式が1についての和になることを利用して，上記の結果が得られる．

ワーニエ関数は，単位胞に原子が1個しかないような場合には空間的に比較的よく局在しているが，この様子を模式的に図5.7に示す．

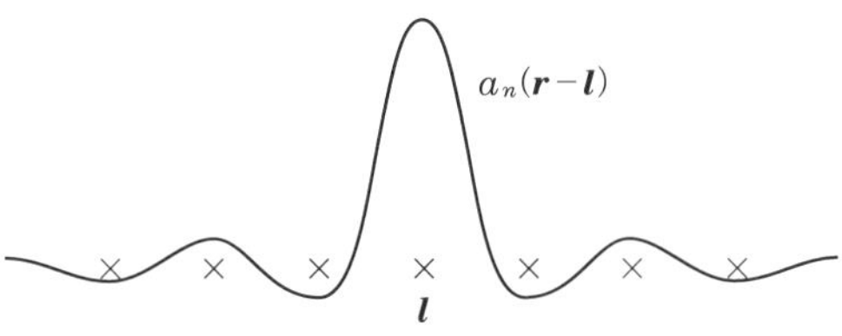

図5.7　ワーニエ関数（×印は原子の位置）

さて，これから考える問題は，結晶の中に何らかの原因，例えば欠陥や不純物などの存在のために完全結晶のポテンシャル以外の付加的なポテンシャルが生じているとき，結晶中のブロッホ関数で表される電子状態が，どのように変化するかということである．ただし，この付加的なポテンシャル u は，格子定数程度のスケールでは極めてゆっくりと変化するものとしよう．

このような系の電子状態を決める時間依存シュレーディンガー方程式は

$$\{H_0 + u(\boldsymbol{r})\}\,\Psi(\boldsymbol{r},\ t) = i\hbar\,\frac{\partial \Psi(\boldsymbol{r},\ t)}{\partial t} \tag{5.47}$$

であるが，これをワーニエ関数による表示

$$\Psi(\boldsymbol{r},\ t) = \sum_{n,\boldsymbol{l}} f_n(\boldsymbol{l},\ t)\, a_n(\boldsymbol{r} - \boldsymbol{l}) \tag{5.48}$$

で解いてみよう．ただし，(5.47) の H_0 は完全な結晶のハミルトニアンである．

ワーニエ関数 (5.45) に H_0 を演算すると，次式のようになる．

$$\begin{aligned} H_0\, a_n(\boldsymbol{r} - \boldsymbol{l}) &= \frac{1}{\sqrt{N}}\sum_{\boldsymbol{k}} e^{-i\boldsymbol{k}\cdot\boldsymbol{l}}\, E_n(\boldsymbol{k})\, \Psi_{n\boldsymbol{k}}(\boldsymbol{r}) \\ &= \frac{1}{N}\sum_{\boldsymbol{k},\boldsymbol{l}'} E_n(\boldsymbol{k})\, e^{-i\boldsymbol{k}\cdot(\boldsymbol{l}-\boldsymbol{l}')}\, a_n(\boldsymbol{r} - \boldsymbol{l}') \\ &= \sum_{\boldsymbol{l}'} E_{n,\boldsymbol{l}-\boldsymbol{l}'}\, a_n(\boldsymbol{r} - \boldsymbol{l}') \end{aligned} \tag{5.49}$$

ただし，$E_{n,\boldsymbol{l}}$ は (5.50) のように定義した (2 行目の変形は演習問題 [4])．

$$E_{n,\boldsymbol{l}} = \frac{1}{N}\sum_{\boldsymbol{k}} E_n(\boldsymbol{k})\, e^{-i\boldsymbol{k}\cdot\boldsymbol{l}} \tag{5.50}$$

一方，エネルギーバンド $E_n(\boldsymbol{k})$ は $E_{n,\boldsymbol{l}}$ によって次のように表すことができる (章末の演習問題 [5])．

$$E_n(\boldsymbol{k}) = \sum_{\boldsymbol{l}} E_{n,\boldsymbol{l}}\, e^{i\boldsymbol{k}\cdot\boldsymbol{l}} \tag{5.51}$$

さて，(5.48) を (5.47) に代入し，両辺に $a_n(\boldsymbol{r} - \boldsymbol{l})$ の複素共役を掛けて全空間で積分すると，波動関数をブロッホ表示したときの展開係数に関する方程式

$$\sum_{n',\boldsymbol{l}'}\{\delta_{nn'}E_{n',\boldsymbol{l}'-\boldsymbol{l}} + u_{nn'}(\boldsymbol{l},\ \boldsymbol{l}')\}\, f_{n'}(\boldsymbol{l}',\ t) = i\hbar\,\frac{\partial}{\partial t} f_n(\boldsymbol{l},\ t) \tag{5.52}$$

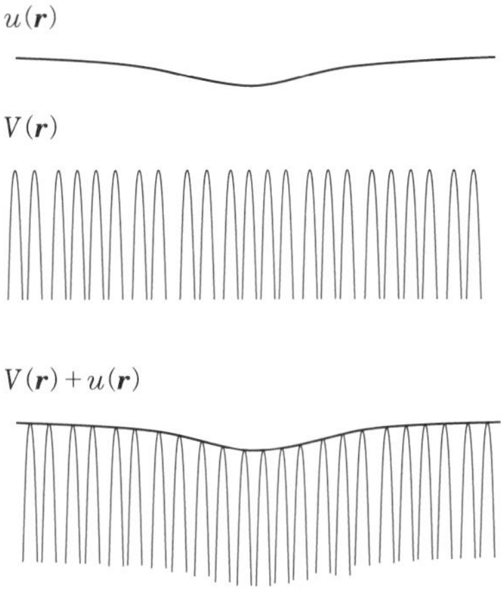

図5.8　不純物などによる緩やかに変化する摂動ポテンシャル$u(\boldsymbol{r})$（上），結晶の周期的ポテンシャル$V(\boldsymbol{r})$（中），両者の和$V(\boldsymbol{r})+u(\boldsymbol{r})$（下）．現実のポテンシャルは$V(\boldsymbol{r})+u(\boldsymbol{r})$であるが，有効質量方程式では$u(\boldsymbol{r})$のみがあるとして波動関数を解けばよい．

が得られる．ただし，$u_{nn'}(\boldsymbol{l},\ \boldsymbol{l}')$ は不純物などの空間的にゆっくり変化する摂動ポテンシャル $u(\boldsymbol{r})$（図5.8参照）に対する行列要素であり

$$\begin{aligned} u_{nn'}(\boldsymbol{l},\ \boldsymbol{l}') &= \langle a_n(\boldsymbol{r}-\boldsymbol{l})|u(\boldsymbol{r})|a_{n'}(\boldsymbol{r}-\boldsymbol{l}')\rangle \\ &= \int a_n{}^*(\boldsymbol{r}-\boldsymbol{l})\,u(\boldsymbol{r})\,a_{n'}(\boldsymbol{r}-\boldsymbol{l}')\,d\boldsymbol{r} \end{aligned}$$

と表される．ここで $u(\boldsymbol{r})$ は $a_{n'}(\boldsymbol{r}-\boldsymbol{l}')$ の空間的な広がりの範囲では，ほとんど定数 $u(\boldsymbol{l}')$ と見なせる（図5.8を参照）ことを利用すれば

$$\begin{aligned} \langle a_n(\boldsymbol{r}-\boldsymbol{l})|u(\boldsymbol{r})|a_{n'}(\boldsymbol{r}-\boldsymbol{l}')\rangle &\cong u(\boldsymbol{l}')\int a_n{}^*(\boldsymbol{r}-\boldsymbol{l})\,a_{n'}(\boldsymbol{r}-\boldsymbol{l}')\,d\boldsymbol{r} \\ &= u(\boldsymbol{l})\,\delta_{nn'}\delta_{ll'} \end{aligned}$$

となる．したがって，

$$u_{nn'}(\boldsymbol{l},\ \boldsymbol{l}') \cong u(\boldsymbol{l})\,\delta_{nn'}\delta_{ll'} \tag{5.53}$$

と近似してよい．

次に，(5.51) を用いて

$$\begin{aligned} E_n(-i\nabla)\,f(\boldsymbol{r}) &= \sum_l E_{n,l}\,e^{\boldsymbol{l}\cdot\nabla}\,f(\boldsymbol{r}) \\ &= \sum_l E_{n,l}\left\{f(\boldsymbol{r}) + \boldsymbol{l}\cdot\nabla f(\boldsymbol{r}) + \frac{(\boldsymbol{l}\cdot\nabla)^2}{2\,!}\,f(\boldsymbol{r}) + \cdots\right\} \\ &= \sum_l E_{n,l}\,f(\boldsymbol{r}+\boldsymbol{l}) \end{aligned} \tag{5.54}$$

の関係に注意すれば，

$$\sum_{l'} E_{n,l'-l}\, f_n(\boldsymbol{l}',\ t) = \sum_{l'} E_{n,l'}\, f_n(\boldsymbol{l}' + \boldsymbol{l},\ t) = E_n(-i\nabla)\, f_n(\boldsymbol{l},\ t) \tag{5.55}$$

が示せる．ただし，(5.55) の ∇ は $\boldsymbol{l}$ についての匂配（ナブラ）演算子である．

そこで (5.53) と (5.55) とを (5.52) に用いれば，**有効質量方程式**とよばれる次の式が得られる．

$$\{E_n(-i\nabla) + u(\boldsymbol{l})\}\, f_n(\boldsymbol{l}) = i\hbar\frac{\partial}{\partial t} f_n(\boldsymbol{l}) \tag{5.56}$$

これは摂動ポテンシャルがゆっくり変化するときは，元の波動方程式 (5.47) を解かずに，ワーニエ表示での展開係数 f_n についての波動方程式 (5.56) を解けばよいことを意味している．そのため，(5.56) を有効質量方程式とよぶ．

有効質量方程式 (5.56) の元の方程式 (5.47) との大きな違いは，微視的な結晶場ポテンシャルを含む H_0 という演算子が，(5.56) ではエネルギーバンドの波数変数 $\boldsymbol{k}$ を $-i\nabla$ とした演算子でおきかえられていることである．例えばエネルギーバンドが有効質量を用いて (5.12) で表され，$\boldsymbol{k}_0 = \boldsymbol{0}$ とすれば，有効質量方程式 (5.56) は

$$\left\{-\frac{\hbar^2\nabla^2}{2m^*} + u(\boldsymbol{r})\right\} f_n(\boldsymbol{r}) = i\hbar\frac{\partial}{\partial t} f_n(\boldsymbol{r}) \tag{5.57}$$

となる．ただし，$\boldsymbol{l}$ の代わりに $\boldsymbol{r}$ と書いて，これを連続変数のように扱っている．また，$m^* = \hbar^2/c$ である．

この結果は，結晶場以外からのポテンシャルが空間的にゆっくり変化するのであれば，結晶中の電子はあたかも質量が有効質量 m^* に変わった自由電子として振舞うことを意味している．これは§5.1で述べたように，一定の外場についての電子の振舞が有効質量で特徴づけられる自由電子と同じであることの自然な拡張である．

§5.4 半導体の不純物準位

例えばSi結晶中にPなどのV族原子を導入し，1個のSi原子をこのP原子でおきかえた場合，電子状態がどのように変化するかを考えよう．Pは5個の価電子をもっているが，Si結晶の価電子帯には1原子当り4個の電子しか収容できない．この電子は隣接原子との間にできる結合ボンド状態に入ることはできないので，元の原子から遠方にとり残されてしまう．元の原子は電子1個分を失うために，遠くからはプラス1価に帯電したように見える．そこで遠方にとり残された電子も，無限遠方まで離れることはできず，元のP原子から正電荷 $|e|$ のクーロン引力の影響を受けて運動している．

この電子の状態を記述する有効質量方程式は (5.57) であるが，ポテンシャルはSiの低周波誘電率を ε ($\cong 11.7$) として

$$u(\boldsymbol{r}) = -\frac{e^2}{\varepsilon r} \tag{5.58}$$

で与えられる ($r = |\boldsymbol{r}|$)．定常状態を求めるので $f_n(\boldsymbol{r}) \propto f(\boldsymbol{r}) \exp(-iEt/\hbar)$ とおけば，

$$\left(-\frac{\hbar^2 \nabla^2}{2m^*} - \frac{e^2}{\varepsilon r}\right) f(\boldsymbol{r}) = E\, f(\boldsymbol{r}) \tag{5.59}$$

によって，この1個の電子の状態と束縛エネルギーが定まる．ただし，m^* はSiの伝導体の底での有効質量であり，有効質量テンソルの3つの主軸に関する値を平均すれば，真空における電子の質量の0.5倍程度である．

(5.59) は，水素原子に対するシュレーディンガー方程式と同じなので，そのエネルギー固有値はリュードベリ系列を成しており，次式で与えられる．

$$E_n = -\frac{m^* e^4}{2\varepsilon^2 \hbar^2} \frac{1}{n^2} \qquad (n = 1,\ 2,\ \cdots) \tag{5.60}$$

ただし，誘電率と有効質量の効果によって，$m^*/\varepsilon^2 m \cong 3.6 \times 10^{-3}$ 程度にエネルギースケールが小さくなっている (m は真空中の電子質量)．一番深い $n = 1$ の状態の束縛エネルギーは 50 meV 程度である．この束縛準位の広

がりは，真空中のボーア半径の $\varepsilon m/m^* \cong 23$ 倍，すなわち約 12 Å である．この準位に Si 原子と置換された P 原子の 5 番目の価電子は捕まっているが，これを**ドナー準位**とよぶ．また，ドナー準位を形成するような不純物を**ドナー**とよぶ．ドナー準位にある電子は，温度が上昇すれば容易に P 原子の束縛を離れて伝導帯に入り，結晶の中を自由に動き回ることができる．

逆に，Si 中に Al などの 3 価の原子を導入して Si 原子を置換すると，**ホール（正孔）**とよばれる粒子が，価電子帯の頂上付近にできる不純物準位に束縛される．このホールは価電子帯から電子を 1 個抜きとった状態，すなわち電子の抜け穴であり，プラス 1 価（電子の電荷の符号を変えたもの）の電荷をもつ．

ホールの不純物状態を求めるための有効質量方程式はどうなるだろうか．価電子帯の頂点 E_{v} 付近のエネルギーバンドを

$$E(\boldsymbol{k}) = E_{\mathrm{v}} - \frac{\hbar^2 \boldsymbol{k}^2}{2m^*} \tag{5.61}$$

と表す．ここで m^* の符号が正になるようにしている．これは**正孔の有効質量**とよばれる量である．中心の Al 原子を遠くから見ると，ボンドによって束縛した 1 個の余分な電子をもち 1 価の負電荷をもつので，電子に対しては斥力ポテンシャルを生じ，シュレーディンガー方程式は次のようになる．

$$\left(E_{\mathrm{v}} + \frac{\hbar^2 \nabla^2}{2m^*} + \frac{e^2}{\varepsilon r}\right) f(\boldsymbol{r}) = E\, f(\boldsymbol{r}) \tag{5.62}$$

この式を移項して変形すれば，

$$\left(-\frac{\hbar^2 \nabla^2}{2m^*} - \frac{e^2}{\varepsilon r}\right) f(\boldsymbol{r}) = (E_{\mathrm{v}} - E)\, f(\boldsymbol{r}) \tag{5.63}$$

となる．これは (5.59) と同じ構造なので，$E_{\mathrm{v}} - E$ がリュードベリ系列 (5.60) で与えられ，結局

$$E = E_{\mathrm{v}} + \frac{m^* e^4}{2\varepsilon^2 \hbar^2} \frac{1}{n^2} \qquad (n = 1,\ 2,\ \cdots) \tag{5.64}$$

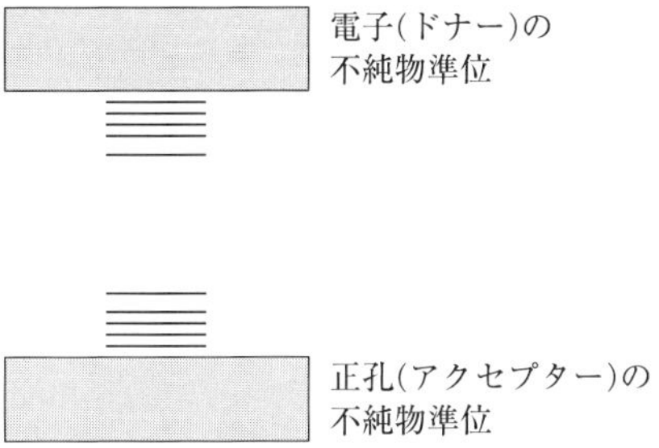

図5.9　ドナーとアクセプターの不純物準位

のように，価電子帯の頂上の少し上に束縛準位が現れる (図5.9).

温度が低ければ，この準位は空で電子を収容していないが，温度が上昇するとこの準位に電子を束縛し，代わりに抜け穴 (正孔) を価電子帯中に生成することになる．そこで，(5.64) を**正孔の不純物準位**，あるいは**アクセプター準位**とよぶ．アクセプター準位をつくる不純物を**アクセプター**とよんでいる．

表5.1には，代表的なドナー準位とアクセプター準位の束縛エネルギーを示した．

表5.1　Si と Ge の不純物準位における束縛エネルギー

	ドナー			アクセプター			
	P	As	Sb	B	Al	Ga	In
Si	45	49	39	45	57	65	16
Ge	12.0	12.7	9.6	10.4	10.2	10.8	11.2

(単位は meV)

演習問題

［**1**］ エネルギーバンドが

$$E(\boldsymbol{k}) = E_0 + \frac{\hbar^2}{2m}(k_x{}^2 + 2k_xk_y + 2k_y{}^2 + 2k_z{}^2)$$

と表されるとき，有効質量テンソルの逆テンソルを求めよ．

［**2**］ エネルギーバンドが

$$E(\boldsymbol{k}) = \frac{\hbar^2}{2m}(k_x{}^2 + 3k_y{}^2) + \frac{\hbar^2 k_z{}^2}{2m}$$

で与えられた金属に，z 方向の磁場 $\boldsymbol{H}$ が加えられた．このとき，許される $\boldsymbol{k}$ 空間の軌跡と，エネルギー準位を求めよ．

［**3**］ 一様な磁場の真空中の電子のエネルギー準位は

$$E_n = \hbar\omega_c\left(n + \frac{1}{2}\right) + \frac{\hbar^2 k_z{}^2}{2m} \qquad (n = 0,\ 1,\ 2,\cdots)$$

で与えられる．E_n の縮重度はどのようになるか．また，その理由を述べよ．

［**4**］ ブロッホ関数は，ワーニエ関数から次の関係で表されることを示せ．

$$\Psi_{nk}(\boldsymbol{r}) = \frac{1}{\sqrt{N}}\sum_l e^{i\boldsymbol{k}\cdot\boldsymbol{l}}\, a_n(\boldsymbol{r} - \boldsymbol{l})$$

［**5**］ (5.50) を用いて，次式の関係を証明せよ．

$$E_n(\boldsymbol{k}) = \sum_l E_{n,l}\, e^{i\boldsymbol{k}\cdot\boldsymbol{l}}$$

6 電気伝導の機構

第5章では外場が加わったときに電子がどのように運動するかを学んだが，本章ではこれにもとづき，電気伝導度をバンド構造と散乱確率とによって記述してみよう．自由な電子の運動を乱して電気抵抗をもたらす散乱体としては，結晶の並進対称性を破る不純物をとり上げて，衝突過程を量子力学によって考察する．

§6.1 輸送方程式

結晶に外場が加わると，個々の電子の状態がどのように振舞うかを前章で学んだが，ここでは結晶の電子系が全体として変化する様子を調べ，外場に対する応答の例として金属の電気伝導度を議論しよう．半導体の電気伝導やホール効果も，本章における理論の発展として扱うことができるが，これらについては第8章で述べる．

多数の電子の集団的な振舞を議論するには，統計物理学の手法によって**位相空間**における電子の分布関数を決める必要がある．ここで位相空間(phase space)とは，座標とこれに共役な運動量の成す6次元空間である．ブロッホ状態にある電子系では，運動量の代わりに波数 $\boldsymbol{k}$ をとる．第5章でみたように，$\boldsymbol{k}$ は古典粒子における運動量と同じ運動方程式に従うからである．もちろん厳密には不確定性原理によって，座標と運動量，すなわち座標と波数とを同時に確定させることはできないので，数学的な意味での波数空間の点として粒子の状態を代表させることはできない．しかし，座標も運動量も不確定性原理で許される幅，あるいは波束の性質による幅をもつものと理解すれば，その波束の中心点と個々の電子の状態を対応させることが可能である．

さて，**リウビル** (Liouville) **の定理**とよばれる力学の原理によれば，ある時刻 $t = 0$ における粒子の位置と運動量を位相空間の点として指定すると，それ以降の粒子の状態を指定する点は，図 6.1 のように位相空間内に 1 つの軌跡を成して連続的に移動していく．運動方程式が座標と運動量 (波数) の時間についての連立 1 階微分方程式であり，位相空間の中で軌跡の接線の場が決まっているためである．

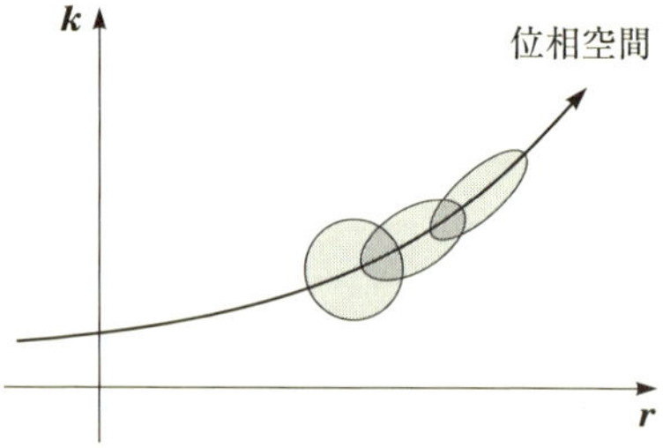

図 6.1　位相空間における波束の軌跡．位相空間に微小な細胞を導入すると，時間の経過とともにその形状と位置は変わるが，体積は一定に保たれる．

リウビルの定理によれば，始めの点の集合を有限な体積をもつ領域に選んだとき，その各点が運動法則に従って移動し，これらの点全体で定義される領域の位置や形状が時間変化しても，領域の体積は不変に保たれる．そこで複数の電子を含む微小領域を考えると，時間とともにこの領域が移動して変形してもその体積は変わらず，領域内の電子数も不変である．したがって，粒子の軌跡に沿って電子密度は一定に保たれる．

そこで，ある瞬間 t での位相空間における電子の分布関数を $f(\boldsymbol{k},\ \boldsymbol{r},\ t)$ とおき，わずかに時間が経過した時刻 $t + dt$ での分布関数を $f(\boldsymbol{k},\ \boldsymbol{r},\ t + dt)$ とすると，

$$f(\boldsymbol{k},\ \boldsymbol{r},\ t + dt) = f\left(\boldsymbol{k} - \frac{\partial \boldsymbol{k}}{\partial t}\,dt,\ \boldsymbol{r} - \boldsymbol{v}_k\,dt,\ t\right)$$

$$= -\,dt\left(\frac{\partial \boldsymbol{k}}{\partial t}\frac{\partial f}{\partial \boldsymbol{k}} + \boldsymbol{v}_k\frac{\partial f}{\partial \boldsymbol{r}}\right) + f(\boldsymbol{k},\ \boldsymbol{r},\ t) \qquad (6.1)$$

が成り立つ．また，第5章で述べたように $\boldsymbol{v}_k = (1/\hbar)\,\nabla_k E(\boldsymbol{k})$ である．時刻 $t + dt$ に点 $(\boldsymbol{r},\ \boldsymbol{k})$ にある電子は，時刻 t では点 $(\boldsymbol{r} - \boldsymbol{v}_k\,dt,\ \boldsymbol{k} - (\partial\boldsymbol{k}/\partial t)\,dt)$ にあったからである．

(6.1) の右辺第2項を左辺に移行して dt で割ると

$$\left.\frac{\partial f}{\partial t}\right|_{\mathrm{Drift}} = -\frac{\partial \boldsymbol{k}}{\partial t}\frac{\partial f}{\partial \boldsymbol{k}} - \boldsymbol{v}_k\frac{\partial f}{\partial \boldsymbol{r}}$$
$$= -\frac{e}{\hbar}\left(\boldsymbol{E} + \frac{1}{c}\,\boldsymbol{v}_k \times \boldsymbol{H}\right)\frac{\partial f}{\partial \boldsymbol{k}} - \boldsymbol{v}_k\frac{\partial f}{\partial \boldsymbol{r}} \qquad (6.2)$$

が得られる ((6.2) の右辺第1項は§5.1を参照のこと)．ここで，左辺の時間についての微分は，外場による電子の運動状態の変化から生じる時間変化を表す．したがって，この効果による時間変化であることを示すために $\partial f/\partial t|_{\mathrm{Drift}}$ のように表示した．

もし，外場以外の不純物などによる衝突，もしくは電子同士の衝突などによって，電子の運動量が瞬間的に不連続に変化する衝突過程が存在すると，これによっても分布関数の時間変化が生じる．これを

$$\left.\frac{\partial f}{\partial t}\right|_{\mathrm{Scatt}} = \int \{f_{k'}(1 - f_k) - f_k(1 - f_{k'})\}\,Q(\boldsymbol{k},\ \boldsymbol{k}')\,d\boldsymbol{k}' \qquad (6.3)$$

のように書くことにしよう．ここで f_k は

$$f_k = f(\boldsymbol{k},\ \boldsymbol{r},\ t) \qquad (6.4)$$

の略記であり，$Q(\boldsymbol{k},\ \boldsymbol{k}')$ は散乱によって波数が $\boldsymbol{k}$ から $\boldsymbol{k}'$ の状態へ，あるいは波数 $\boldsymbol{k}'$ から $\boldsymbol{k}$ の状態へと遷移が起こる確率を表す．量子力学によれば，この2つの確率は常に等しいのである．(6.3) の右辺の被積分関数の { } 内の因子は，散乱によって $\boldsymbol{k}'$ 状態から $\boldsymbol{k}$ 状態へ遷移するには，$\boldsymbol{k}'$ 状態には電子が存在し $\boldsymbol{k}$ 状態には電子が存在してはならないこと，逆に $\boldsymbol{k}$ 状態から $\boldsymbol{k}'$ 状態に遷移が起こるためには，$\boldsymbol{k}$ 状態に電子が存在し $\boldsymbol{k}'$ 状態には電

子が存在しないという条件を考慮して得られる．

分布関数の時間変化は，外場によって引き起こされる軌跡に沿う時間変化 (6.2) と衝突による時間変化 (6.3) の 2 つの項の和である．定常状態を考えると，全体としての時間変化はないので，

$$\left.\frac{\partial f}{\partial t}\right|_{\mathrm{Drift}} + \left.\frac{\partial f}{\partial t}\right|_{\mathrm{Scatt}} = 0 \tag{6.5}$$

が成立しなければならない．これから，分布関数が従う方程式

$$\frac{e}{\hbar}\left(\boldsymbol{E} + \frac{1}{c}\boldsymbol{v}_k \times \boldsymbol{H}\right)\frac{\partial f}{\partial \boldsymbol{k}} + \boldsymbol{v}_k \frac{\partial f}{\partial \boldsymbol{r}} = \left.\frac{\partial f}{\partial t}\right|_{\mathrm{Scatt}} \tag{6.6}$$

が得られる．これは**輸送方程式**または**ボルツマン方程式**とよばれ，電流など電子の輸送現象を解析する基礎となる．

外場として電場だけがある場合，空間的に一様な系について輸送方程式の解を求め，それを用いて電気伝導度を求めよう．ただし，電場について 1 次の範囲で，すなわち線形応答の範囲で解を求める．電場がない一様な系での電子の分布関数は，統計力学によればフェルミ分布関数

$$f_k{}^0 = \frac{1}{1 + e^{\{E(\boldsymbol{k})-\mu\}/k_{\mathrm{B}}T}} \tag{6.7}$$

で与えられることが知られている．ここで $E(\boldsymbol{k})$ は，波数 $\boldsymbol{k}$ の電子のエネルギーである．

電場 $\boldsymbol{E}$ が加わったときの分布関数 f_k は，電場がないときの分布関数から g_k だけ変化するものとしよう．すると，

$$g_k = f_k - f_k{}^0 \tag{6.8}$$

が成り立つ．外場には磁場はないとして $\boldsymbol{F} = e\boldsymbol{E}$ であるが，この場合の g_k を電場 $\boldsymbol{E}$ の 1 次の近似で求めるには，(6.6) から

$$\frac{e}{\hbar}\boldsymbol{E}\,\frac{\partial E(\boldsymbol{k})}{\partial \boldsymbol{k}}\,\frac{\partial f_k{}^0}{\partial E(\boldsymbol{k})} = \int \{f_{k'}(1 - f_k) - f_k(1 - f_{k'})\}\, Q(\boldsymbol{k},\ \boldsymbol{k}')\, d\boldsymbol{k}' \tag{6.9}$$

を解けばよいことになる．(6.9) の右辺は衝突項 $\partial f/\partial t\,|_{\mathrm{scatt}}$ であるが，分布関数に (6.8) を代入すれば，

$$\int (g_{k'} - g_k)\, Q(\boldsymbol{k},\ \boldsymbol{k}')\, d\boldsymbol{k}' \cong -\frac{1}{\tau}\, g_k \tag{6.10}$$

のように近似できる．τ は，状態 $\boldsymbol{k}$ の電子が散乱体に衝突するまでの平均時間に相当するパラメータで，**寿命** (lifetime)，**散乱時間** (scattering time)，または**緩和時間** (relaxation time) とよばれる．これが緩和時間とよばれる理由は，外場も何もないときに電子の分布関数が何らかの理由で熱平均 $f_k{}^0$ から g_k だけずれた場合，それが熱平均に戻る過程の方程式が

$$\dot{g}_k = -\frac{1}{\tau}\, g_k \tag{6.11}$$

で与えられ，したがって熱平衡分布に緩和する時間が τ だからである．

(6.10) の具体的な解析によれば，多くの場合にこの近似は合理的であるが，その詳細は省略しよう．本章では衝突の起源が不純物による散乱の場合について，第7章では格子振動による散乱の場合について，それぞれ τ の値を見積もることにする．

ここでは (6.10) の仮定を出発点として，さらに議論を進めよう．(6.10) を (6.9) の右辺に用いれば，g_k は次のように求められる．

$$g_k = -\frac{\partial f_k{}^0}{\partial E(\boldsymbol{k})}\, \tau \boldsymbol{v}_k \cdot e\boldsymbol{E} \tag{6.12}$$

すると，電場をかけたときの分布関数の式として

$$\begin{aligned} f(E(\boldsymbol{k})) &= f^0(E(\boldsymbol{k})) - \frac{\partial f^0}{\partial E(\boldsymbol{k})}\, \tau\, \frac{\partial E(\boldsymbol{k})}{\partial \boldsymbol{k}} \cdot \frac{e\boldsymbol{E}}{\hbar} \\ &= f^0\!\left(E(\boldsymbol{k}) - \frac{\tau e\boldsymbol{E}}{\hbar} \cdot \frac{E(\boldsymbol{k})}{\partial \boldsymbol{k}}\right) \\ &= f^0\!\left(E\!\left(\boldsymbol{k} - \frac{\tau e\boldsymbol{E}}{\hbar}\right)\right) \end{aligned} \tag{6.13}$$

が得られるが，この結果の物理的なイメージは次のようなものである．

すなわち，電場 $\boldsymbol{E}$ が加わるとすべての電子の状態が波数

$$\Delta \boldsymbol{k} = \frac{e\tau}{\hbar}\boldsymbol{E} \tag{6.14}$$

だけ，電場によって一様にずれるのである．そのため，電場のないときのフェルミ面に電場 $\boldsymbol{E}$ を加えると，(6.14) の量だけ波数空間の中で平行移動する (図 6.2 を参照)．これは電場と逆方向により大きな速度成分をもつ電子が増加し，電場方向に速度成分をもつ電子が減少することを意味するから，電流が電場方向に流れることがわかる．

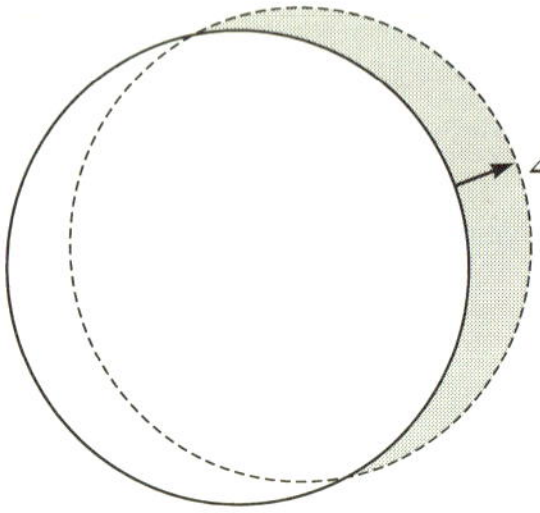

図 6.2　金属に電場が加わったときのフェルミ面のずれは $\Delta \boldsymbol{k} = (e\tau/\hbar)\boldsymbol{E}$ である．

この定量的な解析は以下に述べるが，(6.14) の直観的な描像を与えておこう．この式は各電子の運動量が電場を加えることによって，

$$\hbar\,\Delta \boldsymbol{k} = e\tau\boldsymbol{E} \tag{6.15}$$

だけ増加することを意味する．このことは電子の散乱が起こるまで，すなわち時間 τ までの間は電場によって力を受け，運動量を (6.15) の量だけ増加させるが，衝突が起こると散乱方向が無秩序にあらゆる方向に一様に変わってしまうので，獲得した運動量は平均としてゼロに戻ることの反映である．

この事情をもう少し詳しく述べると，以下のようになる．個々の電子については，ランダムに選んだ任意の瞬間から平均して時間が τ 経過すると，次の衝突が起こるとしよう．これは選んだ瞬間の直前の衝突 (例えば t_n) からは平均して 2τ の時間が経過すると，次の衝突が (時刻 t_{n+1} で) 起こることを意味する (図 6.3 を参照)．すると，t_n から t_{n+1} までの時間領域では $\delta\boldsymbol{k} = (e\boldsymbol{E}/\hbar)(t - t_n)$ なので，次の関係が示せる．

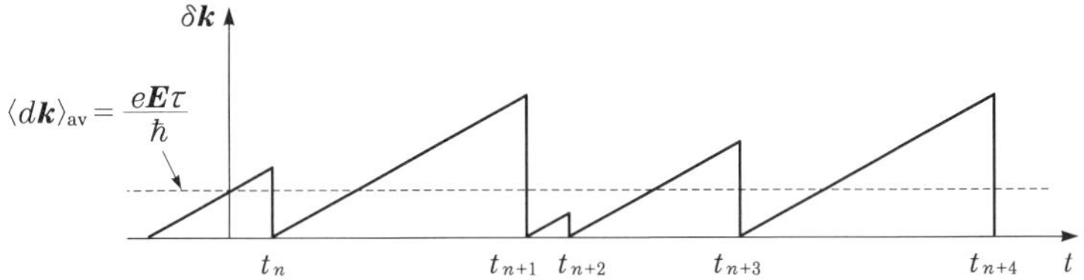

図 6.3　電場と不純物との衝突による個々の電子の波数ベクトルの時間変化 $\delta\boldsymbol{k}$．$\delta\boldsymbol{k}$ は時々刻々と変化し，その平均値は $e\boldsymbol{E}\tau/\hbar$ で与えられる．

$$
\begin{aligned}
\langle\delta\boldsymbol{k}\rangle_{\rm av} &= \frac{\sum_n \int_{t_n}^{t_{n+1}} \delta\boldsymbol{k}(t)\ dt}{\sum_n (t_{n+1}-t_n)} = \frac{e\boldsymbol{E}}{2\hbar}\frac{\sum_n (t_{n+1}-t_n)^2}{\sum_n (t_{n+1}-t_n)} \\
&= \frac{e\boldsymbol{E}}{2\hbar}\frac{\langle (t_{n+1}-t_n)^2\rangle_{\rm av}}{\langle (t_{n+1}-t_n)\rangle_{\rm av}} \\
&= \frac{e\boldsymbol{E}}{2\hbar}\frac{(2\tau)^2}{2\tau} = \frac{e\boldsymbol{E}\tau}{\hbar}
\end{aligned}
$$

(6.15) は，$\boldsymbol{\Delta k}$ として $\langle\delta\boldsymbol{k}\rangle_{\rm av}$ を用いたものに他ならない．

次に，このような分布関数の変化によって生じる電流密度を計算しよう．電流密度 $\boldsymbol{j}$ はすべての電子による寄与を加え合わせて

$$
\begin{aligned}
\boldsymbol{j} &= 2\int e\boldsymbol{v}_k f_k \frac{d\boldsymbol{k}}{(2\pi)^3} = 2\int e\boldsymbol{v}_k g_k \frac{d\boldsymbol{k}}{(2\pi)^3} \\
&= \left\{2e^2\int \tau\boldsymbol{v}_k\boldsymbol{v}_k\left(-\frac{\partial f^0}{\partial E}\right)\frac{d\boldsymbol{k}}{(2\pi)^3}\right\}\boldsymbol{E} \qquad (6.16)
\end{aligned}
$$

のように与えられる．ここで積分に掛かっている 2 倍の因子はスピンの自由度による．また，波数の積分に $(2\pi)^{-3}$ の因子が付くのは，§3.6 で述べた状態として許される波数空間の微細格子点の密度である．ただし，結晶の体積を単位体積としている．第 2 式への展開は f_k として (6.8) を代入して，$f_k{}^0$ についての積分はゼロになることを用いている．なお，(6.16) の最右辺の被積分関数の中に $\boldsymbol{vv}$ というようなベクトルを 2 つ並べた記号があるが，これは**ディアディック**とよばれる 3×3 行列で，その i, j 行列要素は

$$(\boldsymbol{vv})_{ij} = v_i v_j \tag{6.17}$$

で定義される．したがって，$(\boldsymbol{v}_k\boldsymbol{v}_k)\,\boldsymbol{E} = \boldsymbol{v}_k\,(\boldsymbol{v}_k\cdot\boldsymbol{E})$ である．

(6.16) の積分は波数空間（$\boldsymbol{k}$ 空間）全体での積分であるが，これを次のようにして行なう．すなわち，波数空間をエネルギーバンドの等エネルギー面

$$E_n(\boldsymbol{k}) = E \tag{6.18}$$

を用いて，エネルギー E をわずかずつ変えて輪切りにする．次に，エネルギー E と $E + dE$ に対応する等エネルギー面で挟まれた玉ねぎの皮状の空間を考え，その微細要素（体積素片）を用いて このエネルギー区間からの積分の寄与を見積もる．そして，すべてのエネルギー区間について，このような量を総和して (6.16) の積分を評価する．

エネルギーが E と $E + dE$ の区間にある玉ねぎの皮部分からの寄与は，次のように求められる．エネルギー E の等エネルギー面を微細な面素片に分けると，この面素片に玉ねぎの皮の厚みを付けた体積素片の体積は

$$d\boldsymbol{k} = dS\,dn \tag{6.19}$$

で与えられる（図 6.4 を参照）．ここで dS は面素片の面積，$dn = |d\boldsymbol{n}|$ は玉ねぎの皮の厚みで，2 つの等エネルギー面をつなぐ微細な垂線ベクトル $d\boldsymbol{n}$ の大きさである．この量について，$\nabla_k E(\boldsymbol{k})$ と $d\boldsymbol{n}$ とが互いに平行なベクトルであることに注意すれば

$$\nabla_k E(\boldsymbol{k})\cdot d\boldsymbol{n} = |\nabla_k E(\boldsymbol{k})|\,dn = dE \tag{6.20}$$

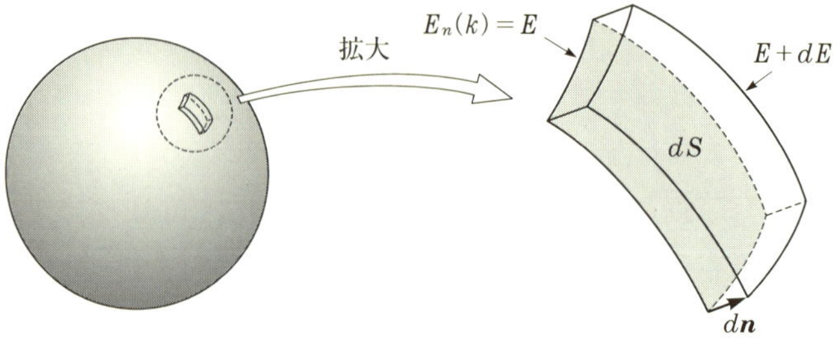

図 6.4　エネルギーバンドの等エネルギー面上の積分に用いられる体積素片

となる．$\boldsymbol{k}$ 空間の等エネルギー面 $E(\boldsymbol{k}) = E$ から $d\boldsymbol{n}$ 進めば，等エネルギー面 $E(\boldsymbol{k}) = E + dE$ に至るからである．結局，

$$\frac{d\boldsymbol{k}}{(2\pi)^3} = \frac{dS\,dn}{(2\pi)^3} = \frac{dE\,dS}{(2\pi)^3\,|\nabla_{\boldsymbol{k}}E(\boldsymbol{k})|} = \frac{dE\,dS}{8\pi^3 v_{\boldsymbol{k}}\hbar} \qquad (6.21)$$

が成り立つ．ただし，$v_{\boldsymbol{k}} = |\boldsymbol{v}_{\boldsymbol{k}}|$ である．

このように積分 (6.16) を，玉ねぎの皮状の表面積分とエネルギーに関する積分とに分けて行なうことができる．重要な事実は，金属の系では平衡系でのフェルミ分布関数のエネルギー微分は，その関数の形

$$\frac{\partial f}{\partial E} = -\frac{1}{k_{\mathrm{B}}T}\frac{1}{\left\{\exp\left(\dfrac{E - E_{\mathrm{F}}}{k_{\mathrm{B}}T}\right) + 1\right\}\left\{\exp\left(\dfrac{E_{\mathrm{F}} - E}{k_{\mathrm{B}}T}\right) + 1\right\}}$$

からわかるように，または，フェルミ準位 E_{F} 付近のごく狭いエネルギー領域 $(E_{\mathrm{F}} - \delta_1,\ E_{\mathrm{F}} + \delta_2)$ で積分すると

$$\int_{E_{\mathrm{F}}-\delta_1}^{E_{\mathrm{F}}+\delta_2} \frac{\partial f}{\partial E}\,dE = f(E_{\mathrm{F}} + \delta_2) - f(E_{\mathrm{F}} - \delta_1) \cong -1$$

となることからわかるように，ほぼフェルミ準位に中心をもつ δ 関数の符号を変えたものになっていることである．したがって，積分 (6.16) でエネルギーに関する積分を最初に実行すれば，後はフェルミ面上の積分

$$\boldsymbol{j} = \left(\frac{e^2}{4\pi^3\hbar}\oint \tau\,\frac{\boldsymbol{v}_{\boldsymbol{k}}\boldsymbol{v}_{\boldsymbol{k}}}{v_{\boldsymbol{k}}}\,dS\right)\boldsymbol{E} \qquad (6.22)$$

となる．ここで電流密度を電気伝導度 σ によって

$$\boldsymbol{j} = \sigma\boldsymbol{E} \qquad (6.23)$$

と表せば，σ は次の積分で与えられる．

$$\sigma = \frac{e^2}{4\pi^3\hbar}\oint \tau\,\frac{\boldsymbol{v}_{\boldsymbol{k}}\boldsymbol{v}_{\boldsymbol{k}}}{v_{\boldsymbol{k}}}\,dS \qquad (6.24)$$

上の式はフェルミ面がどのような形状をしていても適用できる一般的なものであるが，その簡単な例として，ほとんど自由な電子の模型の場合はどう

なるかを考えてみよう．この場合のエネルギー分散は (5.12) のように書かれ，フェルミ面は半径 k_F の球形をしている．したがって，伝導度 σ の xx, yy, zz 成分は対称性からすべて等しく，

$$\sigma_{xx} = \frac{1}{3}(\sigma_{xx} + \sigma_{yy} + \sigma_{zz}) \tag{6.25}$$

である．この関係から次式が得られる．

$$\sigma_{xx} = \frac{1}{3}\frac{e^2}{4\pi^3\hbar}\oint \tau v_F \, dS = \frac{e^2}{4\pi^3\hbar}\, l \,\frac{4\pi k_F{}^2}{3} \tag{6.26}$$

ただし，v_F はフェルミ準位にある電子の速度の大きさ，l は**平均自由行程**で

$$l = v_F \tau \tag{6.27}$$

によって定義されている．$l = \hbar k_F \tau / m^*$ を用いれば，(6.26) は電子密度

$$n = \frac{1}{4\pi^3}\frac{4\pi k_F{}^3}{3} \tag{6.28}$$

を用いて，

$$\sigma_{xx} = \frac{ne^2\tau}{m^*} \tag{6.29}$$

であることもわかる．これはよく知られたほとんど自由な電子の模型における電気伝導度の表式である．なお，この式は，もっと直観的な考察から次のように導くこともできる．

　すなわち，金属中の i 番目の電子の速度を $\boldsymbol{v}_i$ とすれば，電流密度は単位体積中の電子からの寄与

$$\boldsymbol{j}_i = e\boldsymbol{v}_i \tag{6.30}$$

を加え合わせて，

$$\boldsymbol{j} = \sum_i \boldsymbol{j}_i = en\left(\sum_i \frac{\boldsymbol{v}_i}{n}\right) = en\langle \boldsymbol{v}\rangle \tag{6.31}$$

と書ける．ここで

$$\langle \boldsymbol{v}\rangle = \frac{1}{n}\sum_i \boldsymbol{v}_i \tag{6.32}$$

は，平均の電子速度である．また，質量 m^* の個々の電子の運動方程式

$$m^* \dot{\boldsymbol{v}}_i = e\boldsymbol{E} - \frac{m^* \boldsymbol{v}_i}{\tau} \tag{6.33}$$

を，すべての i について加え合わせて単位体積中の電子数 n で割れば

$$m^* \langle \dot{\boldsymbol{v}} \rangle = e\boldsymbol{E} - \frac{m^*}{\tau} \langle \boldsymbol{v} \rangle \tag{6.34}$$

である．

(6.33) の右辺第 2 項は，時間 τ が経過すると等方的な散乱が起こって，平均として速度がゼロになる効果を表している．定常的な系では，すべての平均量の時間変化はゼロであるから，(6.34) の左辺はゼロ，したがって

$$\langle \boldsymbol{v} \rangle = \tau \frac{e\boldsymbol{E}}{m^*} \tag{6.35}$$

であるが，これを (6.31) に代入すると，(6.29) と同じ式が導ける．なお，(6.35) はフェルミ面の中心のずれからも理解できる．

［**例題 6.1**］　ある金属のエネルギーバンドが

$$E(\boldsymbol{k}) = \frac{\hbar^2}{2m_1}({k_x}^2 + {k_y}^2) + \frac{\hbar^2}{2m_2}{k_z}^2$$

になるという．フェルミエネルギーを E_F，緩和時間を τ として，この金属の電気伝導度を求めよ．ただし，極座標

$$k_x = \sqrt{\frac{2m_1 E_F}{\hbar^2}} \sin\theta \cos\phi, \quad k_y = \sqrt{\frac{2m_1 E_F}{\hbar^2}} \sin\theta \sin\phi,$$

$$k_z = \sqrt{\frac{2m_2 E_F}{\hbar^2}} \cos\theta$$

でフェルミ面を表すと，

$$\frac{dS}{\hbar v_k} = \frac{1}{\hbar v_k} \left| \frac{\partial \boldsymbol{k}}{\partial \theta} \times \frac{\partial \boldsymbol{k}}{\partial \phi} \right| d\theta\, d\phi$$

$$= \frac{\sqrt{2}}{\hbar^3} \sqrt{{m_1}^2 m_2 E_F} \sin\theta\, d\theta\, d\phi$$

であることを示して，(6.22) を利用せよ．

［解］　フェルミ面上の波数ベクトル $\boldsymbol{k}$ の角度 θ, ϕ による微分は

$$\frac{\partial \boldsymbol{k}}{\partial \theta} = \left(\sqrt{\frac{2m_1E_F}{\hbar^2}}\cos\theta\cos\phi,\ \sqrt{\frac{2m_1E_F}{\hbar^2}}\cos\theta\sin\phi,\ -\sqrt{\frac{2m_2E_F}{\hbar^2}}\sin\theta\right)$$

$$\frac{\partial \boldsymbol{k}}{\partial \phi} = \left(-\sqrt{\frac{2m_1E_F}{\hbar^2}}\sin\theta\sin\phi,\ \sqrt{\frac{2m_1E_F}{\hbar^2}}\sin\theta\cos\phi,\ 0\right)$$

であるので，この 2 つのベクトルの外積は次で与えられる．

$$\frac{\partial \boldsymbol{k}}{\partial \theta} \times \frac{\partial \boldsymbol{k}}{\partial \phi} = \frac{2E_F}{\hbar^2}\left(\sqrt{m_1m_2}\sin^2\theta\cos\phi,\ \sqrt{m_1m_2}\sin^2\theta\sin\phi,\ m_1\cos\theta\sin\theta\right)$$

そのベクトルの大きさは次のようになる．

$$\left|\frac{\partial \boldsymbol{k}}{\partial \theta} \times \frac{\partial \boldsymbol{k}}{\partial \phi}\right| = \frac{2E_F}{\hbar^2}\left|\left(\sqrt{m_1m_2}\sin^2\theta\cos\phi,\ \sqrt{m_1m_2}\sin^2\theta\sin\phi,\ m_1\cos\theta\sin\theta\right)\right|$$

$$= \frac{2E_F}{\hbar^2}\sqrt{m_1}\sin\theta\sqrt{m_2\sin^2\theta + m_1\cos^2\theta}$$

次に，速度ベクトルの大きさ $v_{\boldsymbol{k}}$ を求めよう．

$$\hbar v_{\boldsymbol{k}} = |\nabla E(\boldsymbol{k})| = \left|\left(\frac{\hbar^2}{m_1}k_x,\ \frac{\hbar^2}{m_1}k_y,\ \frac{\hbar^2}{m_2}k_z\right)\right|$$

$$= \frac{\hbar^2}{m_1m_2}\sqrt{m_2{}^2(k_x{}^2 + k_y{}^2) + m_1{}^2k_z{}^2}$$

これを極座標で表せば，

$$\hbar v_{\boldsymbol{k}} = \frac{\hbar^2}{m_1m_2}\sqrt{m_2{}^2\frac{2m_1E_F}{\hbar^2}\sin^2\theta + m_1{}^2\frac{2m_2E_F}{\hbar^2}\cos^2\theta}$$

$$= \sqrt{\frac{2E_F\hbar^2}{m_1m_2}}\sqrt{m_2\sin^2\theta + m_1\cos^2\theta}$$

となる．これから

$$\frac{1}{\hbar v_{\boldsymbol{k}}}\left|\frac{\partial \boldsymbol{k}}{\partial \theta} \times \frac{\partial \boldsymbol{k}}{\partial \phi}\right| = \frac{\sqrt{2}}{\hbar^3}\sqrt{m_1{}^2m_2\,E_F}\sin\theta$$

が得られる．

これから電気伝導度テンソルを求めるには

$$\sigma_{\xi\eta} = \frac{e^2\tau}{4\pi^3}\oint v_\xi v_\eta\frac{dS}{\hbar v_{\boldsymbol{k}}} = \frac{e^2\tau}{4\pi^3}\iint v_\xi v_\eta\frac{1}{\hbar v_{\boldsymbol{k}}}\left|\frac{\partial \boldsymbol{k}}{\partial \theta} \times \frac{\partial \boldsymbol{k}}{\partial \phi}\right| d\theta\, d\phi$$

$$= \frac{e^2\tau}{4\pi^3}\iint_{\substack{0<\theta<\pi \\ 0<\phi<2\pi}} v_\xi v_\eta\frac{\sqrt{2}}{\hbar^3}\sqrt{m_1{}^2m_2\,E_F}\sin\theta\, d\theta\, d\phi$$

などを用いる．ただし，ξ, η は x, y, z のいずれかである．$v_x = \hbar k_x/m_1$, $v_y = \hbar k_y/m_1$, $v_z = \hbar k_z/m_2$ などを極座標で表して積分すると，次の結果が得られる．

$$\sigma_{xx} = \frac{e^2\tau}{4\pi^3}\int_0^{\pi}\sin\theta\,d\theta\int_0^{2\pi}d\phi\,\frac{\sqrt{2m_1{}^2m_2\,E_{\mathrm{F}}}}{\hbar^3}\,\frac{2E_{\mathrm{F}}}{m_1}\sin^2\theta\cos^2\phi$$

$$= \frac{e^2\tau\sqrt{m_2}}{4\pi^3\hbar^3}\,2\sqrt{2}\,(E_{\mathrm{F}})^{3/2}\times\frac{4\pi}{3}$$

$$\sigma_{zz} = \frac{e^2\tau}{4\pi^3}\int_0^{\pi}\sin\theta\,d\theta\int_0^{2\pi}d\phi\,\frac{\sqrt{2m_1{}^2m_2\,E_{\mathrm{F}}}}{\hbar^3}\,\frac{2E_{\mathrm{F}}}{m_2}\cos^2\theta$$

$$= \frac{e^2\tau m_1}{4\pi^3\hbar^3\sqrt{m_2}}\,2\sqrt{2}\,(E_{\mathrm{F}})^{3/2}\times\frac{4\pi}{3}$$

$$\sigma_{yy} = \sigma_{xx}, \qquad \sigma_{xy} = \sigma_{xz} = \sigma_{yz} = 0$$

等エネルギー面の楕円体

$$E_{\mathrm{F}} = \frac{\hbar^2}{2m_1}(k_x{}^2 + k_y{}^2) + \frac{\hbar^2}{2m_2}k_z{}^2$$

の体積 Ω は

$$\Omega = \frac{4\pi}{3}\left(\sqrt{\frac{2m_1E_{\mathrm{F}}}{\hbar^2}}\right)^2\sqrt{\frac{2m_2E_{\mathrm{F}}}{\hbar^2}}$$

そこに含まれる電子数は $n = \Omega/4\pi^3$ なので

$$\frac{2\sqrt{2}}{4\pi^3\hbar^3}(\sqrt{E_{\mathrm{F}}})^3\times\frac{4\pi}{3} = \frac{n}{\sqrt{m_1{}^2m_2}}$$

の関係がある．これらを用いると次の結果が得られる．

$$\sigma_{xx} = \sigma_{yy} = \frac{ne^2\tau}{m_1}, \qquad \sigma_{zz} = \frac{ne^2\tau}{m_2}$$

§ 6.2　高周波伝導度

これまでは加わる電場は静的なものとしてきたが，光のように高周波で振動する電場

$$\boldsymbol{E} = \boldsymbol{E}_0 e^{i(\boldsymbol{K}\cdot\boldsymbol{r} - \omega t)} \tag{6.36}$$

が加わる場合について，以下に考察しよう．ここで $\boldsymbol{E}_0$ は振動電場の振幅，$\boldsymbol{K}$ は波数ベクトルである．

分布関数は一般には空間と時間とに依存するので $\partial f/\partial t|_{\rm Drift}$ には，(6.2) の右辺の座標に関する微分と，露な時間による項 $\partial f/\partial t$ を加えておく．このため (6.9)，(6.10) は

$$e\boldsymbol{E}\cdot\boldsymbol{v}_k\left(-\frac{\partial f^0}{\partial E}\right)=\frac{g_k}{\tau}+\boldsymbol{v}_k\cdot\frac{\partial g_k}{\partial \boldsymbol{r}}+\frac{\partial g_k}{\partial t} \tag{6.37}$$

のように書かなくてはならない．電場の時空依存性 (6.36) に対応して

$$g_k=-\frac{\partial f^0}{\partial E}\,\Phi(\boldsymbol{k})e^{i(\boldsymbol{K}\cdot\boldsymbol{r}-\omega t)} \tag{6.38}$$

とおいて，(6.37) に代入すると

$$e\boldsymbol{E}_0\cdot\boldsymbol{v}_k=\frac{\Phi(\boldsymbol{k})}{\tau}+i\boldsymbol{K}\cdot\boldsymbol{v}_k\,\Phi(\boldsymbol{k})-i\omega\,\Phi(\boldsymbol{k}) \tag{6.39}$$

したがって，

$$\Phi(\boldsymbol{k})=\frac{e\tau\boldsymbol{v}_k\cdot\boldsymbol{E}_0}{1-i\omega\tau+i\tau\boldsymbol{K}\cdot\boldsymbol{v}_k} \tag{6.40}$$

が得られる．

光や電磁波による電場を想定するとき，(6.40) の分母の最後の項は分母の第 2 項に比べてごく小さいので，これからの議論では無視することにしよう．このようにして求められた g_k ((6.38)) を (6.16) に代入すれば

$$\boldsymbol{j}=2\int e\boldsymbol{v}_k g_k\frac{d\boldsymbol{k}}{(2\pi)^3}=2e^2\int\frac{\tau\boldsymbol{v}_k\boldsymbol{v}_k}{1-i\omega\tau}\left(-\frac{\partial f^0}{\partial E}\right)\frac{d\boldsymbol{k}}{(2\pi)^3}\,\boldsymbol{E} \tag{6.41}$$

のように電流密度が得られる．そこで，もし緩和時間 τ が電子の波数によらないとすれば，高周波の電場に対する伝導度 $\sigma(\omega)$ が以下のように求められる．

$$\sigma(\omega)=\frac{\sigma}{1-i\omega\tau} \tag{6.42}$$

ここで分子の σ は静的な電場に対する電気伝導度で，(6.24) で与えられる．

金属と光あるいは電磁波の相互作用を記述する上で重要な量は，**複素屈折率** $\tilde{n}(\omega)$ とよばれ，物質の誘電関数 ε と電気伝導度 σ から

$$\tilde{n}(\omega) = \sqrt{\varepsilon(\omega) + i\,\frac{4\pi\,\sigma(\omega)}{\omega}} \tag{6.43}$$

によって与えられる．物質内の電場の方程式は

$$\Delta \boldsymbol{E} = \frac{\varepsilon}{c^2}\frac{\partial^2 \boldsymbol{E}}{\partial t^2} + \frac{4\pi\sigma}{c^2}\frac{\partial \boldsymbol{E}}{\partial t} \qquad (c：光速) \tag{6.44}$$

のようになるので，(6.36) のような電場に対して，複素屈折率は波数と角振動数について

$$K = |\boldsymbol{K}| = \tilde{n}(\omega)\,\frac{\omega}{c} \tag{6.45}$$

の関係を与える．

複素屈折率を 2 乗すると，次のようになる．

$$\begin{aligned} \tilde{n}^2(\omega) &= \varepsilon + \frac{4\pi\ \sigma(\omega)\ i}{\omega} \\ &= \varepsilon + \frac{4\pi\sigma i}{\omega\,(1 - i\omega\tau)} = \varepsilon - \frac{{\omega_{\mathrm{p}}}^2}{\omega\left(\omega + \dfrac{i}{\tau}\right)} \end{aligned} \tag{6.46}$$

ただし，最後の式で

$$4\pi\sigma = {\omega_{\mathrm{p}}}^2\tau \tag{6.47}$$

とおいた．ほとんど自由な電子の模型では ${\omega_{\mathrm{p}}}^2 = 4\pi ne^2/m^*$ となっており，この量はプラズマ角振動数の 2 乗と一致する．(6.46) は金属電子系の誘電率であり，この関係は**ドルーデ模型**として知られている．

［**例題 6.2**］　有効質量 m^*，密度 n の自由電子系が板状金属に含まれるとする．

電子系が一様に厚さ方向に δl だけずれると，表面に誘起される電荷が電子系のずれを戻す復元力として δl に比例する電場を生じる．この効果による電子系の振動がプラズマ振動である．この振動の角振動数

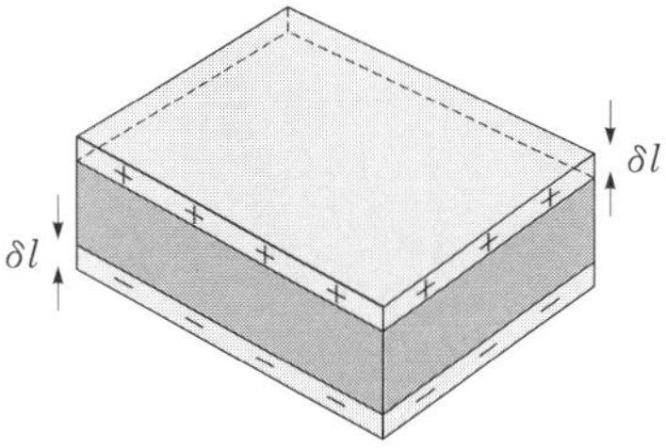

ω_p を求めよ．

［**解**］ δl だけずれたときに金属内部で発生する電場は，$E = -4\pi ne\,\delta l$ である．個々の電子に対して，この電場から力が加わるとすると，$m^*(d^2\delta l/dt^2) = eE = -4\pi ne^2\,\delta l$．したがって，$(d^2\delta l/dt^2) = -4\pi ne^2\,\delta l/m^*$ となることから，角振動数を ω_p として $\omega_p{}^2 = 4\pi ne^2/m^*$ の振動が誘起される．ω_p はプラズマ角振動数とよばれる．

仮に $\omega\tau \gg 1$ として (6.46) の虚数部分を無視し，誘電率 ε は 1 として考えよう．このとき電場の振動数 ω がプラズマ振動数 ω_p より大きければ屈折率は正であり，電磁波は物質内部に透過していく．しかし，逆に ω が ω_p より小さければ，屈折率の 2 乗が負になって電磁波 (光) は金属表面で全反射する．この様子をみるために，金属表面における光の反射率の式

$$R(\omega) = \left|\frac{\tilde{n}(\omega) - 1}{\tilde{n}(\omega) + 1}\right| = \frac{(n-1)^2 + k^2}{(n+1)^2 + k^2} \tag{6.48}$$

を解析する．n と k は複素屈折率 $\tilde{n}(\omega)$ の実部と虚部で，後者は吸収率 η と

$$\eta = \frac{2k\omega}{c} \qquad (c：光速) \tag{6.49}$$

のように関係している．ε を 1 とし，(6.46) を用いれば

$$n^2 - k^2 = 1 - \frac{\omega_p{}^2\tau^2}{1 + \omega^2\tau^2} \qquad (\tilde{n}^2(\omega)\text{ の実部}) \tag{6.50}$$

$$2nk = \frac{\omega_p{}^2\tau}{\omega(1 + \omega^2\tau^2)} \qquad (\tilde{n}^2(\omega)\text{ の虚部}) \tag{6.51}$$

となる．これらを用いて，通常の金属では $\omega_p\tau \gg 1$ を考慮して次の結果が得られる．

1.　$\omega\tau \ll 1$，$\omega \ll \omega_p$ の領域

反射率は極めて 1 に近く，

$$R(\omega) \approx 1 - 2\sqrt{\frac{2\omega}{\omega_p{}^2\tau}} \tag{6.52}$$

と書ける．これを**ハーゲン - ルーベンスの関係**とよんでいる．

2.　$\boldsymbol{\omega\tau \gg 1}$, $\boldsymbol{\omega \ll \omega_{\mathrm{p}}}$ の領域

n と k の値は ω の増大にともなって急激に小さくなり，また，吸収率も同様に急激に小さくなる．反射率は，$R(\omega) \approx 1 - 2/\omega_{\mathrm{p}}\tau$ のようになる．

3.　$\boldsymbol{\omega_{\mathrm{p}} \ll \omega}$ の領域

反射率はゼロに近くなり，光は金属中を透過する．吸収率は ω^2 に逆比例して減少する．

§6.3　不純物による散乱

これまでは，電子が次に衝突するまでの平均的な時間 (lifetime)，すなわち緩和時間 (relaxation time) あるいは散乱時間 (scattering time) τ を1つのパラメータとして取扱い，その起源を問わなかった．ここでは τ を決める1つの要因である不純物による電子の散乱を考察し，これによる緩和時間を解析してみよう．

結晶中の不純物や，格子欠陥などの散乱体が結晶中のある場所に存在したとしよう．ここで注意すべきことは，完全に周期的な結晶のポテンシャルは電子のブロッホ波を形成する原因であるが，すでにブロッホ波になっている電子を散乱することはない．電子を散乱させる別の重要な機構は，格子の熱振動であるが，これについては第7章で述べる．

さて，散乱体によって波数 $\boldsymbol{k}$ の状態から波数 $\boldsymbol{k}'$ の状態への遷移確率が $Q(\boldsymbol{k},\ \boldsymbol{k}')$ のように与えられたとしよう．量子力学の**詳細つり合いの原理**によれば，これは波数が $\boldsymbol{k}'$ から $\boldsymbol{k}$ の状態への遷移確率に等しい．詳細つり合いの原理とは，ある状態 φ_{a} から別の状態 φ_{b} への遷移は，この現象の時間を反転して得られる事象，すなわち状態 φ_{b} から状態 φ_{a}への遷移と同じ確率で起こるという原理である．この散乱体が電子との衝突によって反跳を受けて動き出すことはないとすれば，この衝突過程は弾性散乱であって電子のエネルギーは保存する．したがって，遷移確率は

$$Q(\boldsymbol{k},\ \boldsymbol{k}')\,d\boldsymbol{k}' = \delta(E - E')\,q(\theta)\,dE'\,d\Omega' \tag{6.53}$$

と書ける．ここで θ は波数 $\boldsymbol{k}$ と $\boldsymbol{k}'$ との間の角度であり，$q(\theta)$ は遷移確率の角度依存性を表す量である．また E, E' は波数 $\boldsymbol{k}$ と $\boldsymbol{k}'$ の状態のエネルギー，Ω' は波数 $\boldsymbol{k}$ の方向を基準とした波数 $\boldsymbol{k}'$ の極座標での角度 $(\theta,\ \phi)$ である（図 6.5）．

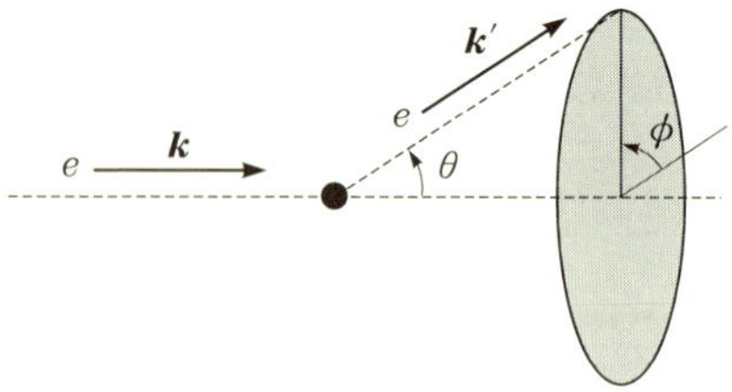

図 6.5　不純物による電子の散乱

さて，前節 (6.10) で述べた緩和時間の仮定

$$\int (g_k - g_{k'})\, Q(\boldsymbol{k},\ \boldsymbol{k}')\, d\boldsymbol{k}' = \frac{1}{\tau} g_k \tag{6.54}$$

において，Q として (6.53)，g_k として (6.12) を用いると

$$-\frac{\partial f^0}{\partial E}\tau \int (\boldsymbol{v}_k - \boldsymbol{v}_{k'})\cdot e\boldsymbol{E}\ \delta(E - E')\, q(\theta)\, dE'\, d\Omega' = -\frac{\partial f^0}{\partial E}\boldsymbol{v}_k\cdot e\boldsymbol{E} \tag{6.55}$$

が得られる．ここで波数 $\boldsymbol{k}$, $\boldsymbol{k}'$ はいずれもフェルミ面上の状態に対応し，$\boldsymbol{v}_k$, $\boldsymbol{v}_{k'}$ はそれらの状態にある電子の速度である．簡単のために球対称なフェルミ面の場合を考えて散乱が等方的であるとすれば，(6.55) の左辺の積分で $\boldsymbol{v}_{k'}$ を含む項では，$\boldsymbol{v}_k$ に垂直な成分からの寄与はゼロになり，平行な成分の寄与しか現れない．その項からの値は $\boldsymbol{v}_k$ を含む項に $\cos\theta$ を掛けて得られる量になる．したがって，(6.55) の両辺を $\boldsymbol{E}$, $\boldsymbol{v}_k$ で割ることにより，結局，散乱時間 τ と散乱確率 $q(\theta)$ の間の関係式

$$\frac{1}{\tau} = \int (1 - \cos\theta)\, q(\theta)\, 2\pi \sin\theta\, d\theta \tag{6.56}$$

が得られる．

次に散乱ポテンシャル $V(\boldsymbol{r})$ が与えられたとき，$q(\theta)$ したがって τ がどのように決まるかを考える．散乱ポテンシャル $V(\boldsymbol{r})$ があるときの，散乱波を決める方程式は**リップマン - シュウィンガー方程式**とよばれる次の積分方

程式である (付録 A.1 を参照).

$$\Psi^{+}(\boldsymbol{r}) = e^{i\boldsymbol{k}\cdot\boldsymbol{r}} - \frac{1}{4\pi}\frac{2m^*}{\hbar^2}\int \frac{e^{ik|\boldsymbol{r}-\boldsymbol{r}'|}}{|\boldsymbol{r}-\boldsymbol{r}'|} V(\boldsymbol{r}')\,\Psi^{+}(\boldsymbol{r}')\,d\boldsymbol{r}' \quad (6.57)$$

付録 A では，リップマン - シュウィンガー方程式がシュレーディンガー方程式からどのように導かれるかを述べた．散乱体から十分に遠い漸近領域では，(6.57) の散乱状態は次のような形に表される (章末の演習問題 [2]).

$$\Psi^{+}(\boldsymbol{r}) \sim e^{i\boldsymbol{k}\cdot\boldsymbol{r}} + f(\theta)\,\frac{e^{ikr}}{r} \quad (6.58)$$

ただし，θ 方向の散乱振幅 $f(\theta)$ はボルン近似では

$$f(\theta) = -\frac{m^*}{2\pi\hbar^2}\int e^{i(\boldsymbol{k}-\boldsymbol{k}')\cdot\boldsymbol{r}}\,V(\boldsymbol{r})\,d\boldsymbol{r} \quad (6.59)$$

と書ける．ボルン近似は電子の運動エネルギーが散乱ポテンシャルに比べて大きいときの近似で，多重散乱は無視されているが，ここでは簡単のために，この場合についての議論のみにとどめよう．(6.58) の物理的な描像は明らかで，右辺第 1 項は入射波である平面波，第 2 項は散乱されて散乱中心から角度 θ の方向へと放射されていく波を表している．

さて，(6.53) で登場した $q(\theta)$ は，散乱振幅によって

$$q(\theta) = v\,\sigma(\theta) = v\,|f(\theta)|^2 \quad (6.60)$$

と表される．ここで $\sigma(\theta)$ は，**散乱微分断面積**とよばれる量である．なお，v は電子の速度の大きさである．また，(6.59) の散乱振幅 $f(\theta)$ は，散乱ポテンシャル $V(\boldsymbol{r})$ のフーリエ変換に比例する．

結晶の中には多くの不純物があるため，散乱時間 (寿命) τ を求めるには，これらによる電子の散乱を考える必要がある．そこでこれまでの考察における散乱ポテンシャルが，多数の不純物の散乱ポテンシャルから構成され，

$$V(\boldsymbol{r}) = \sum_m v_{\mathrm{a}}(\boldsymbol{r} - \boldsymbol{R}_m) \quad (6.61)$$

と表されると考えてみよう．v_{a} は個々の不純物によるポテンシャル，$\boldsymbol{R}_m$ は m 番目の不純物の位置である．(6.59) によれば，この場合の散乱振幅 $f(\theta)$ とその大きさの 2 乗は

$$\left.\begin{aligned} f(\theta) &= -\frac{m^*}{2\pi\hbar^2}\,\hat{v}_{\mathrm{a}}(|\boldsymbol{k}-\boldsymbol{k}'|)\sum_m e^{i(\boldsymbol{k}-\boldsymbol{k}')\cdot\boldsymbol{R}_m} \\ &\left(\text{ただし，}\ \hat{v}_{\mathrm{a}}(|\boldsymbol{k}-\boldsymbol{k}'|) = \int v_{\mathrm{a}}(\boldsymbol{r})\,e^{i(\boldsymbol{k}-\boldsymbol{k}')\cdot\boldsymbol{r}}\,d\boldsymbol{r}\right) \end{aligned}\right\} \tag{6.62}$$

$$|f(\theta)|^2 = \left|\frac{m^*}{2\pi\hbar^2}\,\hat{v}_{\mathrm{a}}(|\boldsymbol{k}-\boldsymbol{k}'|)\right|^2 \sum_{m,\,n} e^{i(\boldsymbol{k}-\boldsymbol{k}')\cdot(\boldsymbol{R}_m-\boldsymbol{R}_n)} \tag{6.63}$$

と書かれるはずであるが，(6.63) の右辺で $m,\ n$ についての和は，$m = n$ 以外ではほとんどゼロであることを考えると

$$|f(\theta)|^2 = N_{\mathrm{imp}}\,\sigma_{\mathrm{a}}(\theta) \tag{6.64}$$

$$\sigma_{\mathrm{a}}(\theta) = \left|\frac{m^*}{2\pi\hbar^2}\,\hat{v}_{\mathrm{a}}(|\boldsymbol{k}-\boldsymbol{k}'|)\right|^2 = \left|\frac{m^*}{2\pi\hbar^2}\,\hat{v}_{\mathrm{a}}\!\left(2k_{\mathrm{F}}\sin\frac{\theta}{2}\right)\right|^2 \tag{6.65}$$

となる．ここで N_{imp} は不純物濃度，すなわち単位体積当りの不純物の数である．不純物が不規則に分布しているとき，不純物全体としての散乱微分断面積は，1 個 1 個の不純物による散乱微分断面積に不純物の数を掛ければよいことがわかる．これは各不純物による散乱の間に干渉効果がないからである．

さて，電子が散乱されるまでに平均として進む距離 l は，電子の速度の大きさを $v = |\boldsymbol{v}|$ として

$$l = v\tau \tag{6.66}$$

で与えられるが，これを**平均自由行程**とよんでいる．これまでの考察から，単位体積当り N_{imp} 個の不純物を含む金属結晶中の平均自由行程の逆数は，次の式で与えられることがわかる．

$$\frac{1}{l} = N_{\mathrm{imp}}\sigma_{\mathrm{imp}} \tag{6.67}$$

$$\sigma_{\mathrm{imp}} = 2\pi\int_0^{\pi}(1-\cos\theta)\,\sigma_{\mathrm{a}}(\theta)\sin\theta\,d\theta \tag{6.68}$$

ここで，σ_{imp} は個々の不純物による**全散乱断面積**とよばれる量である．

上の関係の物理的な意味は，図 6.6 のように理解できる．電子の入射方向と垂直方向に単位面積をもつ直方体を考えよう．電子にとっては各不純物は

面積 σ_{imp} の的のように見えている．電子の進行方向に長さ l をもつ直方体は，平均として $N_{\mathrm{imp}}l$ 個の不純物を含むから，これらの不純物を中心とする面積 σ_{imp} の円を電子の入射と垂直方向の面に投影すれば，(6.67) が成立する場合には，それらの影はこの面をすべて覆い尽くすことになる．これは電子がこの結晶の中を l だけ進むと，必ず1回は散乱を受けることを意味する．

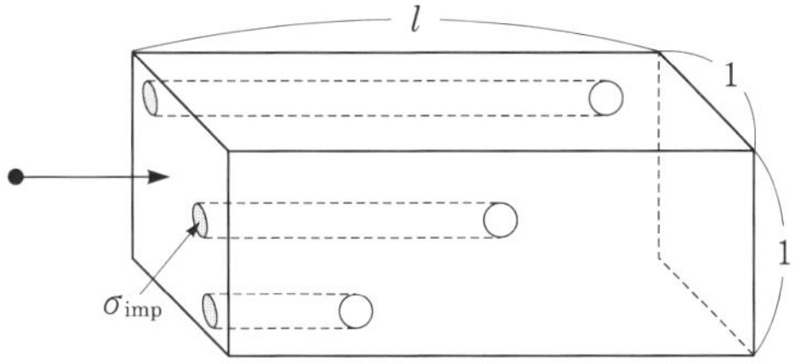

図6.6　不純物濃度と平均自由行程の関係．平均自由行程 l の深さまで存在する不純物の散乱断面積を1つの面に投影すると，この面が埋めつくされる．

演習問題

[**1**]　任意のバンド構造に対して，状態密度は次のように書ける．

$$D(E)\,dE = 2 \iiint_{E \le E(\boldsymbol{k}) \le E+dE} \frac{d\boldsymbol{k}}{(2\pi)^3}$$

これを変形して，

$$D(E) = \frac{1}{4\pi^3} \oint_{E(\boldsymbol{k})=E} \frac{dS}{|\nabla_k E(\boldsymbol{k})|}$$

となることを示せ．

[**2**]　(6.57) で表される散乱波は散乱体の遠方で (6.58) のようになることを示せ．

[**3**]　1個の不純物のポテンシャルが

$$v_{\mathrm{a}}(\boldsymbol{r}) = \frac{Ze^2}{r}\, e^{-\lambda r}$$

であるとき，散乱微分断面積を求めよ．

[**4**]　ポテンシャルが

$$v_{\mathrm{a}}(\boldsymbol{r}) = \frac{e^2}{a}\, e^{-r^2/a^2}$$

で与えられる散乱体が，濃度 N_{imp} で含まれる金属がある．この金属の中の電子の平均自由行程を求めよ．ただし，a はボーア半径 $\hbar^2/m^* e^2$ である．

［5］　$\omega \ll 1/\tau$, $\omega \ll \omega_{\mathrm{p}}$ のとき，金属の反射率が

$$R \approx 1 - 2\sqrt{\frac{2\omega}{{\omega_{\mathrm{p}}}^2 \tau}}$$

と書けることを示せ（(6.52) のハーゲン‐ルーベンスの関係）．

クラスター

固体は原子または分子が多数集まってできているが，どの程度の数の原子が集まれば，エネルギーバンドなどの固体の性質が現れるのだろうか．この問題は，原子数が数十から数万に亘る原子の集合体であるクラスターとよばれる物質の研究から解明されつつある．クラスターは，原子・分子と固体との中間的なサイズをもつ系であり，この両者にはないユニークな性質が観察される．1960 年代に遡る久保亮五の理論は，常磁性帯磁率が奇数電子のクラスターと偶数電子のそれとでは大きく異なることを予言し，クラスター研究の一歩を踏み出した．クラスターの性質は構成原子数に強く依存するが，その例は金属クラスターで出現する魔法数で，例えばアルカリ原子のクラスターはサイズが 8, 20, 40, 58, … という特別な値で安定になる．

クラスターの原子配列は結晶では実現しないものが多く，サイズの増大とともにどのようにバルクの構造に移り変わるか，エネルギーバンド構造がどのように形成されるかは興味深い問題である．これと関係してクラスターには，化学反応過程，分裂過程，光学的性質，磁気的性質などにユニークな特徴が現れ，疑似相転移，構造の大きなゆらぎ，非線形光学現象なども注目されている．例えば，クラスターでは融点と凝固点が異なり，その中間の温度領域では固体状態と液体状態の間を不規則にゆらいでいる．これは巨視的サイズの系では見られないクラスターに特有な現象である．

7 格子振動とフォノン

結晶の中の原子は，絶対零度の場合を除いて熱振動をしている．この原子の運動を量子力学によって記述するには，フォノンという概念が必要になる．本章では原子の微視的な運動を格子振動の波として表現し，これを量子化してフォノンという概念を導く．また，その応用として，格子比熱とフォノンによる電気抵抗を学ぶ．

§7.1 格子振動の波

これまでは結晶の中の原子は格子位置に静止していると仮定して議論を進めてきたが，これは現実には正しくない．原子はポテンシャルの低い格子位置に捉えられてはいるが，その周辺で熱ゆらぎをしているからである．このゆらぎの大きさは温度とともに減少するが，絶対零度でも量子力学の不確定性原理によるゼロ点振動というゆらぎが存在する．この原子の振動は隣接する原子間の相互作用によって，波として伝わる性質をもっている．本章では，こうした結晶内の原子の振動の波について考察しよう．

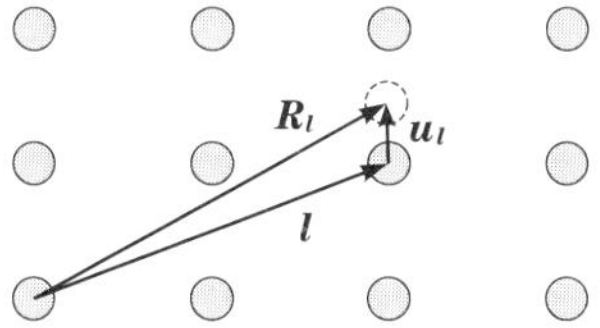

図 7.1　結晶中の原子位置の変位

図 7.1 は結晶中の原子のある瞬間の配置を示している．格子ベクトル $\boldsymbol{l}$ で指定される格子点の原子は，その格子点上に正確にあるのではなく，それから $\boldsymbol{u}_l$

だけわずかにずれた位置 $\boldsymbol{R}_l$ にある．始めに，単位胞に原子が 1 個しかない場合を考えよう．

格子系全体としてのポテンシャルエネルギー $V(\{\boldsymbol{u}_l\})$ は $\{\boldsymbol{u}_l\}$ が小さいときには，

$$V(\{\boldsymbol{u}_l\}) \cong V_0 + \sum_l \boldsymbol{u}_l \nabla_l V + \frac{1}{2}\sum_{l,l'} \boldsymbol{u}_l \boldsymbol{u}_{l'} \nabla_l \nabla_{l'} V + \cdots \tag{7.1}$$

のように展開できる．ここで右辺の第 2 項は，格子点の位置で最もエネルギーが低いことからゼロとなる．なぜなら，もし $\nabla_l V$ がゼロでなければ，ベクトル $\nabla_l V$ と逆方向に，すなわち力のはたらく方向に格子点 $\boldsymbol{l}$ の原子を $\boldsymbol{u}_l$ だけ変位させると，よりエネルギーが低くなるからである．したがって，格子が振動する系のハミルトニアンは変位 $\boldsymbol{u}_l$ の 2 次までの近似では

$$H = \frac{M}{2}\sum_l \dot{\boldsymbol{u}}_l{}^2 + V = \frac{1}{2M}\sum_l \boldsymbol{P}_l{}^2 + \frac{1}{2}\sum_{l,l'} \boldsymbol{u}_l \boldsymbol{u}_{l'} \nabla_l \nabla_{l'} V \tag{7.2}$$

のようになる．ただし，M は原子の質量，$\boldsymbol{P}_l = M\dot{\boldsymbol{u}}_l$ は格子点 $\boldsymbol{l}$ の単位胞にある原子の運動量である．また，V_0 は定数なので無視した．

古典力学では，上の式から得られる正準方程式

$$\dot{\boldsymbol{u}}_l = \frac{\partial H}{\partial \boldsymbol{P}_l} = \frac{1}{M}\boldsymbol{P}_l, \qquad \dot{\boldsymbol{P}}_l = -\frac{\partial H}{\partial \boldsymbol{u}_l} \tag{7.3}$$

によって，原子の変位の時間変化が決定される．その原子変位の満たす運動方程式は，(7.3) の最初の式を時間で微分して，$\dot{\boldsymbol{P}}_l$ に (7.3) の第 2 式を用いれば

$$M\ddot{\boldsymbol{u}}_l = -\sum_{l'} \boldsymbol{G}_{l,l'} \boldsymbol{u}_{l'} \tag{7.4}$$

となる．(7.2) における 2 次の展開係数

$$\boldsymbol{G}_{l,l'} = \nabla_l \nabla_{l'} V(\{\boldsymbol{u}_l\})|_{\{u_l\}=0} = \boldsymbol{G}(\boldsymbol{l}' - \boldsymbol{l}) \tag{7.5}$$

は，格子の並進対称性によって格子点間の距離のみに依存する量 (3 × 3 次元行列) である．

格子振動の基準振動を求めるために，各原子の変位が波数 $\boldsymbol{q}$ の波動とし

て伝わる格子振動の波（格子波）を次のように仮定しよう．

$$\boldsymbol{u}_l(t) = e^{i\boldsymbol{q}\cdot\boldsymbol{l}}\,\boldsymbol{U}_q(t) \tag{7.6}$$

この格子波を量子化したものが**フォノン**であるが，これについての詳細は§7.2 に述べる．格子波による変位 (7.6) を (7.4) に代入すると

$$M e^{i\boldsymbol{q}\cdot\boldsymbol{l}}\,\ddot{\boldsymbol{U}}_q(t) = -\left(\sum_{l'} \boldsymbol{G}(\boldsymbol{l}' - \boldsymbol{l}) e^{i\boldsymbol{q}\cdot(\boldsymbol{l}'-\boldsymbol{l})}\right) \times e^{i\boldsymbol{q}\cdot\boldsymbol{l}}\boldsymbol{U}_q(t) \tag{7.7}$$

であるが，共通の因子 $e^{i\boldsymbol{q}\cdot\boldsymbol{l}}$ で割ると

$$M\ddot{\boldsymbol{U}}_q(t) = -\,\boldsymbol{G}(\boldsymbol{q})\,\boldsymbol{U}_q(t) \tag{7.8}$$

の関係を得る．ただし，**ダイナミカルマトリックス**とよばれる 3×3 次元行列 $\boldsymbol{G}(\boldsymbol{q})$ は次式で定義される．

$$\boldsymbol{G}(\boldsymbol{q}) = \sum_{l} \boldsymbol{G}(\boldsymbol{l})\, e^{i\boldsymbol{q}\cdot\boldsymbol{l}} \tag{7.9}$$

(7.8) を解くために，格子波の振幅の時間依存を

$$\boldsymbol{U}_q(t) = \boldsymbol{C}(\boldsymbol{q}) e^{i\,\omega(\boldsymbol{q})t} \tag{7.10}$$

のように仮定すると，これを (7.8) に代入することにより格子波の角振動数 $\omega(\boldsymbol{q})$ に対する次の方程式が得られる．

$$\{M\,\omega^2(\boldsymbol{q}) - \boldsymbol{G}(\boldsymbol{q})\}\boldsymbol{C}(\boldsymbol{q}) = 0 \tag{7.11}$$

振幅がゼロでない波が存在するためには，$\boldsymbol{C}(\boldsymbol{q})$ に掛かる行列の行列式がゼロになる必要がある．すなわち，

$$\det\{M\,\omega^2(\boldsymbol{q}) - \boldsymbol{G}(\boldsymbol{q})\} = 0 \tag{7.12}$$

となる．これによって，波数 $\boldsymbol{q}$ のフォノンの角振動数 $\omega(\boldsymbol{q})$ が決められる．

結晶の中の電子波（ブロッホ波）の波数は逆格子空間の単位胞，すなわちブリュアン域の内部にとれば十分であったが，格子波（フォノン）の波数についても同じように，その波数は逆格子空間の単位胞に限られる．これは，(7.6) における $\boldsymbol{q}$ を任意の逆格子ベクトル $\boldsymbol{K}$ だけずらした $\boldsymbol{q} + \boldsymbol{K}$ におきかえても，各原子の変位は変わらないことからわかる．

単位胞に1個の原子がある場合，(7.12) で決まる格子波（フォノン）の角振動数は1つの $\boldsymbol{q}$ について3個ある．(7.5) の $\boldsymbol{G}_{l,l'}$ が 3×3 次元の行列だからである．これらの格子波（フォノン）の角振動数 $\omega(\boldsymbol{q})$ を $\boldsymbol{q}$ の関数としてブリュアン域の内部で描くと，例えば図7.2のようになり，3つのフォノンバンドが存在する．このいずれのモードも波数 $\boldsymbol{q} = \boldsymbol{0}$ で角振動数がゼロになる特徴をもっている．

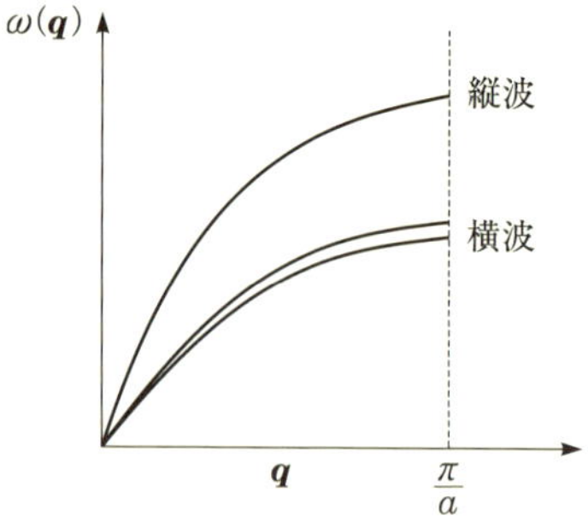

図7.2　単位胞に1個の原子を含む結晶のフォノンバンド

波数がゼロに近い領域，すなわち波長が原子間隔に比べて非常に長い極限では，これらの格子波のモード（フォノンモード）は音波と同じである．そこで，これらのモードは**音響モード** (acoustic wave) とよばれている．これらのモードのうち振動数が一番大きいものは，原子の変位方向が波数ベクトル $\boldsymbol{q}$ と平行なもので，**縦波音響波** (longitudinal acoustic wave) とよばれるものである．一方，振動数の小さい残りの2つの波は**横波音響波** (transversal acoustic wave) とよばれるもので，原子の変位ベクトルが波数ベクトルと直交している．これらの格子波モードの角振動数は，波数 $\boldsymbol{q}$ が小さいときにはそれに比例して $\omega(\boldsymbol{q}) = c_\lambda|\boldsymbol{q}|$ と書かれるが，この比例係数 c_λ ($\lambda = 1, 2, 3$) は音速に対応する．

単位胞に2個以上の原子があるときは，その格子点 $\boldsymbol{l}$ の単位胞に含まれる原子の変位をまとめて

$$\begin{pmatrix} \boldsymbol{u}_l^{(1)} \\ \vdots \\ \boldsymbol{u}_l^{(n)} \end{pmatrix} = e^{i\boldsymbol{q}\cdot\boldsymbol{l}}\boldsymbol{U}_q(t) \qquad (7.13)$$

と表す．

また，(7.4) における原子の質量 M を，

$$M = \begin{pmatrix} m^{(1)} & & & & & & \\ & m^{(1)} & & & & & \\ & & m^{(1)} & & & & \\ & & & \ddots & & & \\ & & & & m^{(n)} & & \\ & & & & & m^{(n)} & \\ & & & & & & m^{(n)} \end{pmatrix} \tag{7.14}$$

のような $3n \times 3n$ 次元の対角行列とする．同じようにダイナミカルマトリックス $\boldsymbol{G}(\boldsymbol{q})$ も $3n \times 3n$ 次元に拡張すると（成分は $\boldsymbol{G}(\boldsymbol{q})_{ix,jy}$ などとなる．$i, j = 1, 2, \cdots, n$ は単位胞内での原子に付した番号，x, y, z は変位の方向である．）拡張された諸量について (7.8) から (7.12) が成り立つ．このとき，$3n$ 次元の行列式についての永年方程式 (7.12) は $3n$ 個の解をもつ．したがって，単位胞に n 個の原子を含む結晶の格子波モード（フォノンモード）の数は $3n$ 個あることがわかる．

例として $n = 2$ の場合について，典型的なフォノンバンドの分散を示すと，図 7.3 のようになる．3 つのバンドは波数 $\boldsymbol{q} = \boldsymbol{0}$ で角振動数がゼロとなるが，これは単位胞に原子が 1 つの場合に現れた音響モードである．残りの 3 つのモードは，音響モードに比べて角振動数が大きく，音響モードとはフォノンモードの分散関係（フォノンバンド）のギャップを隔てて高振動数側にある．このような 3 つのモードは**光学モード**とよばれている．

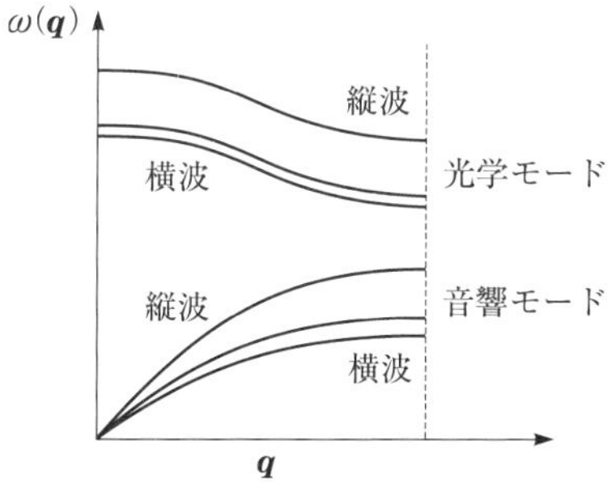

図 7.3　単位胞に 2 個の原子を含む結晶のフォノンバンド

音響モードと光学モードの出現

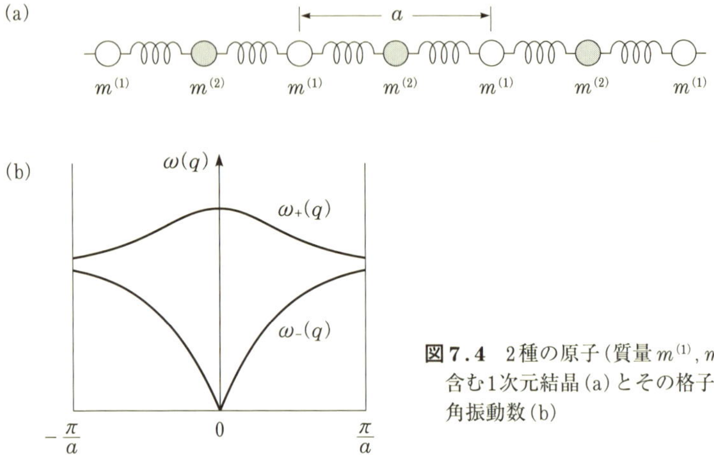

図 7.4　2種の原子（質量 $m^{(1)}, m^{(2)}$）を含む1次元結晶(a)とその格子振動の角振動数(b)

機構を理解するために，図 7.4(a) に示すような 1 次元モデルの格子振動を解析する．簡単のため，この 1 次元結晶は，質量 $m^{(1)}$, $m^{(2)}$ の 2 種の原子から構成され，変位の方向は結晶方向（x 方向）だけに限られると仮定しよう．

この結晶の原子の運動方程式は次のようになる．なお，ここでの k はばね定数である．

$$\begin{pmatrix} m^{(1)} & 0 \\ 0 & m^{(2)} \end{pmatrix}\begin{pmatrix} \ddot{x}_l^{(1)} \\ \ddot{x}_l^{(2)} \end{pmatrix} = \begin{pmatrix} 0 & k \\ 0 & 0 \end{pmatrix}\begin{pmatrix} x_{l-1}^{(1)} \\ x_{l-1}^{(2)} \end{pmatrix} - \begin{pmatrix} 2k & -k \\ -k & 2k \end{pmatrix}\begin{pmatrix} x_l^{(1)} \\ x_l^{(2)} \end{pmatrix} + \begin{pmatrix} 0 & 0 \\ k & 0 \end{pmatrix}\begin{pmatrix} x_{l+1}^{(1)} \\ x_{l+1}^{(2)} \end{pmatrix} \tag{7.15}$$

これからダイナミカルマトリックスを定めよう．(7.4)，(7.5) に対応させてみると，上の式から

$$\boldsymbol{G}(-1) = \begin{pmatrix} 0 & -k \\ 0 & 0 \end{pmatrix}, \qquad \boldsymbol{G}(0) = \begin{pmatrix} 2k & -k \\ -k & 2k \end{pmatrix}, \qquad \boldsymbol{G}(1) = \begin{pmatrix} 0 & 0 \\ -k & 0 \end{pmatrix} \tag{7.16}$$

となる．したがって，定義式の (7.9) を用いればダイナミカルマトリックスは次のようになる．

$$\boldsymbol{G}(q) = \begin{pmatrix} 2k & -k\,(1+e^{-iqa}) \\ -k\,(1+e^{iqa}) & 2k \end{pmatrix} \tag{7.17}$$

永年方程式 (7.12) は

$$\begin{vmatrix} m^{(1)}\omega^2 - 2k & k\,(1+e^{-iqa}) \\ k\,(1+e^{iqa}) & m^{(2)}\omega^2 - 2k \end{vmatrix} = 0 \tag{7.18}$$

となり，これから格子波の角振動数が次のように求められる．

$$\omega_{\pm}{}^2(q) = \frac{k}{m^{(1)}m^{(2)}}\left\{m^{(1)} + m^{(2)} \pm \sqrt{(m^{(1)}+m^{(2)})^2 - 4m^{(1)}m^{(2)}\sin^2\frac{qa}{2}}\right\} \tag{7.19}$$

これを図示すると図 7.4(b)のようになるが，角振動数が大きい方のモード $\omega_+(q)$ が光学モード，小さい方のモード $\omega_-(q)$ が音響モードに相当する．

2 つのモードの角振動数の差は，ブリュアン域の端 $q = \pm\pi/a$ で最小となり，そのギャップの大きさは $\left|\sqrt{k/m^{(1)}} - \sqrt{k/m^{(2)}}\right|$ であるので，2 つの原子の質量が同じならば，2 つのモードは連続的につながることがわかる．

2 種の原子の振動振幅 $c^{(1)}$, $c^{(2)}$ の比は (7.11) で決められる．それらは波数 $q = 0$ においては音響モードと光学モードのそれぞれで

$$\begin{pmatrix} -2k & 2k \\ 2k & -2k \end{pmatrix}\begin{pmatrix} c^{(1)} \\ c^{(2)} \end{pmatrix} = 0, \qquad \begin{pmatrix} 2k\dfrac{m^{(1)}}{m^{(2)}} & 2k \\ 2k & 2k\dfrac{m^{(2)}}{m^{(1)}} \end{pmatrix}\begin{pmatrix} c^{(1)} \\ c^{(2)} \end{pmatrix} = 0$$

となる．したがって，振幅の比をこの関係式から決めると

$$\frac{c^{(1)}}{c^{(2)}} = \begin{cases} 1 & (\text{音響モード}) \\ -\dfrac{m^{(2)}}{m^{(1)}} & (\text{光学モード}) \end{cases} \tag{7.20}$$

のようになり，これを図示したのが図 7.5 である．

光学モードでは 2 種の原子は互いに逆向きに変位している．この 2 種の原子の一方は正イオン，他方が負イオンである場合，光学モードは単位胞内に電気双極子を発生させるから，光の電場と強く相互作用して光によって格子

振動が励起されたり，格子振動が光を出したりする．このような光との相互作用が強いことから，光学モードという名前が付けられた．光学モードにおいても，その変位ベクトルが波数ベクトルと平行か直交するかによって，**縦波**と**横波**の区別が生じる．

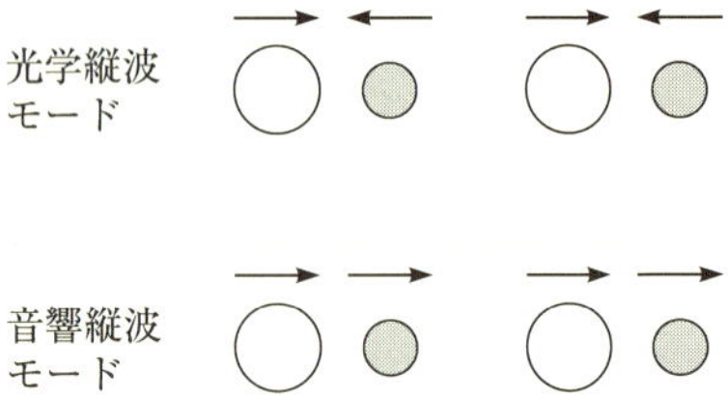

図 7.5　光学縦波モードと音響縦波モードの $\boldsymbol{q}=0$ での変位

§7.2　フォノンと格子振動の比熱

格子振動の波を量子化すると，**フォノン**とよばれる粒子の概念を導入することができる．フォノンは比熱を始めとする種々の格子振動の性質，あるいは光や電子との相互作用を考えるときに必要な概念である．ここでは，フォノンの比熱を中心に述べよう．

(7.2) のハミルトニアンは，すでに述べたように，

$$H = \sum_l \frac{\boldsymbol{P}_l^2}{2M} + \frac{1}{2}\sum_{l \neq l'} \boldsymbol{u}_l \boldsymbol{G}_{l,l'} \boldsymbol{u}_{l'} \tag{7.21}$$

であるが，変位 $\boldsymbol{u}_l$ と運動量 $\boldsymbol{P}_l$ を次のように基準振動モードに変換しよう．

$$\boldsymbol{u}_l = \frac{1}{\sqrt{N}} \sum_{\lambda,\boldsymbol{q}} Q_\lambda(\boldsymbol{q})\, \boldsymbol{C}_\lambda(\boldsymbol{q})\, e^{i\boldsymbol{q}\cdot\boldsymbol{l}} \tag{7.22}$$

$$\boldsymbol{P}_l = \frac{1}{\sqrt{N}} \sum_{\lambda,\boldsymbol{q}} P_\lambda(\boldsymbol{q})\, \boldsymbol{p}_\lambda(\boldsymbol{q})\, e^{i\boldsymbol{q}\cdot\boldsymbol{l}} \tag{7.23}$$

ここで $\boldsymbol{C}_\lambda(\boldsymbol{q})$, $\boldsymbol{p}_\lambda(\boldsymbol{q})$ は，それぞれ (7.11) の解として得られる規格化された基準振動モードの変位と，これに対応する運動量である．ただし規格化は，$\boldsymbol{C}_\lambda^\dagger(\boldsymbol{q})\cdot\boldsymbol{C}_\mu(\boldsymbol{q}) = \delta_{\lambda\mu}$, $\boldsymbol{p}_\lambda^\dagger(\boldsymbol{q})\cdot\boldsymbol{p}_\mu(\boldsymbol{q}) = \delta_{\lambda\mu}$ のようになされている．$Q_\lambda(\boldsymbol{q})$, $P_\lambda(\boldsymbol{q})$ は規格化された基準振動を重ね合わせて，任意の変位 $\boldsymbol{u}_l$，運動量 $\boldsymbol{P}_l$ をそれぞれ生成するための展開係数である．これらを (7.21) に代入すると，1 種類の原子のみから構成される結晶では

$$H = \sum_{\lambda, \boldsymbol{q}} \left\{ \frac{P_\lambda{}^2(\boldsymbol{q})}{2M} + \frac{M\omega_\lambda{}^2(\boldsymbol{q})\, Q_\lambda{}^2(\boldsymbol{q})}{2} \right\} \tag{7.24}$$

を得る.† ハミルトニアンが上のように表されることから，この格子振動の力学系は波数と基準振動モードごとに，独立な多数の調和振動子の集まりであることがわかる.

これを量子化したものがフォノン（格子振動の波の量子）である．フォノンは一種のボース粒子であり，これを1個生成する演算子（生成演算子）は

$$b^\dagger_{\lambda q} = \frac{P_\lambda(\boldsymbol{q}) + iM\,\omega_\lambda(\boldsymbol{q})\,Q_\lambda(\boldsymbol{q})}{\sqrt{2\hbar M\,\omega_\lambda(\boldsymbol{q})}} \tag{7.25}$$

1個消滅させる演算子（消滅演算子）は，

$$b_{\lambda q} = \frac{P_\lambda(\boldsymbol{q}) - iM\,\omega_\lambda(\boldsymbol{q})\,Q_\lambda(\boldsymbol{q})}{\sqrt{2\hbar M\,\omega_\lambda(\boldsymbol{q})}} \tag{7.26}$$

によって，それぞれ導入される．$Q_\lambda(\boldsymbol{q})$, $P_\lambda(\boldsymbol{q})$ は互いに共役な座標と運動量なので，(1.39) で述べたように交換関係 $[Q_\lambda(\boldsymbol{q}),\ P_\lambda(\boldsymbol{q})] = i\hbar$ が成立する．これからボース粒子の生成・消滅演算子の間に，次の交換関係が得られる．

$$[b_{\lambda q},\ b^\dagger_{\lambda q}] = b_{\lambda q} b^\dagger_{\lambda q} - b^\dagger_{\lambda q} b_{\lambda q} = 1 \tag{7.27}$$

また，(7.25) と (7.26) によって $Q_\lambda(\boldsymbol{q})$ と $P_\lambda(\boldsymbol{q})$ を $b_{\lambda q}$, $b^\dagger_{\lambda q}$ で表して，これを (7.24) に代入すれば，ハミルトニアンは，

---

† 簡単のために，原子の種類が1種類の場合について考える．例えば，第2項については，(7.22) を (7.21) の第2項に代入すると，

$$\begin{aligned}
&\frac{1}{2N}\sum_{l,l'}\sum_{\lambda',q'}\sum_{\lambda,q} Q_{\lambda'}(\boldsymbol{q}')\boldsymbol{C}^\dagger_{\lambda'}(\boldsymbol{q}')e^{-i\boldsymbol{q}'\cdot\boldsymbol{l}'}\boldsymbol{G}_{l,l'}Q_\lambda(\boldsymbol{q})\boldsymbol{C}_\lambda(\boldsymbol{q})e^{i\boldsymbol{q}\cdot\boldsymbol{l}} \\
&\quad = \frac{1}{2N}\sum_{\lambda,q}\sum_{\lambda',q'}\sum_{l'} Q_{\lambda'}(\boldsymbol{q}')\boldsymbol{C}^\dagger_{\lambda'}(\boldsymbol{q}')e^{-i(\boldsymbol{q}'-\boldsymbol{q})\cdot\boldsymbol{l}'}\sum_{l}\boldsymbol{G}_{l,l'}e^{i\boldsymbol{q}\cdot(\boldsymbol{l}-\boldsymbol{l}')}Q_\lambda(\boldsymbol{q})\boldsymbol{C}_\lambda(\boldsymbol{q}) \\
&\quad = \frac{1}{2}\sum_{\lambda}\sum_{\lambda'}\sum_{q} Q_{\lambda'}(\boldsymbol{q})\boldsymbol{C}^\dagger_{\lambda'}(\boldsymbol{q})\boldsymbol{G}(\boldsymbol{q})Q_\lambda(\boldsymbol{q})\boldsymbol{C}_\lambda(\boldsymbol{q}) \\
&\quad = \frac{1}{2}\sum_{\lambda}\sum_{\lambda'}\sum_{q} Q_{\lambda'}(\boldsymbol{q})\boldsymbol{C}^\dagger_{\lambda'}(\boldsymbol{q})M\,\omega_\lambda{}^2(\boldsymbol{q})Q_\lambda(\boldsymbol{q})\boldsymbol{C}_\lambda(\boldsymbol{q}) \\
&\quad = \frac{M}{2}\sum_{\lambda,q}\omega_\lambda{}^2(\boldsymbol{q})Q_\lambda{}^2(\boldsymbol{q})
\end{aligned}$$

となる．なお第2行では，$\sum_{l}\exp\{-i(\boldsymbol{q}-\boldsymbol{q}')\cdot\boldsymbol{l}\} = N\delta_{qq'}$，第4行では $\boldsymbol{G}(\boldsymbol{q})\boldsymbol{C}_\lambda(\boldsymbol{q}) = M\,\omega_\lambda{}^2(\boldsymbol{q})\boldsymbol{C}_\lambda(\boldsymbol{q})$ の関係を用いた．

$$H = \sum_{\lambda, \boldsymbol{q}} \hbar\omega_\lambda(\boldsymbol{q}) \left(b^\dagger_{\lambda\boldsymbol{q}} b_{\lambda\boldsymbol{q}} + \frac{1}{2} \right) \tag{7.28}$$

となる．

以下に述べるように，$b^\dagger_{\lambda\boldsymbol{q}} b_{\lambda\boldsymbol{q}}$ は生成されているフォノンの数に対応する演算子で，その固有値は 0, 1, 2, 3, …という自然数に限られている．そのため，格子振動のエネルギーは連続的に変化することはできず，とびとびの値だけが許される．これは格子振動がフォノンという粒子の整数個の集合であることを意味する．

調和振動子のエネルギー固有値が $E_n = \hbar\omega(n + 1/2)(n = 0, 1, 2, 3, \cdots)$ であることは，運動量を $P_\lambda = (\hbar/i)(d/dQ_\lambda)$ として (7.24) に代入して得られる各モード λ, $\boldsymbol{q}$ についてのシュレーディンガー方程式の解が，エルミート多項式（第1章を参照）を用いて表されることから明らかである．一方，代数的には次のように導かれる．

簡単のため，自由度1の調和振動子系について述べよう．この場合，ハミルトニアン H とフォノンの生成・消滅演算子 $b^\dagger$, b は以下のとおりである．

$$\left.\begin{aligned} H &= \frac{P^2}{2M} + \frac{M\omega^2 Q^2}{2} \\ b^\dagger &= \frac{P + iM\omega Q}{\sqrt{2\hbar M\omega}}, \qquad b = \frac{P - iM\omega Q}{\sqrt{2\hbar M\omega}} \end{aligned}\right\} \tag{7.29}$$

章末の演習問題［4］で確かめられるように $H = \hbar\omega b^\dagger b + \hbar\omega/2$ なので，交換関係 (7.27) より $Hb - bH = -\hbar\omega b$ が成立する．

あるエネルギー固有値 W に対応する状態ベクトル（波動関数）を $\boldsymbol{u}$ とおくと $(H\boldsymbol{u} = W\boldsymbol{u})$，$Hb\boldsymbol{u} = bH\boldsymbol{u} - \hbar\omega b\boldsymbol{u} = (W - \hbar\omega)b\boldsymbol{u}$ なので，$b\boldsymbol{u}$ はエネルギー固有値 $W - \hbar\omega$ に対応する状態である．このように消滅演算子 b を次々と掛けて，よりエネルギーの低い固有状態をそれが存在する限りつくることができる．一方，$b^\dagger b$ の固有値は負にならないことが $\langle \boldsymbol{u}|b^\dagger b|\boldsymbol{u}\rangle = \|b\boldsymbol{u}\|^2 \geqq 0$ からわかり，したがって，ハミルトニアンの固有値は $\hbar\omega/2$ より

小さくならない．同様に，$Hb^\dagger \boldsymbol{u} = (W + \hbar\omega) b^\dagger \boldsymbol{u}$ だから，ハミルトニアンの最低エネルギー（$W = \hbar\omega/2$）の固有状態に $b^\dagger$ を次々と掛けていけば，エネルギーが $(n + 1/2)\hbar\omega$ $(n = 0, 1, 2, 3, \cdots)$ の状態，すなわちフォノンが n 個存在する状態が生成できる．特定の n に対応する状態は，$b^\dagger$ を $n = 0$ に対応する状態 $\boldsymbol{u}_0$ に n 回掛けた状態 $\boldsymbol{u}_n = (1/\sqrt{n!})(b^\dagger)^n \boldsymbol{u}_0$ として与えられる．ここで $1/\sqrt{n!}$ の因子は規格化定数である（章末の演習問題［5］）．

次に，フォノンの系の比熱について考察しよう．第3章で述べたように結晶が有限な大きさをもつときは，波数 $\boldsymbol{q}$ は連続な値をとることはできなくて $q_x = 2\pi l/L,\ q_y = 2\pi m/L,\ q_z = 2\pi n/L$（ただし，$l,\ m,\ n$ は整数）となる．ここで結晶は，一辺が L の立方体であるとした．したがって，波数空間の微小体積 $d\boldsymbol{q}$ の中の許される波数の総数は $\{V/(2\pi)^3\}\, d\boldsymbol{q}$ である．この事実を考慮して，ある温度で熱的励起によってどれだけのフォノンが生成されるかを考えて，フォノン系の全エネルギーを求めよう．

各モードの固有振動数を

$$\omega_\lambda(\boldsymbol{q}) = c_\lambda |\boldsymbol{q}| \qquad (\lambda = 1,\ 2,\ 3) \tag{7.30}$$

のように線形に近似する模型を**デバイ模型**という．ただし，$c_\lambda (\lambda = 1,\ 2,\ 3)$ は縦波と横波の音速である．(7.30) の波数 $|\boldsymbol{q}|$ には上限が設定されるが，これはすべてのモード数が実際の結晶のものと同じになることから定まる．デバイ模型によって，ごく簡単な比熱の評価を行なってみよう．

まず，波数空間の球殻 $|\boldsymbol{q}| = q \sim q + dq$ の中にある状態数は1つのモード当り $4\pi q^2\, dq \times V/(2\pi)^3 = (Vq^2/2\pi^2)\, dq$ である．これを角振動数 $\omega \sim \omega + d\omega$ の範囲内の状態数として表すと (7.30) の関係から，それぞれのモードで $(V\omega^2/2\pi^2 c_\lambda{}^3)\, d\omega$ となり，したがって $\omega \sim \omega + d\omega$ の範囲にあるすべての調和振動子の数 $g(\omega)$ は，これらを加え合わせて

$$g(\omega) = \frac{V\omega^2}{2\pi^2}\left(\frac{1}{c_\mathrm{l}{}^3} + \frac{2}{c_\mathrm{t}{}^3}\right) d\omega \tag{7.31}$$

あるいは，

$$g(\omega) = A\omega^2, \qquad A = \frac{V}{2\pi^2}\left(\frac{1}{c_l{}^3} + \frac{2}{c_t{}^3}\right) \tag{7.32}$$

で与えられる．ここで c_t と c_l は，それぞれ横波と縦波の音速である．

デバイ模型では角振動数についての上限 ω_D を設けて，これを**デバイ角振動数**とよぶ．また，これに対応する温度 $\Theta = \hbar\omega_D/k_B$ を**デバイ温度**という．デバイ角振動数の値は，結晶中のすべての振動の自由度数 $3N$ を用いて，

$$\begin{aligned} 3N &= \int_0^{\omega_D} g(\omega)\,d\omega = \int_0^{\omega_D} A\omega^2\,d\omega \\ &= \frac{A\omega_D{}^3}{3} \end{aligned} \tag{7.33}$$

から $\omega_D = (9N/A)^{1/3}$ のように求められる．結局，デバイ模型では状態密度が以下で与えられる（図 7.6）．

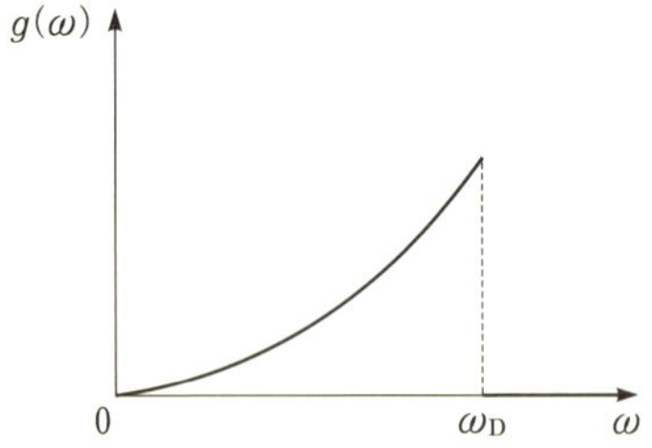

図 7.6　デバイ模型によるフォノンの状態密度

$$g(\omega) = \begin{cases} \dfrac{9N\omega^2}{\omega_D{}^3} & (0 < \omega < \omega_D) \\ 0 & (\omega_D < \omega) \end{cases} \tag{7.34}$$

ところで，統計力学によれば，ボース粒子が温度 T においてエネルギー ε_r の状態を占有する確率は

$$f_r = \frac{1}{e^{\beta(\varepsilon_r - \mu)} - 1} \tag{7.35}$$

で与えられる．ただし，$\beta = 1/k_B T$ である．フォノンの総数については何の制限もなく，フォノンは自由に生成・消滅できるから，フォノンの化学ポ

テンシャルは $\mu=0$ となる．したがって，角振動数 ω のフォノンの数の期待値は，

$$\langle b^{\dagger}b\rangle = f_r = \frac{1}{e^{\beta\varepsilon_r}-1} = \frac{1}{e^{\beta\hbar\omega}-1} \tag{7.36}$$

であり，これからそのエネルギーの期待値は，

$$\hbar\omega\left(\langle b^{\dagger}b\rangle+\frac{1}{2}\right) = \frac{\hbar\omega}{e^{\beta\hbar\omega}-1}+\frac{1}{2}\hbar\omega \tag{7.37}$$

となる．右辺の第2項は**ゼロ点エネルギー**とよばれる．

ゼロ点エネルギーを無視すると，格子振動に由来する格子系の内部エネルギーは以下のようになる．

$$U = \int_0^{\infty}\frac{\hbar\omega}{e^{\beta\hbar\omega}-1}\,g(\omega)\,d\omega = \int_0^{\omega_{\mathrm{D}}}\frac{\hbar\omega}{e^{\beta\hbar\omega}-1}\,\frac{9N\omega^2}{{\omega_{\mathrm{D}}}^3}\,d\omega \tag{7.38}$$

この式で $x=\beta\hbar\omega$ という変数変換を行なって整理すると，次の結果が得られる．

$$U = \frac{9Nk_{\mathrm{B}}T^4}{\Theta^3}\int_0^{\Theta/T}\frac{x^3}{e^x-1}\,dx \tag{7.39}$$

この式にもとづいて，高温の場合と低温の場合についての比熱を求めよう．まず，高温での内部エネルギーを求めるために，上の被積分関数の展開

$$\frac{x^3}{e^x-1} = x^2-\frac{x^3}{2}+\frac{x^4}{12}+\cdots \tag{7.40}$$

を用いて積分を実行すると，内部エネルギーは

$$U = \frac{9Nk_{\mathrm{B}}T^4}{\Theta^3}\left[\frac{1}{3}\left(\frac{\Theta}{T}\right)^3-\frac{1}{8}\left(\frac{\Theta}{T}\right)^4+\frac{1}{60}\left(\frac{\Theta}{T}\right)^5+\cdots\right] \tag{7.41}$$

のようになる．定積比熱 C_V は，これを温度 T で微分して

$$C_V = 3Nk_{\mathrm{B}}\left[1-\frac{1}{20}\left(\frac{\Theta}{T}\right)^2+\cdots\right] \tag{7.42}$$

となる．すなわち，高温では温度や物質の性質の詳細によらない一定値 $3Nk_{\mathrm{B}}$ に近づく．そのとき，1自由度当り k_{B} だけ比熱に寄与しているが，

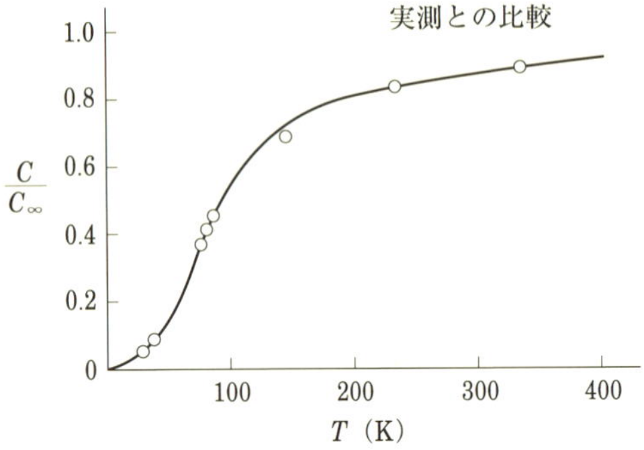

図 7.7　Cu の結晶の定積比熱

これは**等分配の法則**とよばれている．

低温の場合 ($\Theta/T \gg 1$)，(7.39) はほぼ

$$U = \frac{3Nk_{\mathrm{B}}\pi^4 T^4}{5\Theta^3} \qquad \left(\int_0^\infty \frac{x^3}{e^x - 1}\,dx = \frac{\pi^4}{15}\text{ を用いた}\right) \tag{7.43}$$

のように見積もることができるので，定積比熱は

$$C_V = \frac{12\pi^4 Nk_{\mathrm{B}}}{5}\left(\frac{T}{\Theta}\right)^3 \tag{7.44}$$

となる．温度が絶対零度に近づくと，比熱は温度の 3 乗に比例して急激にゼロに近づく．第 4 章の (4.18) で述べた低温での格子比熱は，このようなフォノン系の振舞と対応するものである．

［**例題 7.1**］　温度 T で熱平衡状態にある結晶において，原子のゆらぎの 2 乗平均 $\langle \boldsymbol{u}_l{}^2 \rangle$ をフォノン分散 $\omega_\lambda(\boldsymbol{q})$ によって表せ．

［**解**］　(7.22) より $\boldsymbol{u}_l = (1/\sqrt{N})\sum_{\lambda,\boldsymbol{q}} Q_\lambda(\boldsymbol{q})\,\boldsymbol{C}_\lambda(\boldsymbol{q})\,e^{i\boldsymbol{q}\cdot\boldsymbol{l}}$ なので，すでに述べた規格化条件 $\boldsymbol{C}_\lambda^\dagger(\boldsymbol{q})\boldsymbol{C}_\mu(\boldsymbol{q}) = \delta_{\lambda\mu}$ を用いて，$\langle \boldsymbol{u}_\lambda{}^2 \rangle = (1/N)\sum_{\lambda,\boldsymbol{q}}\langle Q_\lambda{}^2(\boldsymbol{q})\rangle$ となる．(7.25)，(7.26) から $Q_\lambda(\boldsymbol{q}) = -\,i\sqrt{\hbar/2M\,\omega_\lambda(\boldsymbol{q})}\,(b_{\lambda\boldsymbol{q}}^\dagger - b_{\lambda\boldsymbol{q}})$ となるので，これを用いて次の結果が得られる．

$$\langle \boldsymbol{u}_l{}^2 \rangle = \sum_{\lambda,\boldsymbol{q}} \frac{\hbar}{NM\,\omega_\lambda(\boldsymbol{q})}\left(\langle b_{\lambda\boldsymbol{q}}^\dagger b_{\lambda\boldsymbol{q}} \rangle + \frac{1}{2}\right)$$

$$= \sum_{\lambda,\boldsymbol{q}} \frac{\hbar}{NM\,\omega_\lambda(\boldsymbol{q})} \left[\frac{1}{\exp\left\{\dfrac{\hbar\omega_\lambda(\boldsymbol{q})}{k_{\mathrm{B}}T}\right\} - 1} + \frac{1}{2} \right] \tag{7.45}$$

［**例題 7.2**］　リンデマン則によると，原子のゆらぎが最近接原子間距離のある割合 x_{m} (～ 0.2) 程度になると，結晶が融解するという．［例題 7.1］にデバイ模型を適用して，結晶の融解温度を求めよ．

［**解**］　融解の起こるような高温の場合には，(7.45) の右辺は，およそ $\sum_{\lambda,\boldsymbol{q}} k_{\mathrm{B}}T/\{NM\,\omega_\lambda{}^2(\boldsymbol{q})\}$ 程度と近似できるから，(7.30) を用いて次のように見積もることができる．

$$\langle \boldsymbol{u}_\lambda{}^2 \rangle \cong \frac{k_{\mathrm{B}}TV}{2\pi^2 NM} \sum_\lambda \int_0^{\pi/a} \frac{1}{c_\lambda{}^2}\,dq \cong \frac{3k_{\mathrm{B}}Ta^2}{2\pi M\bar{c}^2} \tag{7.46}$$

ここで V は結晶の体積，a は単位胞のおよそのサイズ ($a^3 \approx V/N$)，$\bar{c}$ は平均の音速 ($3/\bar{c}^2 = \sum_\lambda (1/c_\lambda{}^2)$) であり，(7.46) の積分の上端を π/a とおいた．

リンデマン則により，$\langle \boldsymbol{u}_l{}^2 \rangle \cong x_{\mathrm{m}}{}^2 a^2$ で融解が起こるとすると，融解温度 T_{m} は以下のように見積もられる．

$$k_{\mathrm{B}}T_{\mathrm{m}} \cong x_{\mathrm{m}}{}^2 \frac{2\pi M\bar{c}^2}{3} \cong x_{\mathrm{m}}{}^2 \frac{2Mk_{\mathrm{B}}{}^2\Theta^2 a^2}{3\pi\hbar^2}$$

ただし，Θ はデバイ温度であり，$\hbar\bar{c}\pi/a \cong k_{\mathrm{B}}\Theta$ の関係を用いた．

§7.3　フォノンによる電子の散乱

フォノンは原子の秩序だった周期配列構造の乱れであるから，ブロッホ波の散乱を引き起こす．この節では，フォノンによる電子の散乱に起因する金属の電気抵抗を考えよう．

電子散乱を引き起こすポテンシャルは，フォノンを生じた結晶のポテンシャルと完全結晶のポテンシャルとの差であり

$$V(\boldsymbol{r}) = \sum_l \{v_{\mathrm{a}}(\boldsymbol{r} - \boldsymbol{R}_l) - v_{\mathrm{a}}(\boldsymbol{r} - \boldsymbol{l})\} \tag{7.47}$$

と書かれる．ただし，v_{a} は原子のポテンシャルであり，$\boldsymbol{R}_l$ は完全結晶では格子点 $\boldsymbol{l}$ にある原子のある瞬間の位置である (図 7.1 参照)．そこで第 6 章

と同じ議論を行なうことにすると，上記の散乱ポテンシャルによる電子波の散乱振幅 $f(\theta)$ は

$$f(\theta) = -\frac{m^*}{2\pi\hbar^2}\int e^{i(\boldsymbol{k}-\boldsymbol{k}')\cdot\boldsymbol{r}}\, V(\boldsymbol{r})\, d\boldsymbol{r}$$

$$= -\frac{m^*}{2\pi\hbar^2}\,\hat{v}_{\mathrm{a}}(\boldsymbol{k}-\boldsymbol{k}')\sum_{l}\{e^{i(\boldsymbol{k}-\boldsymbol{k}')\cdot\boldsymbol{R}_l} - e^{i(\boldsymbol{k}-\boldsymbol{k}')\cdot\boldsymbol{l}}\} \qquad (7.48)$$

となる．ただし，$\hat{v}_{\mathrm{a}}(\boldsymbol{k}) = \int v_{\mathrm{a}}(\boldsymbol{r})e^{i\boldsymbol{k}\cdot\boldsymbol{r}}\,d\boldsymbol{r}$ は $v_{\mathrm{a}}(\boldsymbol{r})$ のフーリエ変換である．

変位 $\boldsymbol{u}_l$ と原子位置 $\boldsymbol{R}_l$ とは，

$$\boldsymbol{R}_l = \boldsymbol{l} + \boldsymbol{u}_l = \boldsymbol{l} + \sum_{q}\boldsymbol{U}_q\, e^{i\boldsymbol{q}\cdot\boldsymbol{l}} = \boldsymbol{l} + \sum_{q}\boldsymbol{U}_q{}^* e^{-i\boldsymbol{q}\cdot\boldsymbol{l}} \qquad (7.49)$$

の関係がある．第 2, 3 式の等号関係は，変位 $\boldsymbol{u}_l$ を種々のフォノンの重ね合わせとして $\boldsymbol{u}_l = \sum_{q}\boldsymbol{U}_q\, e^{i\boldsymbol{q}\cdot\boldsymbol{l}}$ のように表したものである．ここで，変位は実数であるから

$$\boldsymbol{U}_{-q} = \boldsymbol{U}_q{}^* \qquad (7.50)$$

の関係があることに注意しよう．

(7.48) の第 2 式の｛　｝の因子を評価してみよう．一般にフォノンによる変位は小さい量であるから，$e^{-i\Delta\boldsymbol{k}\cdot\boldsymbol{R}_l} \cong e^{-i\Delta\boldsymbol{k}\cdot\boldsymbol{l}} \times e^{-i\Delta\boldsymbol{k}\cdot\boldsymbol{u}_l} \cong e^{-i\Delta\boldsymbol{k}\cdot\boldsymbol{l}}(1 - i\Delta\boldsymbol{k}\cdot\boldsymbol{u}_l)$ であることを利用して

$$\frac{1}{N}\sum_{l}(e^{-i\Delta\boldsymbol{k}\cdot\boldsymbol{R}_l} - e^{-i\Delta\boldsymbol{k}\cdot\boldsymbol{l}}) \cong \frac{1}{N}\sum_{l}\{e^{-i\Delta\boldsymbol{k}\cdot\boldsymbol{l}}(1 - i\Delta\boldsymbol{k}\cdot\sum_{q}\boldsymbol{U}_q{}^* e^{-i\boldsymbol{q}\cdot\boldsymbol{l}}) - e^{-i\Delta\boldsymbol{k}\cdot\boldsymbol{l}}\}$$

$$= -i\sum_{G}\sum_{q}\Delta\boldsymbol{k}\cdot\boldsymbol{U}_q{}^*\,\delta(\Delta\boldsymbol{k} + \boldsymbol{q} - \boldsymbol{G}) \qquad (7.51)$$

の近似が成立する．ただし，ここで散乱前後の波数ベクトルの差を $\Delta\boldsymbol{k} = \boldsymbol{k}' - \boldsymbol{k}$ と表した．また，

$$\sum_{l} e^{-i\Delta\boldsymbol{k}\cdot\boldsymbol{l}} = \begin{cases} 0 & (\Delta\boldsymbol{k} \neq \boldsymbol{G}) \\ N & (\Delta\boldsymbol{k} = \boldsymbol{G}) \end{cases} \qquad (\boldsymbol{G}\ \text{は任意の逆格子ベクトル})$$

$$(7.52)$$

の関係を用いた．この式の証明は，第 3 章の演習問題［7］で行なった．

(7.51) を (7.48) に代入すると，散乱振幅について次の表現を得る．

$$f(\theta) = \frac{m^*}{2\pi\hbar^2}\, \hat{v}_{\mathrm{a}}(\varDelta \boldsymbol{k}) \times (Ni \sum_{\boldsymbol{G}} \varDelta \boldsymbol{k} \cdot \boldsymbol{U}^*_{\boldsymbol{G}-\varDelta \boldsymbol{k}})$$
$$\cong \frac{Nim^*}{2\pi\hbar^2}\, \hat{v}_{\mathrm{a}}(\varDelta \boldsymbol{k})\, \varDelta \boldsymbol{k} \cdot \boldsymbol{U}_{\varDelta \boldsymbol{k}} \tag{7.53}$$

上の第1式では逆格子ベクトル $\boldsymbol{G}$ についての和が現れるが，多くの場合 $\boldsymbol{G} \neq \boldsymbol{0}$ の項（ウムクラップとよばれる過程に対応する項）は，$\boldsymbol{G} = \boldsymbol{0}$ の項に比べて小さいので，それらを無視すれば第2式が得られる．このとき，(7.51) より $\varDelta \boldsymbol{k} + \boldsymbol{q} = \boldsymbol{0}$，すなわち $\hbar \boldsymbol{k}' = \hbar \boldsymbol{k} - \hbar \boldsymbol{q}$ であるが，図7.8に示すように，これは入射電子の運動量が，放出したフォノンの運動量 $\hbar \boldsymbol{q}$ だけ減少したことを意味する．簡単のため，ウムクラップ過程を無視すると，散乱振幅の絶対値の2乗は次のように与えられる．

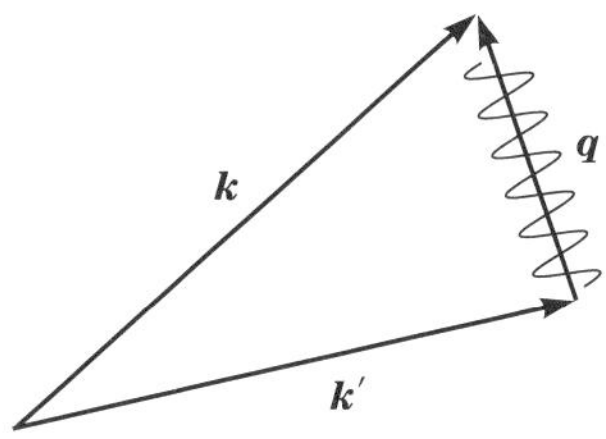

図7.8　フォノン $\boldsymbol{q}$ を放出して $\boldsymbol{k} \to \boldsymbol{k}'$ となるときの波数の間の関係

$$|f(\theta)|^2 = N^2\, \sigma_{\mathrm{a}}(\boldsymbol{q})\, |\boldsymbol{q} \cdot \boldsymbol{U}_{\boldsymbol{q}}|^2 \tag{7.54}$$

ここで，この原子が真空中に1個あるときの微分散乱断面積 $\sigma_{\mathrm{a}}(\boldsymbol{q})$ を

$$\sigma_{\mathrm{a}}(\boldsymbol{q}) = \left(\frac{m^*}{2\pi\hbar^2}\right)^2 |\,\hat{v}_{\mathrm{a}}(|\boldsymbol{q}|)|^2 \tag{7.55}$$

とおいた．散乱前後の波数ベクトルの大きさの差 $|\boldsymbol{q}|$ は，散乱角 θ を用いて

$$|\boldsymbol{q}| = 2k_{\mathrm{F}} \sin\frac{\theta}{2} = q \tag{7.56}$$

で与えられる．

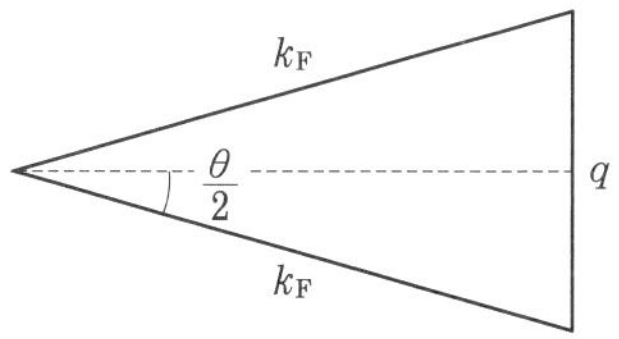

図7.9　散乱角 θ とフォノン波数の大きさ q との関係

具体的に散乱断面積を評価するために，$\langle N|\boldsymbol{q} \cdot \boldsymbol{U}_{\boldsymbol{q}}|^2\rangle$ のおよその見積もりを行なってみよう．(7.22) から

$$\boldsymbol{U}_q = \frac{1}{\sqrt{N}} \sum_\lambda Q_\lambda(\boldsymbol{q})\, \boldsymbol{C}_\lambda(\boldsymbol{q}) \tag{7.57}$$

と書かれることに注意すれば，この量は

$$\begin{aligned}\langle N|\boldsymbol{q}\cdot\boldsymbol{U}_q|^2\rangle &= \sum_{\lambda,\mu} \{\boldsymbol{q}\cdot\boldsymbol{C}_\lambda(\boldsymbol{q})\}\{\boldsymbol{q}\cdot\boldsymbol{C}_\mu{}^*(\boldsymbol{q})\}\langle Q_\mu(\boldsymbol{q})\, Q_\lambda(\boldsymbol{q})\rangle \\ &= \sum_\lambda |\boldsymbol{q}\cdot\boldsymbol{C}_\lambda(\boldsymbol{q})|^2 \langle Q_\lambda{}^2(\boldsymbol{q})\rangle \\ &\cong \sum_\lambda \frac{\hbar}{M\,\omega_\lambda(\boldsymbol{q})} |\boldsymbol{q}\cdot\boldsymbol{C}_\lambda(\boldsymbol{q})|^2 \langle b_\lambda^\dagger(\boldsymbol{q})\, b_\lambda(\boldsymbol{q})\rangle \end{aligned} \tag{7.58}$$

のように，波数 $\boldsymbol{q}$，モード λ のフォノンの数の期待値によって表すことができる．[†] ここで異なるモード λ と $\mu\,(\lambda \neq \mu)$ の間では相関がなく $\langle Q_\mu(\boldsymbol{q})\, Q_\lambda(\boldsymbol{q})\rangle = 0$ となることを用いた．また同じモードの間では，［例題 7.1］に示したように $Q_\lambda(\boldsymbol{q})$ を $b_\lambda(\boldsymbol{q})$, $b_\lambda^\dagger(\boldsymbol{q})$ で表し，$\langle b_\lambda{}^2(\boldsymbol{q})\rangle = 0$, $\langle\{b_\lambda^\dagger(\boldsymbol{q})\}^2\rangle = 0$ などの関係を用いた．フォノンの数は (7.36) のボース分布に従うので，結局これは

$$\langle N|\boldsymbol{q}\cdot\boldsymbol{U}_q|^2\rangle = \sum_\lambda \frac{\hbar|\boldsymbol{q}\cdot\boldsymbol{C}_\lambda(\boldsymbol{q})|^2}{M\,\omega_\lambda(\boldsymbol{q})} \frac{1}{\exp\left\{\dfrac{\hbar\omega_\lambda(\boldsymbol{q})}{k_B T}\right\} - 1} \tag{7.59}$$

のように評価されることがわかる．

ここで，$|\boldsymbol{q}\cdot\boldsymbol{C}_\lambda(\boldsymbol{q})|$ という因子は，変位が波数と直交する横波に対してはゼロになり，縦波だけが有限の値をもつことに注意しよう．低温でなければ，ボース分布関数は

$$\frac{1}{\exp\left\{\dfrac{\hbar\omega_\lambda(\boldsymbol{q})}{k_B T}\right\} - 1} \sim \frac{k_B T}{\hbar\omega_\lambda(\boldsymbol{q})} \tag{7.60}$$

と近似できるので，

---

† より正確な理論によれば，ゼロ点振動による寄与はないことが知られているので，最後の式ではこれを省いている．

$$\langle N\,|\boldsymbol{q}\cdot\boldsymbol{U}_q|^2\rangle \approx \frac{k_B T q^2}{M\,\omega_l{}^2(\boldsymbol{q})} \approx \frac{k_B T}{M c_l{}^2} \tag{7.61}$$

と見積もることができる．ここで $\omega_l(\boldsymbol{q})$, c_l は縦波フォノンの角振動数とその音速である．この結果は［例題 7.1］と［例題 7.2］でみたように，温度に比例して各原子の熱ゆらぎの振幅の 2 乗が増大することと対応するものである．

さて，(7.60) と (7.61) を第 6 章の関係式 (6.67) に代入すれば，フォノンとの衝突による電子の平均自由行程 l_{latt} は

$$\frac{1}{l_{\text{latt}}} = N\bar{\sigma}_a \frac{k_B T}{M c_l{}^2} \tag{7.62}$$

で与えられることがわかる．ただし，

$$\bar{\sigma}_a = 2\pi \int \sigma_a(\boldsymbol{q})\,(1-\cos\theta)\sin\theta\,d\theta \tag{7.63}$$

は，原子の全散乱断面積である．

第 6 章では不純物原子による散乱時間 τ_{imp} を評価したが，本章では (7.62) の l_{latt} によってフォノンによる散乱時間 $\tau_{\text{latt}} = l_{\text{latt}}/v_F$ が決定できることがわかった．この 2 つの散乱メカニズムは独立事象であるから，2 つの効果がともにあるときの全体としての散乱時間 τ と平均自由行程 l は

$$\frac{1}{\tau} = \frac{1}{\tau_{\text{imp}}} + \frac{1}{\tau_{\text{latt}}}, \qquad \frac{1}{l} = \frac{1}{l_{\text{imp}}} + \frac{1}{l_{\text{latt}}} \tag{7.64}$$

によって与えられる．ただし，imp, latt の添字は，それぞれ不純物およびフォノンによって決定される平均自由行程を意味する．

また，全体としての抵抗率 ρ は

$$\rho = \rho_{\text{imp}} + \rho_{\text{latt}}, \qquad \rho_{\text{imp}} = \frac{m v_F}{n e^2 l_{\text{imp}}}, \qquad \rho_{\text{latt}} = \frac{m v_F}{n e^2 l_{\text{latt}}} \tag{7.65}$$

で与えられる．高温での抵抗率は主にフォノンによって決定され，ほぼ温度 T に比例する．これは熱振動，すなわち熱励起されたフォノンによる原子の振動振幅の 2 乗（散乱体としての的の大きさ）が温度に比例するからであ

る．一方，低温では第 6 章に述べた不純物散乱による抵抗が支配的となる．

低温でのフォノンによる電気抵抗を求めるには，(7.59) の右辺を近似なしに用いなければならない．したがって，

$$\langle N|\boldsymbol{q}\cdot\boldsymbol{U}_q|^2\rangle \approx \frac{k_\mathrm{B}T}{Mc_\mathrm{l}^2}\frac{\dfrac{\hbar\omega_\mathrm{l}(\boldsymbol{q})}{k_\mathrm{B}T}}{\exp\left\{\dfrac{\hbar\omega_\mathrm{l}(\boldsymbol{q})}{k_\mathrm{B}T}\right\}-1} \tag{7.66}$$

という関係を利用する．(7.66) の右辺の最後の因子は，$\hbar\omega_\mathrm{l}(\boldsymbol{q}) > k_\mathrm{B}T$ では極めて小さくなる．この因子を $\sigma_\mathrm{a}(\boldsymbol{q})$ に掛けたとすると，デバイ模型のように $\hbar\omega_\mathrm{l}(\boldsymbol{q})$が等方的な場合，(7.63) の $\bar{\sigma}_\mathrm{a}$ は実効的に

$$\bar{\sigma}_\mathrm{a} \cong 2\pi\int_0^{\theta_\mathrm{c}}\sigma_\mathrm{a}\left(2k_\mathrm{F}\sin\frac{\theta}{2}\right)(1-\cos\theta)\sin\theta\, d\theta \tag{7.67}$$

のように表さなければならない．ここで積分変数の θ は，図 7.9 に示す電子の散乱角で，q の大きさとは $q = |\boldsymbol{q}| = 2k_\mathrm{F}\sin(\theta/2)$ と関係している．(7.67) における積分の上限は，$\hbar\omega_\mathrm{l}(\boldsymbol{q}) \cong \hbar c_\mathrm{l}q = k_\mathrm{B}T$ となるような**カットオフ角度** θ_c にされている．低温では電子の散乱角 θ が，カットオフ角度 θ_c よりも大きくなる散乱は，これを引き起こすフォノンのエネルギーが熱エネルギー $k_\mathrm{B}T$ より大きくなって非常に起こりにくくなり，無視できるからである．θ_c は低温では $\omega_\mathrm{D}/c_\mathrm{l} = q_\mathrm{D}$ として

$$\theta_\mathrm{c} \approx \frac{q_\mathrm{D}T}{k_\mathrm{F}\Theta} \tag{7.68}$$

の関係で与えられる．したがって，(7.67) はおよそ

$$\bar{\sigma}_\mathrm{a} \cong \frac{\pi}{4}\sigma_\mathrm{a}(0)\left(\frac{q_\mathrm{D}T}{k_\mathrm{F}\Theta}\right)^4 \tag{7.69}$$

のように振舞い，(7.62) の平均自由行程は温度 T の 5 乗に逆比例して長くなる．このように，低温ではフォノンによる抵抗は非常に小さくなることがわかる．

演習問題

［1］ 質量 m の原子が，ばね定数 k のばねで等間隔 a で結び合った1次元結晶の格子振動を求めよ．

［2］ 図7.4で，2種類の原子が同じ質量である場合 ($m^{(1)} = m^{(2)} = m$) は，格子振動の波の分散はどうなるかを調べよ．また，［1］の系でのフォノン分散との関連を述べよ．

［3］ 調和振動子の波動方程式

$$\left(-\frac{\hbar^2}{2m}\frac{d^2}{dx^2} + \frac{m\omega^2}{2}x^2\right)u_n(x) = E_n\, u_n(x)$$

を満たす固有関数 $u_n(x)$ は，第1章で学んだように n 次のエルミート多項式によって (1.71) で与えられる．この固有関数にフォノンの生成（消滅）演算子に対応する演算 ((7.25)，(7.26)) を行なうと，どのような関数が得られるか．

［4］ (7.29) で与えられる調和振動子のハミルトニアン

$$H = \frac{P^2}{2M} + \frac{M\omega^2 Q^2}{2}$$

を生成・消滅演算子

$$b^\dagger = \frac{P + iM\omega Q}{\sqrt{2\hbar M\omega}}, \qquad b = \frac{P - iM\omega Q}{\sqrt{2\hbar M\omega}}$$

で表すと，

$$H = \hbar\omega\left(b^\dagger b + \frac{1}{2}\right)$$

となることを示せ．

［5］ フォノンが1個も存在しない状態 $\boldsymbol{u}_0$ が規格化されているとき，$\boldsymbol{u}_n = 1/\sqrt{n\,!}(b^\dagger)^n\boldsymbol{u}_0\ (n = 1, 2, \cdots)$ も規格化されていることを示せ．また，$|n\rangle = \boldsymbol{u}_n$ と表すとき，次の行列要素を求めよ．

（1） $\langle n+1|b^\dagger|n\rangle$

（2） $\langle n-1|b|n\rangle$

8 半導体の電気伝導

第6章では，金属の電気伝導について学んだが，本章では半導体の電気伝導の基礎を学ぶ．半導体では，温度によって，また導入する不純物によって電気を運ぶキャリア（電子とホール（正孔））の密度が強く影響を受けるが，この性質は一方，種々の半導体デバイスを可能とする機能を導く．この例を簡単な pn 接合について考察しよう．

§8.1 半導体のキャリア密度 ― 真性半導体 ―

半導体のバンド構造を簡単な模型で示すと図 8.1 のようになる．伝導帯と価電子帯のエネルギーバンド $E_c(\boldsymbol{k})$, $E_v(\boldsymbol{k})$ を (8.1) と (8.2) のように仮定し，温度 T において励起されている電子とホールの密度を決定しよう．

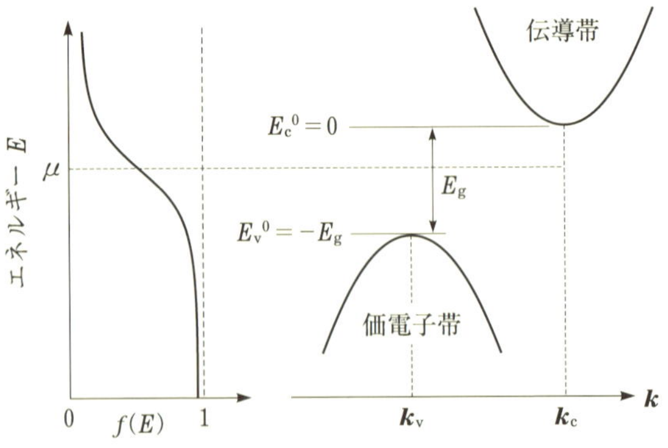

図 8.1 半導体のバンドとフェルミ分布関数

$$E_{\mathrm{c}}(\boldsymbol{k}) = \frac{\hbar^2}{2m_{\mathrm{e}}^*}(\boldsymbol{k} - \boldsymbol{k}_{\mathrm{c}})^2 \tag{8.1}$$

$$E_{\mathrm{v}}(\boldsymbol{k}) = -E_{\mathrm{g}} - \frac{\hbar}{2m_{\mathrm{h}}^*}(\boldsymbol{k} - \boldsymbol{k}_{\mathrm{v}})^2 \tag{8.2}$$

ここで m_{e}^* と m_{h}^* はそれぞれ電子とホール（正孔）の有効質量（$m_{\mathrm{e}}^* > 0$, $m_{\mathrm{h}}^* > 0$），E_{g} はバンドギャップの大きさ，$\boldsymbol{k}_{\mathrm{c}}$ と $\boldsymbol{k}_{\mathrm{v}}$ はそれぞれ伝導帯の底および価電子帯の頂上の波数空間における位置である．またエネルギーの原点は，伝導帯の底にとった．現実の半導体では，同じエネルギーの伝導帯の底が複数ある場合も生じるが，本章での議論の本質には影響しないので，1つだけの場合を仮定しておく．

これらのバンドに収容されている電子の密度は，フェルミ（Fermi）分布によって定まる．すなわち，量子統計力学の原理によれば，エネルギー E の状態が電子に占有される確率 $f(E)$ は次の式で与えられる．

$$f(E) = \frac{1}{e^{(E-\mu)/k_{\mathrm{B}}T} + 1} \tag{8.3}$$

ここで $\mu = E_{\mathrm{F}}$ はフェルミ準位であるが，電子の**化学ポテンシャル**ともよばれる．半導体中に不純物が含まれない真性半導体の場合には，μ の値は，電子数とホール数とが一致する条件によって決まる．

フェルミ準位 μ の位置はバンドギャップの中にあるので，伝導帯の電子については $f(E)$ は小さな値

$$f(E) \approx e^{-(E-\mu)/k_{\mathrm{B}}T}, \qquad E \geqq E_{\mathrm{c}}{}^0 = 0 \tag{8.4}$$

をとり，エネルギーの増加とともに減少する．一方，価電子帯については，1に近い値

$$f(E) \approx 1 - e^{(E-\mu)/k_{\mathrm{B}}T}, \qquad E \leqq E_{\mathrm{v}}{}^0 = -E_{\mathrm{g}} < 0 \tag{8.5}$$

をとり，$E - \mu < 0$ なので1との差はエネルギーが低くなるとゼロに近くなる．この1との差 $e^{(E-\mu)/k_{\mathrm{B}}T}$ はホール（正孔）の存在する確率であるが，0と1の中間の値をとり，エネルギーが低下するにつれて急に小さくなる．

半導体中の単位体積当りの電子の数 n は，$k = |\boldsymbol{k} - \boldsymbol{k}_{\mathrm{c}}|$ による積分で

$$n = \frac{2}{8\pi^3}\int_0^\infty \exp\left(-\frac{\dfrac{\hbar^2k^2}{2m_e{}^*} - \mu}{k_BT}\right) 4\pi k^2\, dk$$

$$= \frac{e^{\mu/k_BT}}{\pi^2}\int_0^\infty \exp\left(-\frac{\hbar^2k^2}{2m_e{}^*k_BT}\right) k^2\, dk$$

$$= \frac{e^{\mu/k_BT}}{2\pi^2}\left(\frac{2m_e{}^*k_BT}{\hbar^2}\right)^{3/2}\int_{-\infty}^\infty e^{-x^2}x^2\, dx$$

$$= N_c(T)\, e^{\mu/k_BT} \tag{8.6}$$

と与えられる．ここで

$$N_c(T) = \frac{1}{4}\left(\frac{2m_e{}^*k_BT}{\pi\hbar^2}\right)^{3/2} \tag{8.7}$$

は，伝導帯の**有効状態密度**とよばれる．熱的に励起されている電子波の平均的な波長 λ_T は

$$\frac{\hbar^2}{2m_e{}^*}\left(\frac{2\pi}{\lambda_T}\right)^2 \approx k_BT \tag{8.8}$$

で与えられるが，この長さの指標を用いると有効状態密度は

$$N_c(T) = 2\left(\frac{\sqrt{\pi}}{\lambda_T}\right)^3 \tag{8.9}$$

となることに注意しておこう．

次に，(8.5) よりホール（正孔）状態の存在確率が

$$e^{(E-\mu)k_BT} = \exp\left(-\frac{E_g + \mu}{k_BT}\right)\exp\left\{\frac{-\dfrac{\hbar^2}{2m_h{}^*}(\boldsymbol{k} - \boldsymbol{k}_v)^2}{k_BT}\right\} \tag{8.10}$$

と書けることから，(8.6) と同じような計算を行ない，ホールの密度 p は

$$p = N_v(T)\, e^{-(\mu+E_g)/k_BT} \tag{8.11}$$

となる．ここで $N_v(T)$ は価電子帯の有効状態密度であり，

$$N_v(T) = \frac{1}{4}\left(\frac{2m_h{}^*k_BT}{\pi\hbar^2}\right)^{3/2} \tag{8.12}$$

と表すことができる．

(8.6) と (8.11) から，次の一般的な関係

$$np = N_{\mathrm{c}}(T)\,N_{\mathrm{v}}(T)\,e^{-E_{\mathrm{g}}/k_{\mathrm{B}}T} \tag{8.13}$$

が示される．特に，真性半導体では電子とホールの数は等しいので ($n = p$)，

$$n = p = \sqrt{N_{\mathrm{c}}(T)\,N_{\mathrm{v}}(T)}\,e^{-E_{\mathrm{g}}/2k_{\mathrm{B}}T} \tag{8.14}$$

となる．フェルミ準位 (化学ポテンシャル) μ は，この式と (8.6) が一致することから

$$\mu = -\frac{E_{\mathrm{g}}}{2} + \frac{3k_{\mathrm{B}}T}{4}\ln\frac{m_{\mathrm{h}}{}^*}{m_{\mathrm{e}}{}^*} \tag{8.15}$$

のように求められる．第 2 項は第 1 項に比べて大きくないので，真性半導体のフェルミ準位はバンドギャップのほぼ中央に近い位置にあると思ってよい．シリコンなどでも E_{g} の値は温度に換算して 1 万度に近いから，真性半導体のキャリア数は少ない．

半導体をデバイスなどに応用するには，よりキャリア密度を大きくすることと，電子がホールに比べて多い半導体 (n 型半導体)，逆にホールが電子に比べて多い半導体 (p 型半導体) をつくる必要がある．これらは，次節に述べる不純物をドープした不純物半導体によって実現される．

§8.2　不純物半導体のキャリア密度

不純物半導体として，第 5 章で述べたようなドナーまたはアクセプターをドープした半導体を考えよう．アクセプターについても事情は同じなので，簡単のためにドナーをドープした半導体を考え，そこでの電子とホールの密度を見積もってみる．

ある 1 つのドナーには，電子が束縛されていないか，上向き (↑) または下向き (↓) スピンの電子のいずれかが 1 個束縛されているかという 3 通り

束縛される電子の状況	電子数	エネルギー
束縛されない	0	0
1つの↑スピン電子	1	E_d
1つの↓スピン電子	1	E_d

の場合がある．それらに対応するエネルギーは，上の表のようになる．

ただし，E_d は伝導帯の底から測ったドナー準位の位置である（$E_\mathrm{d} < 0$）．また，電子間のクーロン反発力によって，2個の電子が1つのドナーに束縛されることはないとする．このドナーに含まれる電子数 n の期待値 $\langle n \rangle$ は，E_i, n_i $(i = 1, 2, 3)$ を，上の表に記す3つの状態のエネルギーとドナーに束縛された電子数として，

$$\langle n \rangle = \frac{\sum_{i=1}^{3} n_i \, e^{-\beta(E_i - \mu n_i)}}{\sum_{i=1}^{3} e^{-\beta(E_i - \mu n_i)}}$$

と与えられる．ただし，$\beta = 1/k_\mathrm{B} T$ である．したがって，

$$\begin{aligned}\langle n \rangle &= \frac{2e^{-\beta(E_\mathrm{d} - \mu)}}{1 + 2e^{-\beta(E_\mathrm{d} - \mu)}} \\ &= \frac{1}{1 + \dfrac{1}{2} e^{\beta(E_\mathrm{d} - \mu)}} \end{aligned} \tag{8.16}$$

であり，ドナーの密度を N_d とすれば，それに束縛されている電子の密度は

$$n_\mathrm{d} = \frac{N_\mathrm{d}}{1 + \dfrac{1}{2} e^{\beta(E_\mathrm{d} - \mu)}} \tag{8.17}$$

となる．一方，ドナーの束縛を離れて伝導帯中に励起された電子数は正イオンになったドナーの密度と同じで，

$$n_\mathrm{d}{}^{+} = N_\mathrm{d} - n_\mathrm{d} = \frac{N_\mathrm{d}}{1 + 2e^{-\beta(E_\mathrm{d} - \mu)}} \tag{8.18}$$

のようになる．

上記のドナーから発生して伝導帯に励起された電子を考えると，キャリアであるホールの密度 (p) と電子の密度 (n) の関係は

$$n = n_d^+ + p \tag{8.19}$$

となるべきである．ただし，n と p とは，それぞれ (8.6) と (8.11) によって与えられる．(8.19) はフェルミ準位 μ がある特別な値のときに成り立つので，これを利用して μ が決定される．すなわち，μ のエネルギー位置が下がるにつれて n は指数関数的に減少するが，一方，右辺の p は指数関数的に増大する．また，始め n_d^+ は，μ がゼロから E_d まで下がるまでは急激に増加するが，μ が E_d より低下するとほぼ一定値 (N_d) をとる．

(8.19) の左辺と右辺を μ の関数として，対数目盛りでプロットしたものが図 8.2 である．この 2 つの曲線の交点として現実の μ が定まる．高温の場合を除いて，ホールの密度 (右辺) は伝導帯の底付近での急激な低下および価電子帯の頂上付近での急激な上昇で特徴づけられる．μ がその中間のエネルギー領域にある場合，$n_d^+ + p$ の値がほぼ一定になる．この領域ではほとんどすべてのドナーがイオン化しているが，価電子帯のホールの密度は無視できるほど小さいことがわかる．これを**出払い領域**とよぶ．一方，(8.19) の左辺の電子密度は右上がりの直線なので，室温程度では両者の交点は出払い領域にくる．このときのフェルミ準位は，電子密度 n がほぼ N_d であることを考慮して，(8.6) の左辺を N_d とおいて

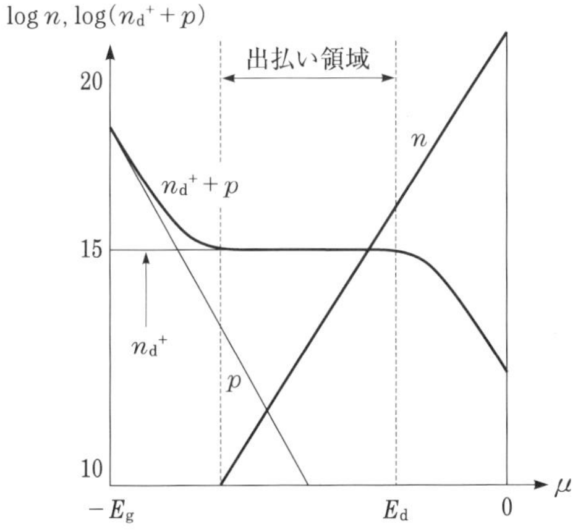

図 8.2　不純物半導体のキャリア濃度（1cm³ 当り）

$$\mu = k_B T \ln \frac{N_d}{N_c(T)} \tag{8.20}$$

で与えられる．

低温の場合には，交点は出払い領域よりも伝導帯の底近くにくるため，この点でのドナーのイオン化は完全には起こらない．具体的には，フェルミ準位と電子密度は

$$\mu = \frac{E_d}{2} + \frac{k_B T}{2} \ln \frac{N_d}{2N_c(T)} \tag{8.21}$$

$$n = \sqrt{\frac{N_d N_c(T)}{2}}\, e^{E_d/2k_B T} \tag{8.22}$$

のように与えられる（[例題 8.1]）．これはドナーから少数の電子が伝導帯に熱励起されている状況に対応している．逆に，温度がかなり高いときには，(8.19) の右辺の 2 つの寄与のうち p からの寄与が常に $n_d{}^+$ による寄与より大きくなる．この状況は，真性半導体の場合と同じである．

[例題 8.1]　電子の化学ポテンシャルが不純物準位より高ければ，(8.18) より $n \approx (N_d/2)e^{\beta(E_d-\mu)}$ となる．このことから (8.21)，(8.22) の関係式を導け．

[解]　$n = N_c(T)\, e^{\mu/k_B T} = (N_d/2)e^{(E_d-\mu)/k_B T}$ から $e^{2\mu/k_B T} = \{N_d/2N_c(T)\}e^{E_d/k_B T}$ となる．この式から (8.21) はすぐに得られる．また，この式の平方根に $N_c(T)$ を掛けると，(8.22) が得られる．

§8.3　半導体の電気伝導度

第 6 章では主に金属の場合について電気伝導を考察したが，この節では結晶としての半導体の電気伝導度について述べよう．出発点は (6.16) であるが，これを第 6 章で行なったように変形して電気伝導度 σ を次のように表す．

$$\sigma = \frac{e^2}{4\pi^3\hbar}\int_{-\infty}^{\infty}\left(-\frac{\partial f^0}{\partial E}\right)\left(\iint_{E_n(\boldsymbol{k})=E} \tau\, \frac{\boldsymbol{v}_{\boldsymbol{k}}\boldsymbol{v}_{\boldsymbol{k}}}{|\boldsymbol{v}_{\boldsymbol{k}}|}\, dS\right) dE \tag{8.23}$$

2 重積分は，エネルギーバンドの等エネルギー面（$E_n(\boldsymbol{k}) = E$）上の面積

分である．金属の場合には，エネルギー積分はフェルミ準位領域の寄与が圧倒的に大きいので，$-\partial f^0/\partial E = \delta(E - E_{\mathrm{F}})$ とおき，フェルミ面だけの積分から伝導度が決まった．半導体ではフェルミ面は存在しないので，このような状況にならないために，エネルギーについての積分を残しておかなければならない．したがって，等エネルギー面上での2重積分（面積分）は，すべてのエネルギーについて必要となる．電子とホールが両方存在するときには，価電子帯と伝導帯の両方から積分への寄与がある．

議論を簡単にするために等方的な系を考え，(8.23) の伝導度テンソルは実質的にはスカラー量で，電気伝導度の値 σ と単位行列との積であるとしよう．また，電子またはホールの1つのバンドの場合を考えよう．バンドが複数あるときは，それらの寄与を足し合わせるだけでよいからである．

さて，x, y, z のいずれかの方向の $\boldsymbol{v}_k\boldsymbol{v}_k$ の対角成分は，$\boldsymbol{v}_k$ がこの方向となす角度を θ として，その値は $(2E/m_{\mathrm{e}}^*)\cos^2\theta$（電子の場合），または $(2|E + E_{\mathrm{g}}|/m_{\mathrm{h}}^*)\cos^2\theta$（ホールの場合）である．ただし，エネルギーの原点はいずれもバンド端（電子については0，ホールについては $-E_{\mathrm{g}}$）にあり，ホールの有効質量 m_{h}^* の符号は正にとる．また，バンドの状態密度 $D(E)$ は第6章の演習問題［1］でみたように，

$$D(E) = \frac{2}{8\pi^3\hbar}\iint_{E_n(\boldsymbol{k})=E}\frac{1}{|\boldsymbol{v}_k|}\,dS \tag{8.24}$$

である．以上から (8.23) の2重積分は電子の場合には，次のように計算できる．

$$\frac{1}{4\pi^3\hbar}\iint_{E_n(\boldsymbol{k})=E}\frac{\tau\boldsymbol{v}_k\boldsymbol{v}_k}{|\boldsymbol{v}_k|}\,dS = \tau\overline{\boldsymbol{v}_k\boldsymbol{v}_k}\times\frac{1}{4\pi^3\hbar}\iint_{E_n(\boldsymbol{k})=E}\frac{dS}{|\boldsymbol{v}_k|} = \frac{2\tau E}{3m_{\mathrm{e}}^*}D(E)$$

ただし，$\overline{\boldsymbol{v}_k\boldsymbol{v}_k} = (2E/m_{\mathrm{e}}^*)\overline{\cos^2\theta} = 2E/3m_{\mathrm{e}}^*$ は球面（フェルミ面）上の平均値である$\left(\overline{\cos^2\theta} = \dfrac{1}{4\pi}\displaystyle\int_0^{\pi}\int_0^{2\pi}\cos^2\theta\sin\theta\,d\theta\,d\phi = \dfrac{1}{3}\right)$．ホールの場合も，ほぼ同様である．したがって，電気伝導度 σ の値は (8.1)，(8.2) のようなバンド構造に対しては，次のようになる．

$$
\begin{aligned}
\sigma &= \frac{2e^2}{3m_\mathrm{e}^*}\int_0^\infty \tau E\left(-\frac{\partial f^0}{\partial E}\right)D(E)\,dE && \text{（電子の場合）}\\
\sigma &= \frac{2e^2}{3m_\mathrm{h}^*}\int_{-\infty}^{-E_\mathrm{g}} \tau|E+E_\mathrm{g}|\left(-\frac{\partial f^0}{\partial E}\right)D(E)\,dE && \text{（ホールの場合）}
\end{aligned}
\tag{8.25}
$$

(8.25) を，このバンドのキャリア（電子およびホール）密度

$$
\left.
\begin{aligned}
n &= \int_0^\infty f^0(E)\,D(E)\,dE && \text{（電子の場合）}\\
p &= \int_{-\infty}^{-E_\mathrm{g}} \{1-f^0(E)\}\,D(E)\,dE && \text{（ホールの場合）}
\end{aligned}
\right\}
\tag{8.26}
$$

を用いて，

$$
\sigma = \frac{ne^2\langle\tau\rangle}{m_\mathrm{e}^*}\quad\text{（電子）},\qquad \sigma = \frac{pe^2\langle\tau\rangle}{m_\mathrm{h}^*}\quad\text{（ホール）}
\tag{8.27}
$$

と表すと便利である．ただし，ここではキャリアの緩和時間 τ はエネルギーの関数 $\tau(E)$ で与えられると仮定しているが，その期待値 $\langle\tau\rangle$ は，電子とホールのそれぞれの場合について

$$
\left.
\begin{aligned}
\langle\tau\rangle &= \frac{\dfrac{2}{3}\displaystyle\int_0^\infty \tau E\left(-\frac{\partial f^0}{\partial E}\right)D(E)\,dE}{\displaystyle\int_0^\infty f^0(E)\,D(E)\,dE} && \text{（電子の場合）}\\
&\text{または}\\
\langle\tau\rangle &= \frac{\dfrac{2}{3}\displaystyle\int_{-\infty}^{-E_\mathrm{g}} \tau|E+E_\mathrm{g}|\left(-\frac{\partial f^0}{\partial E}\right)D(E)\,dE}{\displaystyle\int_{-\infty}^{-E_\mathrm{g}} \{1-f^0(E)\}\,D(E)\,dE} && \text{（ホールの場合）}
\end{aligned}
\right\}
\tag{8.28}
$$

で与えられる．$\tau(E)$ が一定値であるとすれば，$\langle\tau\rangle = \tau$ であることを確認できる．フェルミ分布関数 f^0 は温度をパラメータとして含むから，一般には $\langle\tau\rangle$ は温度に依存するが，その詳細は第6，7章で行なったような散乱過程によって決まってくる．

多くの場合，$\langle\tau\rangle$ の温度依存性はキャリア密度 n または p の温度依存性に

比べて弱いので，半導体の電気伝導度 σ の温度依存性の特徴はキャリア密度 n と p によって決まる．すでにみたように，真性半導体では n あるいは p は温度とともに $e^{-E_g/2k_BT}$ に比例して急激に増大するので，σ も同様の熱活性型の温度依存性を示す．例えば，n は不純物半導体の高温領域では (8.14) のように，低温領域では (8.22) のように振舞うので，σ もこの性質を反映する．この状況を図 8.3 に示した．金属の場合は室温程度以上では σ は温度に逆比例して減少していたが，半導体の電気伝導の特徴は，これとは反対に温度とともに増加する．

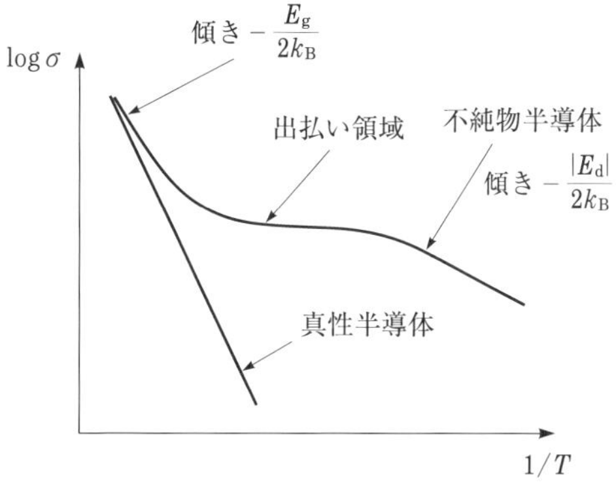

図 8.3 真性半導体と不純物半導体の伝導度と温度の関係

§8.4 ホール効果

n 型半導体では電子が電流を運ぶのに対して，p 型半導体ではホール（正孔）が電流を運ぶ．この 2 つの半導体の違いを見分けるためには，ホール効果を測定すればよい．**ホール効果**とは，電流と垂直に磁場を加えると，電流にも磁場にも垂直な方向に電場が発生する現象である．この電場の向きは

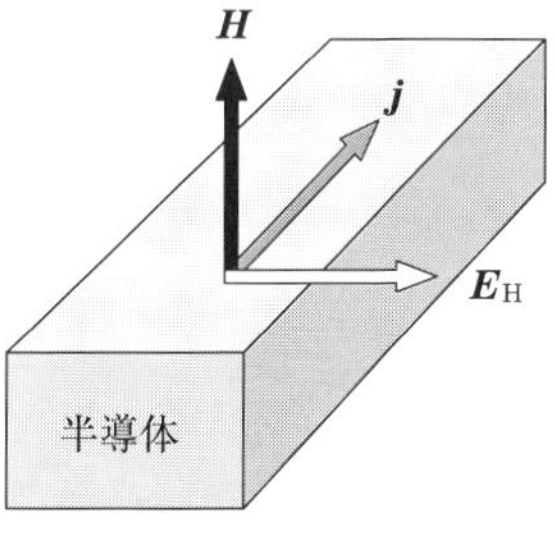

図 8.4 電子に対するホール電場 $\boldsymbol{E}_{\rm H}$ の向き（ホールに対するホール電場の向きは逆になる）

n 型と p 型とでは逆になる（図 8.4）．

電気伝導についての解析は第 6 章で行なったが，これを空間的に一様な系に磁場 $\boldsymbol{H}$ を加えた場合に拡張しよう．出発点となる方程式は，(6.2) で分布関数の空間微分を除いた式

$$\left.\frac{\partial f}{\partial t}\right|_{\mathrm{Drift}} = -\frac{\partial \boldsymbol{k}}{\partial t}\frac{\partial f}{\partial \boldsymbol{k}} = -\frac{e}{\hbar}\left(\boldsymbol{E} + \frac{1}{c}\boldsymbol{v}_k \times \boldsymbol{H}\right)\frac{\partial f}{\partial \boldsymbol{k}} \tag{8.29}$$

である．第 6 章と同じように，外場（$\boldsymbol{E}$ と $\boldsymbol{H}$）のない平衡系の分布関数を f^0，外場によって分布関数が変化した部分を $g_k\,(= f - f^0)$ とおくと，

$$\frac{\partial f}{\partial \boldsymbol{k}} = \frac{\partial f^0}{\partial E}\hbar \boldsymbol{v}_k + \frac{\partial g_k}{\partial \boldsymbol{k}} \tag{8.30}$$

となる．ただし，ここで (5.5) を用いた．これを (8.29) の右辺に代入すると，

$$-\frac{e}{\hbar}\left(\boldsymbol{E} + \frac{1}{c}\boldsymbol{v}_k \times \boldsymbol{H}\right)\frac{\partial f}{\partial \boldsymbol{k}} = -\frac{e}{\hbar}\boldsymbol{E}\frac{\partial f^0}{\partial E}\hbar \boldsymbol{v}_k - \frac{e}{\hbar c}\boldsymbol{v}_k \times \boldsymbol{H}\frac{\partial g_k}{\partial \boldsymbol{k}} \tag{8.31}$$

という関係が得られる．ただし，右辺で $\boldsymbol{E}\,\partial g_k/\partial \boldsymbol{k}$ に比例する項は高次の項なので省略した．

(8.29) の右辺に (8.31) を用い，第 6 章と同じように，(6.5) と緩和時間の仮定

$$\left.\frac{\partial f}{\partial t}\right|_{\mathrm{Drift}} = -\left.\frac{\partial f}{\partial t}\right|_{\mathrm{Scatt}} = \frac{1}{\tau}g_k \tag{8.32}$$

を利用すると，次の式が得られる．

$$e\boldsymbol{E}\cdot\boldsymbol{v}_k\left(-\frac{\partial f^0}{\partial E}\right) = \frac{g_k}{\tau} + \frac{e}{\hbar c}(\boldsymbol{v}_k \times \boldsymbol{H})\cdot\frac{\partial g_k}{\partial \boldsymbol{k}} \tag{8.33}$$

この方程式の解として，次の形を仮定しよう．

$$g_k = \tau \boldsymbol{v}_k\left(-\frac{\partial f^0}{\partial E}\right)\cdot e\tilde{\boldsymbol{E}} \tag{8.34}$$

ベクトル $\widetilde{\boldsymbol{E}}$ は磁場が加わった影響を受けた実効的な電場で，電流に比例するベクトルであるが，これについては後で明らかになる．さらにバンドの有効質量 m^* を用いて

$$\hbar \boldsymbol{k} = m^* \boldsymbol{v}_k \tag{8.35}$$

であると仮定しよう．ただし，この関係式においては価電子帯では m^* が負 $(m^* = -m_{\mathrm{h}}^* < 0)$ となることに注意しよう．(8.34) を (8.33) に代入し，条件 (8.35) を用いれば

$$\boldsymbol{v}_k \cdot \boldsymbol{E} = \boldsymbol{v}_k \cdot \widetilde{\boldsymbol{E}} + \frac{e\tau}{m^* c} (\boldsymbol{v}_k \times \boldsymbol{H}) \cdot \widetilde{\boldsymbol{E}} \tag{8.36}$$

となり，これより次の関係が得られる．

$$\boldsymbol{E} = \widetilde{\boldsymbol{E}} + \frac{\omega_{\mathrm{c}}\tau}{H} \boldsymbol{H} \times \widetilde{\boldsymbol{E}} \quad \text{または} \quad \widetilde{\boldsymbol{E}} = \frac{\boldsymbol{E} - \omega_{\mathrm{c}}\tau \dfrac{\boldsymbol{H}}{H} \times \boldsymbol{E}}{1 + (\omega_{\mathrm{c}}\tau)^2} \tag{8.37}$$

ただし，

$$\omega_{\mathrm{c}} = \frac{eH}{m^* c} \tag{8.38}$$

であり，これは第5章で導入したサイクロトロン角振動数である．ただし，m^* の定義から本章では，電子に対しては ω_{c} は正，ホールに対しては負の値をとる．

(8.34) を (6.16) に当てはめると，磁場のないときの電気伝導度 σ ((6.24)) によって，電流密度 $\boldsymbol{j}$ が次のように与えられる．

$$\boldsymbol{j} = \sigma \widetilde{\boldsymbol{E}} \tag{8.39}$$

あるいは比抵抗 ρ によって

$$\widetilde{\boldsymbol{E}} = \rho \boldsymbol{j} \tag{8.40}$$

である．ただし，σ と ρ は磁場のない系における電気伝導度 ((6.24)) と比抵抗 $(\rho = 1/\sigma)$ である．

(8.40) によって (8.37) を書き直せば

$$\boldsymbol{E} = \rho \boldsymbol{j} + \frac{\omega_c \tau \rho}{H} \boldsymbol{H} \times \boldsymbol{j} \tag{8.41}$$

となる．第1項は通常の電流を誘起するための外部電場であるのに対し，第2項は電流と磁場に垂直方向に生じた電場である．これを**ホール電場** $\boldsymbol{E}_{\mathrm{H}}$ とよぶ．ホール電場の大きさは電流と磁場の大きさに比例するが，その比例係数を**ホール係数**とよび，R で表す．(8.41) より，ホール係数 R は

$$R = \frac{e\tau\rho}{m^* c} = \frac{e\tau}{m^* c} \times \frac{|m^*|}{ne^2\tau} = \frac{1}{nec}\frac{|m^*|}{m^*} \tag{8.42}$$

で与えられ，大きさはキャリア密度に逆比例し，符号は電子かホールかで逆になる．

§8.5　pn 接合

半導体の電子デバイスにおいて，p型半導体とn型半導体を接合させたpn接合は最も基本的なものであり，整流特性のあるダイオードをつくることができる．この節では，その原理を述べることにしよう．

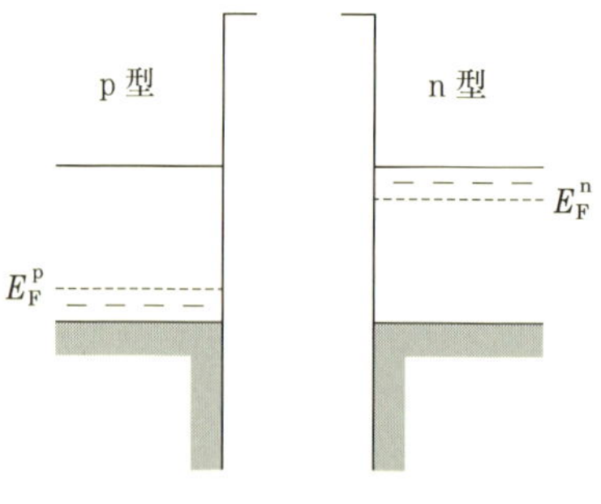

(a) p型およびn型半導体が離れているとき

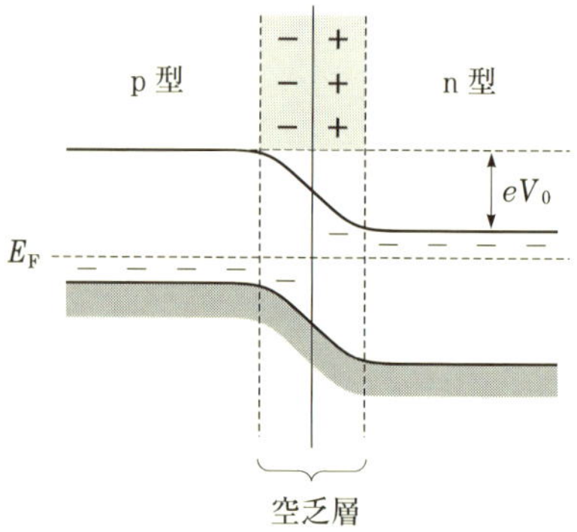

(b) 接合が形成されたとき

図8.5　pn接合のポテンシャル

図8.5は，同じシリコン半導体のp型半導体とn型半導体のエネルギーバンド構造を並べて描いたものである．2つの半導体が離れていて，その間に電気的な接触がない限り，p型半導体のフェルミ準位はn型半導体のフェルミ準位よりも低いエネルギー位置にある．しかし，両者を接触させると2つの系は熱平衡になるから，両方のフェルミ準位は一致しなければならない．これは，n型半導体からp型半導体へ電子がわずかに移動し，一方，p型半導体からn型半導体へとホールがわずかに移ることによって実現される．そのことによって，界面近くのそれぞれの半導体に存在した電子やホールのエネルギーが低下するからである．

このようなキャリアの移動によって，界面近くには図8.5(b)のような電荷分布ができる．この界面電荷の発生した領域を**空乏層**とよんでいる．もとからあった電荷と相殺して，結果としてキャリアの密度が減少する領域だからである．この電荷分布によって界面付近に形成される電気2重層は，n型半導体中の電子のポテンシャルを低下させ，逆にp型半導体中の電子のポテンシャルを上昇させる．このため界面では，図8.5(b)のようなポテンシャルが形成され，その結果として，n型半導体とp型半導体のフェルミ準位が一致することになる．

このとき，p側からみたn側のポテンシャルエネルギーの低下，$eV_0 = E_F{}^n - E_F{}^p$ は，次のようになっている（章末の演習問題［5］）．

$$eV_0 = k_B T \ln \frac{n_A n_D}{N_v(T) N_c(T)} + E_g$$

$$= k_B T \ln \frac{n_A n_D}{n_i{}^2} \qquad (8.43)$$

ただし，$n_A(n_D)$ はp型（n型）半導体の十分内部でのホール（電子）密度，N_c, N_v はそれぞれ伝導帯と価電子帯の有効状態密度（(8.7)，(8.12)），n_i は真性半導体の電子（ホール）密度（(8.14)）である．eV_0 は正値（$eV_0 > 0$）であり，したがって $V_0 < 0$ であることに注意しよう．

(8.43) から

$$n_A \exp\left(-\frac{eV_0}{k_B T}\right) = \frac{n_i^2}{n_D}, \qquad n_D \exp\left(-\frac{eV_0}{k_B T}\right) = \frac{n_i^2}{n_A} \quad (8.44)$$

である．これは n 型半導体，および p 型半導体における少数キャリア，すなわち，それぞれホールと電子の密度 ($n_A \exp(-eV_0/k_B T)$, $n_D \exp(-eV_0/k_B T)$) を多数キャリアの密度 (n_D, n_A) で表す式である．p 型 (n 型) 半導体における多数キャリアであるホール (電子) の密度 ($n_A(n_D)$) は，空乏層を越えて n 型 (p 型) 半導体側に入ると，少数キャリアになって $\exp(-eV_0/k_B T)$ の因子で減少するが，その密度は真性半導体におけるキャリア密度 n_i の n_i/n_D 倍 (n_i/n_A 倍) であることを意味している．

次に，この接合に電圧 V を加えると，どのように電流が流れるかを考察

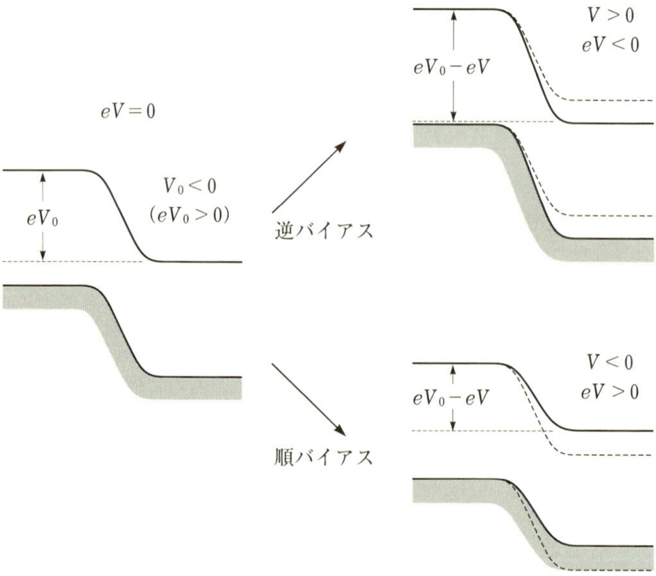

図 8.6　バイアス電位を加えたときの pn 接合の空乏層付近のポテンシャル．V は n 側に加えたバイアス電圧，曲線(実線)は伝導帯の底と価電子帯の頂上のエネルギーを示す．

しよう．図 8.6 には，加えた電圧の正負によって空乏層付近での電子のポテンシャルがどのように変化するかを示した．n 側に V (p 側に $-V$) だけ加えたときの印可電圧は，障壁でのポテンシャルの段差を eV_0 から $eV_0 - eV$ に変えるから，(8.44) の少数キャリアの濃度は，さらに $\exp(eV/k_B T)$ 倍だけ変化する．その結果，バイアス電圧を加えると，n 側でのホール濃度は

$$\varDelta p = \frac{n_i^2}{n_D}\left[\exp\left(\frac{eV}{k_B T}\right) - 1\right] \tag{8.45}$$

だけ変化し，p 側での電子濃度は

$$\varDelta n = \frac{n_i^2}{n_A}\left[\exp\left(\frac{eV}{k_B T}\right) - 1\right] \tag{8.46}$$

だけ変化する．eV がプラス ($V < 0$)，すなわち n 型 (p 型) 半導体側のバイアス電圧 V を負 (正) にすれば，上のように空乏層を越えてさらに余分に注入される少数キャリアは，印可電圧によって界面から遠ざかる方向に力を受けて流れ，電流を運ぶことになる．このような向きのバイアスを**順バイアス**という．その電流 j は

$$j = j_0\left[\exp\left(\frac{eV}{k_B T}\right) - 1\right] \tag{8.47}$$

と表すことができる．

一方，n 側のバイアス電圧 V を正にすれば，電子が n 側から p 側に抜け，あるいはホールが p 側から n 側へ抜けるためのエネルギー障壁の高さはともに増大し，電流は流れにくくなる．すなわち図 8.7 のように eV が正の方向，すなわち p 側にかかる電圧 $-V$ が正の方向 (順バイアス方向) には電流を流すが負の方向 (**逆バイアス**方向) には流さないの

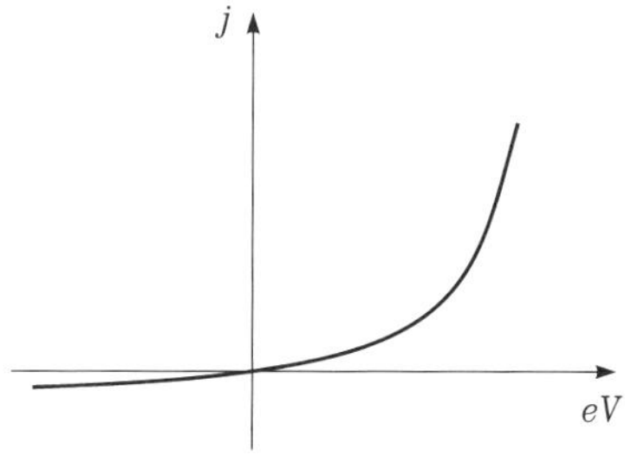

図 8.7　pn 接合の電流‐電圧曲線

で，整流特性が生じる．

演習問題

［1］ Si の伝導帯は，Δ 線上の 6 個の異なる位置 $k_{\mathrm{c}}{}^{(i)}(i=1,\ \cdots,\ 6)$ で最小値をとり，その近傍の等エネルギー面は，長軸方向の有効質量 $m_{\mathrm{l}}{}^{*}=0.19m$，これと垂直な 2 つの方向の有効質量 $m_{\mathrm{t}}{}^{*}=0.98m$ の回転楕円体である．化学ポテンシャルを μ として，Si の電子密度を求めよ．

［2］ 半導体の伝導帯の極小点（伝導帯の底）が g 個ある場合，真性半導体のフェルミ準位は温度の関数として，どのように与えられるか．ただし，すべての極小点で電子の有効質量は同じで $m_{\mathrm{e}}{}^{*}$ であるとする．

［3］ $f^0(E)=e^{-(E-\mu)/k_{\mathrm{B}}T}$，$D(E)=c\sqrt{E}$ とおくとき，緩和時間 τ の期待値 $\langle\tau\rangle$ を求めよ．ただし，τ のエネルギー依存性を $\tau(E)=\tau_0 E^s$ として考えよ．ここで s は定数のパラメータである．

［4］ 図 8.4 のホール効果の実験系について，外部から電流 $\boldsymbol{j}$ を流すとき，ホール電場も含めた全電場 $\boldsymbol{E}$ は，(8.41) の関係で与えられる．$\boldsymbol{j}$ は $\boldsymbol{E}$ と $\boldsymbol{H}$ によってどのように与えられるか．

［5］ n 型および p 型半導体のキャリア濃度が (8.6), (8.11) で与えられることから

$$eV_0=k_{\mathrm{B}}T\ln\frac{n_{\mathrm{A}}n_{\mathrm{D}}}{N_{\mathrm{v}}(T)\,N_{\mathrm{c}}(T)}+E_{\mathrm{g}}$$

の関係を導け．ただし，n 型半導体，p 型半導体の両方とも，出払い領域にあるとしてよい．

［6］ n_{i} を真性半導体のキャリア密度として，

$$k_{\mathrm{B}}T\ln\frac{n_{\mathrm{A}}n_{\mathrm{D}}}{N_{\mathrm{v}}(T)\,N_{\mathrm{c}}(T)}=k_{\mathrm{B}}T\ln\frac{n_{\mathrm{A}}n_{\mathrm{D}}}{n_{\mathrm{i}}{}^2}-E_{\mathrm{g}}$$

を示せ．

9 超　伝　導

多くの物質は，低温で超伝導状態に転移する．超伝導状態では電気抵抗が消失して永久電流が発生し，完全な反磁性状態になる．すなわち，磁場が物質の内部から排除されてしまう．この超伝導状態は，マクロなスケールで量子力学的な秩序が現れる興味深い性質であり，またこれを用いたさまざまな応用にも注目されるものがある．本章では，超伝導状態とはどのようなものであるかということについて，標準的なBCS（バーディーン‐クーパー‐シュリーファー）理論にもとづく導入的な解説を試みる．

§9.1　超伝導の発見

超伝導の発見は，20世紀の初頭における低温物理学の進歩に負っている．すなわち，カマリン・オネス（Kamerlingh‐Onnes）は1911年に，Hgの電気抵抗の温度変化を低温まで測定していったところ，4.15K付近で突然電気抵抗が消失する現象を見出した（図9.1）．

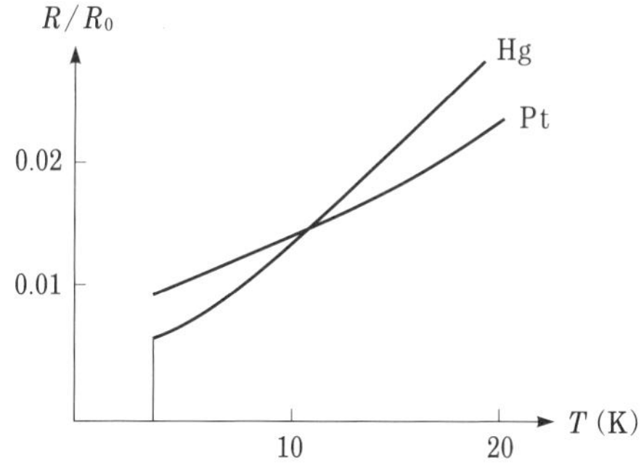

図9.1　HgとPtの低温での電気抵抗（R_0は0°Cでの抵抗値）

一方，同時に測定していたPtでは温度とともに抵抗が減少する性質は見られたものの，この付近の温度では抵抗はゼロにはならなかった．今日では，多くの単体金属あるいは化合物の導体物質が低温で超伝導になることが知られている．超伝導に転移する温度を（超伝導）**転移温度** T_c という．

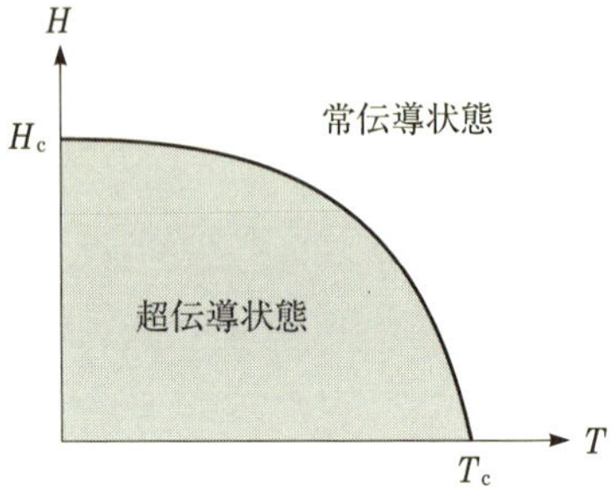

図9.2　超伝導状態の出現領域

また，その後の研究によって，超伝導状態は著しい磁気的な性質を示し，磁場との相互作用が強いことがわかってきた．例えば，超伝導状態にある物質に磁場を加えていくと，ある磁場の強さで超伝導状態が消失してしまう．この磁場の強さを**臨界磁場** H_c という．つまり，図9.2のように温度と磁場の2次元のパラメータ空間の中で，ある物質が超伝導状態になる領域と，超伝導状態ではない領域（常伝導状態，ノーマル状態ともいう）を分けることができる．表9.1は，いくつかの単体物質の超伝導転移温度と臨界磁場をリストアップしたものである．

表9.1

	T_c (K)	H_c (Gauss)
V	5.4	1420
Zn	0.88	53
Nb	9.20	1980
In	3.4	293
Hg	4.15	412
Pb	7.2	803

§9.2　永久電流

第6章で学んだ電気伝導の基本方程式によって，超伝導の永久電流の性質がどのようなものであるかを考えてみよう．電子の平均速度を $\boldsymbol{v}$，その空間密度を n とすると，電流密度 $\boldsymbol{j}$ は次式で与えられる．

$$\boldsymbol{j} = en\boldsymbol{v} \tag{9.1}$$

ここで，平均速度は一般に次の方程式（(6.34) を参照）を満たすはずである．

$$\frac{d\boldsymbol{v}}{dt} = \frac{e}{m}\boldsymbol{E} - \frac{1}{\tau}\boldsymbol{v} \tag{9.2}$$

第6章で述べたように，定常状態では電子の平均速度は時間変化せず，したがって (9.2) の左辺がゼロであることから，平均速度の値が $\boldsymbol{v} = e\tau\boldsymbol{E}/m$ となる．これを (9.1) に代入することによって，電気伝導度 σ として

$$\sigma = \frac{ne^2\tau}{m} \tag{9.3}$$

が得られる．（本章では，簡単のために m^* を m と書くことにする．）

抵抗率 ($\rho = 1/\sigma$) がゼロということは電気伝導度が無限大ということなので，(9.3) から緩和時間 τ が無限大になっていると仮定してみよう．そのような状況においては，どのような性質が予測できるだろうか．(9.2) の両辺に ne を掛けて，τ を無限大であるとすれば

$$\frac{\partial \boldsymbol{j}}{\partial t} = \frac{ne^2}{m}\boldsymbol{E} \tag{9.4}$$

という関係が得られる．この式で電場 $\boldsymbol{E}$ をゼロとすれば，電流の時間変化がないこと，すなわち最初に流れていた電流は，そのままの状態で永久に流れ続けることがわかる．このような電流を**永久電流**とよんでいる．

ところで，電場 $\boldsymbol{E}$ はマクスウェル方程式

$$\mathrm{rot}\,\boldsymbol{E} = -\frac{1}{c}\frac{\partial \boldsymbol{H}}{\partial t} \qquad (c：光速) \tag{9.5}$$

を満たすはずである．そこで (9.4) の回転 (rot) をとり，(9.5) と組み合わせれば

$$\frac{\partial}{\partial t}\left(\mathrm{rot}\,\boldsymbol{j} + \frac{ne^2}{mc}\boldsymbol{H}\right) = 0 \tag{9.6}$$

が得られる．ところが電流密度 $\boldsymbol{j}$ は，磁場の回転 (rot $\boldsymbol{H}$) と比例し

$$\mathrm{rot}\,\boldsymbol{H} = \frac{4\pi}{c}\boldsymbol{j} \tag{9.7}$$

であることから，結局

$$\frac{\partial}{\partial t}\left\{\mathrm{rot}\,(\mathrm{rot}\,\boldsymbol{H}) + \frac{4\pi ne^2}{mc^2}\boldsymbol{H}\right\} = 0 \tag{9.8}$$

あるいは，div $\boldsymbol{H} = 0$ を考慮して (9.8) を書き直せば，

$$\left(-\Delta + \frac{1}{\lambda^2}\right)\frac{\partial \boldsymbol{H}}{\partial t} = 0 \qquad \left(\Delta = \frac{\partial^2}{\partial x^2} + \frac{\partial^2}{\partial y^2} + \frac{\partial^2}{\partial z^2}\right) \tag{9.9}$$

が得られる．ただし，λ は**磁場侵入長**とよばれ，

$$\lambda = \sqrt{\frac{mc^2}{4\pi ne^2}} \tag{9.10}$$

で定義されている．磁場侵入長 λ の値は，典型的な金属では 10 nm 程度である．

(9.9) は磁場の時間微分 $\partial \boldsymbol{H}/\partial t$ が，超伝導体の内部に表面から λ 程度の距離までしか存在しないことを意味している．これは次のように示すことができる．表面の内側向きの法線方向を z 軸方向にとり，表面に平行な x，y 方向では磁場が一様であると仮定すると，方程式 (9.9) は

$$\frac{\partial^2}{\partial z^2}\frac{\partial \boldsymbol{H}}{\partial t} = \frac{1}{\lambda^2}\frac{\partial \boldsymbol{H}}{\partial t} \tag{9.11}$$

と同じである．この方程式の物理的に意味のある解は

$$\frac{\partial \boldsymbol{H}}{\partial t} \propto e^{-z/\lambda} \tag{9.12}$$

であり，これは表面から内部に入るにつれ，指数関数的に磁場の時間変化 $\partial \boldsymbol{H}/\partial t$ が減衰することを示している．これはまた (9.4)，(9.5) により，電場 $\boldsymbol{E}$ および電流密度の時間変化 $\partial \boldsymbol{j}/\partial t$ が (9.12) のような空間依存性を示し，超伝導体内部ではゼロとなることを意味している．

さて，上記の性質を利用して，永久電流が確かに流れていることの磁場による検証法を工夫してみる．そのため，図 9.3 のような穴の開いた超伝導体を考えよう．超伝導状態では，穴を貫く磁束は時間的に不変であることが示せる．すなわち，穴を貫く磁束 $\boldsymbol{\Phi}$ は

$$\Phi = \int_S \boldsymbol{H}\cdot d\boldsymbol{S} \qquad (9.13)$$

であるが，(9.5) を用いてその時間変化を求めると

$$\frac{d}{dt}\int_S \boldsymbol{H}\cdot d\boldsymbol{S} = -c\int \mathrm{rot}\,\boldsymbol{E}\cdot d\boldsymbol{S} = -c\oint_C \boldsymbol{E}\cdot d\boldsymbol{l} = 0 \qquad (9.14)$$

となる．ただし，C は穴を囲むように超伝導体の十分内部に仮定される適当な閉曲線であり，$\oint_C \boldsymbol{E}\cdot d\boldsymbol{l}$ はそれに沿っての線積分である．(9.14) は，永久電流のはたらきによって，超伝導体の穴を貫く磁束の強さが時間が経過しても一定に保たれることを意味している．

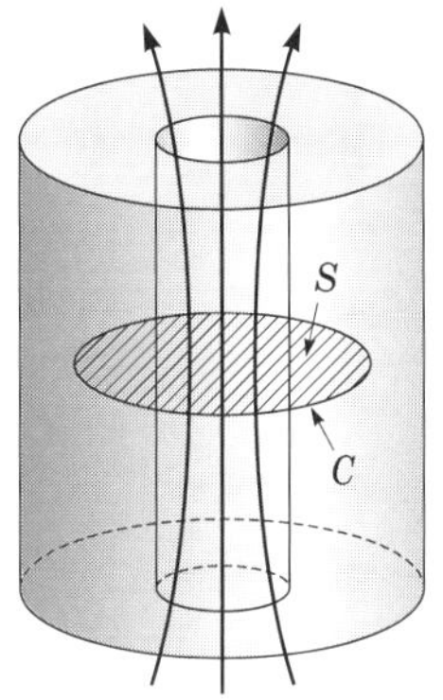

図 9.3 穴の開いた超伝導体

§9.3 マイスナー効果

超伝導を特徴づける性質は，永久電流だけではない．むしろ，完全反磁性となること，すなわちマイスナー効果が現れることの方が，より本質的な性質といえる．永久電流はマイスナー効果が生じるための必要条件である．**マイスナー効果**とは，磁場が超伝導体の内部から排除されることである．(9.4) の帰結は，磁場の時間変化 $\partial\boldsymbol{H}/\partial t$ が超伝導体の十分内部では存在しないことであったが，マイスナー効果はもっと踏み込んで，磁場 $\boldsymbol{H}$ そのものが超伝導体の内部には存在できないことを意味している．

例えばある導体で球をつくり，それに磁場を加えたとしよう．この導体の超伝導転移温度以上の温度 ($T > T_c$) では，磁場は導体内部にも図 9.4(a) のように入り込んでいる．ところがこの導体を冷却していくと，超伝導転移温度以下 ($T < T_c$) になるときに，図 9.4(b) のように磁力線が導

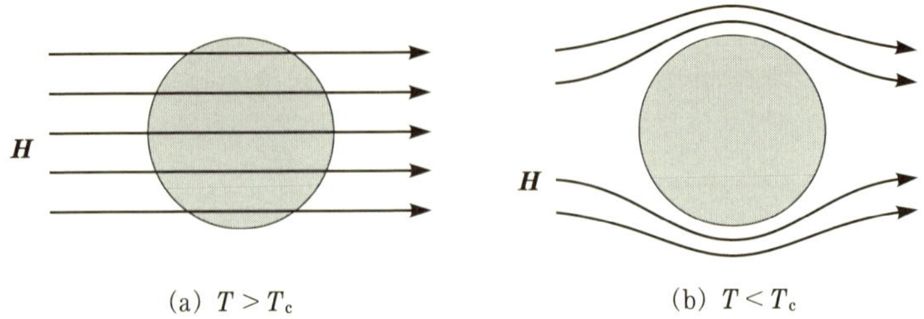

図 9.4　マイスナー効果

体内部からはじき出される．これがマイスナー効果である．

マイスナー効果を記述するためには，(9.6) ではなく，その時間微分をとらない関係式

$$\mathrm{rot}\,\boldsymbol{j} + \frac{ne^2}{mc}\boldsymbol{H} = 0 \tag{9.15}$$

が成立すると仮定すればよい．なぜならこの式から，(9.7) を用いて

$$\left(-\Delta + \frac{1}{\lambda^2}\right)\boldsymbol{H} = 0 \tag{9.16}$$

が導かれ，これは磁場そのものが超伝導体の内部に存在できないことを示すからである．より正確には，磁場は表面から内部に入るにつれて

$$\boldsymbol{H}(z) \propto e^{-z/\lambda} \tag{9.17}$$

のように減衰している (図 9.5)．これから，λ が磁場侵入長とよばれる理由が理解できる．(9.15) は**ロンドン方程式**とよばれ，超伝導状態を記述する最も基本的な方程式である．しかし，上の議論ではこの方程式は単に仮定されたに

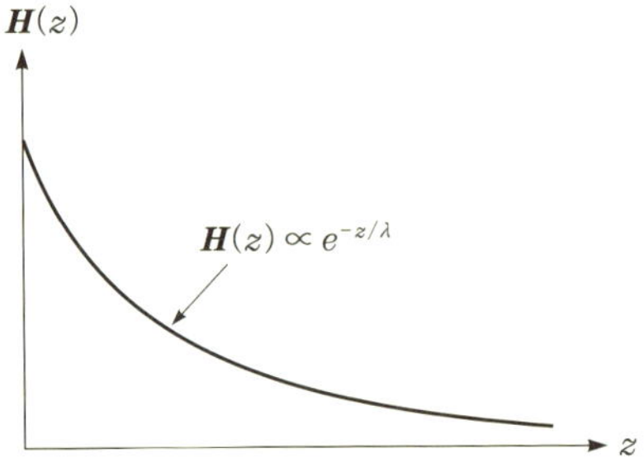

図 9.5　超伝導体内部への磁場の侵入

過ぎず，これがなぜ成立するかは示されていない．

そこで，以下ではロンドン方程式の基礎を探ってみよう．熱統計力学の原理によれば，超伝導体の内部の磁場分布は自由エネルギーを最も低くするように決まるであろう．この状況を詳しく解析してみよう．まず，磁場が印加されているときの超伝導体の自由エネルギー F_{H} を

$$F_{\mathrm{H}} = F_0 + F_{\mathrm{kin}} + F_{\mathrm{mag}} \tag{9.18}$$

と書く．ここで，F_0 は磁場がないときの自由エネルギー，F_{kin} は永久電流による自由エネルギーの増加分で，

$$F_{\mathrm{kin}} = \int \frac{n}{2} m\boldsymbol{v}^2 \, d\boldsymbol{r} \tag{9.19}$$

と表される．ただし，$\boldsymbol{v}$ は永久電流を担う電子の平均速度で，電流密度 $\boldsymbol{j}$ と

$$\boldsymbol{j} = ne\boldsymbol{v} \tag{9.20}$$

の関係がある．

(9.18) における右辺第 3 項の F_{mag} は，超伝導体中の磁場のエネルギーで

$$F_{\mathrm{mag}} = \int \frac{\boldsymbol{H}^2}{8\pi} \, d\boldsymbol{r} \tag{9.21}$$

と表される．ところが (9.7) と (9.20) から，F_{kin} は磁場を用いて表され，結局，磁場が印加された超伝導体の自由エネルギーは

$$F_{\mathrm{H}} = F_0 + \frac{1}{8\pi}\int \{\boldsymbol{H}^2 + \lambda^2 (\mathrm{rot}\,\boldsymbol{H})^2\} \, d\boldsymbol{r} \tag{9.22}$$

のように，超伝導体内部における磁場の分布 $\boldsymbol{H}(\boldsymbol{r})$ によって決定される．

次に，この自由エネルギー F_{H} を最小にするような磁場の分布を求めてみよう．(9.22) を磁場の分布 $\boldsymbol{H}(\boldsymbol{r})$ について変分すると

$$\begin{aligned} \delta F_{\mathrm{H}} &= \frac{1}{4\pi}\int \{\boldsymbol{H}\cdot\delta\boldsymbol{H} + \lambda^2\,\mathrm{rot}\,\boldsymbol{H}\cdot\mathrm{rot}\,\delta\boldsymbol{H}\} \, d\boldsymbol{r} \\ &= \frac{1}{4\pi}\int \{\boldsymbol{H} + \lambda^2\,\mathrm{rot}\,(\mathrm{rot}\,\boldsymbol{H})\} \, \delta\boldsymbol{H} \, d\boldsymbol{r} = 0 \end{aligned} \tag{9.23}$$

となる．現実に実現される磁場分布は，超伝導体の自由エネルギーを最小にするはずである．したがって，磁場の分布の微小な変化 $\delta\boldsymbol{H}$ に対する自由エ

ネルギーの変化量 δF_{H} は常にゼロ，すなわち $\delta F_{\mathrm{H}} = 0$ となる必要がある．この条件から，(9.23) の第 2 式の被積分関数がゼロ，すなわち

$$\boldsymbol{H} + \lambda^2 \operatorname{rot}(\operatorname{rot} \boldsymbol{H}) = 0 \tag{9.24}$$

の関係式が得られる．これは rot $\boldsymbol{H}$ を電流密度 $\boldsymbol{j}$ で書きかえればわかるように，ロンドン方程式になっている．

以上は，超伝導状態の基本方程式であるロンドン方程式を，微視的な観点から説明する議論である．ここで注意すべきことは，以上の議論は超伝導状態以外には成り立たないことである．そうでなければ，ノーマル状態にある普通の金属でもマイスナー効果が現れてしまうはずである．状態が超伝導状態であることは，上の議論のどこで用いられたのであろうか．

ノーマル状態にあっては，電流が流れるとそのエネルギーは最終的には格子振動との非弾性散乱によって，熱に変化する．すなわち，電流の流れている電子系は，非弾性散乱により格子系へと，さらにこれによって外界へとエネルギーを失いつつある状況に置かれている．このような電子系を 1 つの孤立した熱力学的な相であると見なし，その状態での自由エネルギーを定義することは不可能である．これが可能なのは，電流は流れているが，それによる電子系以外へのエネルギーの散逸は存在しない場合に限られる．これは非弾性散乱時間が無限に長いこと，すなわち，永久電流の場合に限られるのである．

§9.4　電子対と BCS 状態

前節で述べたロンドン方程式の現象論は，電子の非弾性散乱時間 τ が無限大になることを仮定して導かれたものであり，なぜ そのようなことが起こるかについては理由を示すことができなかった．本節では電子間のミクロな相互作用をもとにして，この問題に解答を与えることにしよう．

ごく定性的に述べれば，次のように考えてよい．互いに時間反転対称の関

係にある2つの電子間に実効的な引力がはたらくために，それらは対（**クーパー対**とよばれる）として運動する．ここで状態1が状態2の時間反転対称の関係にあるとは，状態1は状態2の時間変化を逆にたどるような状態であることを意味している．具体的には，状態1は状態2の運動量（波数ベクトル $\boldsymbol{k}$）の符号を逆にして，スピンの向きを逆にした状態である．この電子対は全体としてボース粒子系を形成するので，低温でボース凝縮が起きると，マクロな数（$N \gg 1$）の電子対が1つの量子状態を占める．このような電子系は全体としてマクロな量子性を発現する．これが超伝導状態である．

電子を量子凝縮状態から励起するためには，以下にみるように準粒子とよばれるものを生成しなければならず，これには有限な励起エネルギーが必要になる．しかし，電子散乱では励起に必要なエネルギーを得ることができないため，電子系は散乱を起こすことなく1つの量子凝縮状態となって運動を続ける．これが，散乱時間 τ が無限大になる機構である．

運動量 $\boldsymbol{k}$ で運動する上向きスピンの電子の時間反転した状態は，運動量が $-\boldsymbol{k}$ でスピンが下向きの電子である．この2つは一般に強い相互作用をしていることが示せる．この2つの電子がフォノンをやりとりする過程を，図9.6のように表そう．(a) は運動量 $\boldsymbol{k}$ の上向きスピンの電子が波数 $\boldsymbol{q}$ の

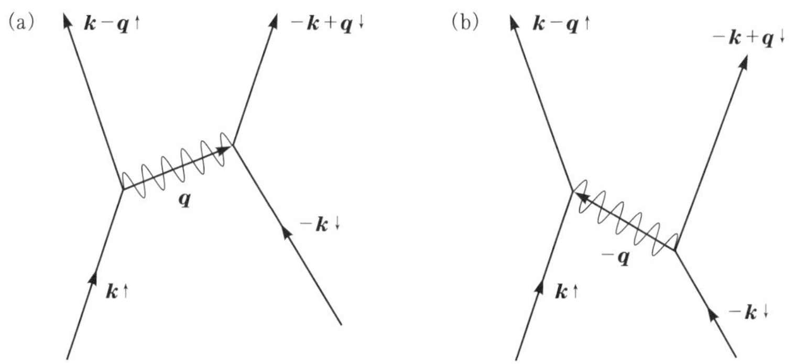

図9.6 クーパー対がフォノンをやりとりする過程

フォノンを放出し，これを運動量 $-\boldsymbol{k}$ の下向きスピンの電子が吸う過程，(b) は波数 $-\boldsymbol{k}$ の下向きスピンの電子が波数 $-\boldsymbol{q}$ のフォノンを放出し，運動量 $\boldsymbol{k}$ の上向きスピンの電子が吸う過程である．いずれの過程においても終状態は同じで，再び $\boldsymbol{k}-\boldsymbol{q}\uparrow$（上向きスピン），$-\boldsymbol{k}+\boldsymbol{q}\downarrow$（下向きスピン）の互いに時間反転した状態になっている．すなわち，2 つの電子は互いに時間反転対称性にあるという関係を保ちながら，無限にこのような相互作用を繰り返している．

2 次の摂動論によれば，電子系のエネルギー ε は，このようなフォノンを媒介した相互作用 M によって

$$\varDelta\varepsilon = \sum_m \frac{\langle i|M|m\rangle\langle m|M|f\rangle}{E_i - E_m} \tag{9.25}$$

だけ変化する．

ここで $|i\rangle$, $|f\rangle$, $|m\rangle$ は，それぞれ初期状態，終状態，中間状態である．図 9.6 に対応する各状態 $|i\rangle$, $|f\rangle$, $|m\rangle$，およびそれらと対応するエネルギーは，それぞれ以下のようになっている．

初期状態

$$|i\rangle = |\boldsymbol{k}\uparrow,\ -\boldsymbol{k}\downarrow\rangle,\quad E_i = E(\boldsymbol{k}) + E(-\boldsymbol{k})$$

終状態

$$|f\rangle = |\boldsymbol{k}-\boldsymbol{q}\uparrow,\ -\boldsymbol{k}+\boldsymbol{q}\downarrow\rangle,\quad E_f = E(\boldsymbol{k}-\boldsymbol{q}) + E(-\boldsymbol{k}+\boldsymbol{q})$$

中間状態

$$|m\rangle_{\mathrm{a}} = |\boldsymbol{k}-\boldsymbol{q}\uparrow,\ -\boldsymbol{k}\downarrow\rangle|\boldsymbol{q}\},\quad E_{m\mathrm{a}} = E(\boldsymbol{k}-\boldsymbol{q}) + E(-\boldsymbol{k}) + \hbar\omega(\boldsymbol{q})$$

または，

$$|m\rangle_{\mathrm{b}} = |\boldsymbol{k}\uparrow,\ -\boldsymbol{k}+\boldsymbol{q}\downarrow\rangle|-\boldsymbol{q}\},\quad E_{m\mathrm{b}} = E(\boldsymbol{k}) + E(-\boldsymbol{k}+\boldsymbol{q}) + \hbar\omega(-\boldsymbol{q})$$

（図 9.6 の 2 つの図に対応して，中間状態には 2 つの場合 $|m\rangle_{\mathrm{a}}$, $|m\rangle_{\mathrm{b}}$ がある．）ただし，$|\boldsymbol{q}\}$ は波数 $\boldsymbol{q}$ のフォノン状態を表す．上の関係を用いて (9.25) の和をとると

$$\Delta\varepsilon = \frac{M_{k-q,k}M_{-k+q,-k}}{\{E(\boldsymbol{k})+E(-\boldsymbol{k})\}-\{E(\boldsymbol{k}-\boldsymbol{q})+E(-\boldsymbol{k})+\hbar\omega(\boldsymbol{q})\}} + \frac{M_{-k+q,-k}M_{k-q,k}}{\{E(\boldsymbol{k})+E(-\boldsymbol{k})\}-\{E(\boldsymbol{k})+E(-\boldsymbol{k}+\boldsymbol{q})+\hbar\omega(-\boldsymbol{q})\}} \tag{9.26}$$

ここで，エネルギー保存則から

$$E(\boldsymbol{k})-E(\boldsymbol{k}-\boldsymbol{q}) = -\{E(-\boldsymbol{k})-E(-\boldsymbol{k}+\boldsymbol{q})\} \tag{9.27}$$

反転対称性から

$$\hbar\omega(-\boldsymbol{q}) = \hbar\omega(\boldsymbol{q}) \tag{9.28}$$

の関係がある．

さらに $M_{k,k-q}$ は，フォノンを放出または吸収するプロセスの行列要素であり，第7章で述べたフォノンによる格子変位で生じるポテンシャル

$$V(\boldsymbol{r}) = \sum_l \{v_{\mathrm{a}}(\boldsymbol{r}-\boldsymbol{R}_l) - v_{\mathrm{a}}(\boldsymbol{r}-\boldsymbol{l})\} \tag{9.29}$$

を用いて，以下のように表される．

$$M_{k,k-q} = \int e^{i\boldsymbol{q}\cdot\boldsymbol{r}}\, V(\boldsymbol{r})\, d\boldsymbol{r} \cong i\boldsymbol{q}\boldsymbol{U}_q\, \hat{v}_{\mathrm{a}}(\boldsymbol{q}) \tag{9.30}$$

ここで，$\boldsymbol{U}_q$ は波数 $\boldsymbol{q}$ のフォノンモードの振幅（(7.49) を参照），$\hat{v}_{\mathrm{a}}(\boldsymbol{q})$ は原子ポテンシャルのフーリエ変換である．これにより，次の関係も示される．

$$M_{-k+q,-k} = M^*_{k-q,k} \qquad (*\text{は複素共役}) \tag{9.31}$$

(9.27)，(9.28)，(9.31) 等の関係を利用して (9.26) の値を評価すると，次のようになる．

$$\Delta\varepsilon \cong \frac{|M_{k,k-q}|^2\, 2\hbar\,\omega(\boldsymbol{q})}{\{E(\boldsymbol{k})-E(\boldsymbol{k}-\boldsymbol{q})\}^2 - \{\hbar\omega(\boldsymbol{q})\}^2} \tag{9.32}$$

散乱前後の電子のエネルギー差 $E(\boldsymbol{k})-E(\boldsymbol{k}-\boldsymbol{q})$ がフォノンのエネルギーである $\hbar\omega(\boldsymbol{q})$ よりも小さいとすれば，(9.32) の右辺は

$$\Delta\varepsilon \sim -\frac{2}{\hbar\omega(\boldsymbol{q})}|M_{k,k-q}|^2 \tag{9.33}$$

のように評価することができる．この量は負なので，電子間に引力がはたらくことになる．すなわち，

$$|E(\boldsymbol{k}) - E_{\mathrm{F}}| \leqq \hbar\omega_{\mathrm{D}} \tag{9.34}$$

であるようなフェルミ面付近にある電子対は，フォノンを絶えず交換し合って引力を及ぼし合っている．この効果によって，以下に述べるように電子対の凝縮状態が生成する．

このような電子対が全体として，1つの超伝導状態を形成することを以下に説明しよう．このためには，互いにフォノンを媒介して相互作用し合っている電子系のハミルトニアンを

$$H = \sum_{\boldsymbol{k},\sigma} \xi_{\boldsymbol{k}} a^{\dagger}_{\boldsymbol{k}\sigma} a_{\boldsymbol{k}\sigma} - \frac{g}{V} \sum_{\boldsymbol{k},\boldsymbol{q}}{}' a^{\dagger}_{\boldsymbol{k}-\boldsymbol{q}\uparrow} a^{\dagger}_{-\boldsymbol{k}+\boldsymbol{q}\downarrow} a_{-\boldsymbol{k}\downarrow} a_{\boldsymbol{k}\uparrow} \tag{9.35}$$

と書く．ただし，$a^{\dagger}_{\boldsymbol{k}\sigma}$，$a_{\boldsymbol{k}\sigma}$ はそれぞれ運動量 $\boldsymbol{k}$ の σ スピンの電子を生成，消滅する演算子である．V は考えている結晶の体積で，g/V はフェルミ準位付近における図9.6のようなフォノンに媒介された電子間の相互作用(9.33)の平均的な大きさである $(-\,g/V \cong -\langle\{2/\hbar\omega(\boldsymbol{q})\}|M_{\boldsymbol{k},\boldsymbol{k}-\boldsymbol{q}}|^2\rangle)$．このような，"第2量子化したハミルトニアン"と，元のハミルトニアンの関係については付録A.2に説明を加えたので，必要に応じて参照して頂きたい．また $\xi_{\boldsymbol{k}}$ は，波数 $\boldsymbol{k}$ の電子の化学ポテンシャル（フェルミ準位）から測ったバンドエネルギー $(\xi_{\boldsymbol{k}} = E(\boldsymbol{k}) - \mu)$ である．$\sum_{\boldsymbol{k},\boldsymbol{q}}{}'$ は波数 $\boldsymbol{k}$ の状態と波数 $\boldsymbol{k}-\boldsymbol{q}$ の状態のそれぞれのエネルギー $\xi_{\boldsymbol{k}}$，$\xi_{\boldsymbol{k}-\boldsymbol{q}}$ の絶対値が，デバイ角振動数を ω_{D} として，$\hbar\omega_{\mathrm{D}}$ よりも小さい領域だけでの和を意味する．

(9.35)は電子間の相互作用を露に含む多体系のハミルトニアンで，**BCSハミルトニアン**とよばれる．これを厳密に解くのは難しい．そこでここでは，平均場による近似解法を採用することにしよう．すなわち，(9.35)の右辺の4つのフェルミオン演算子の積になっている項について

$$a^{\dagger}_{k'\uparrow}a^{\dagger}_{-k'\downarrow}a_{-k\downarrow}a_{k\uparrow} \cong \langle a^{\dagger}_{k'\uparrow}a^{\dagger}_{-k'\downarrow}\rangle a_{-k\downarrow}a_{k\uparrow} + a^{\dagger}_{k'\uparrow}a^{\dagger}_{-k'\downarrow}\langle a_{-k\downarrow}a_{k\uparrow}\rangle - \langle a^{\dagger}_{k'\uparrow}a^{\dagger}_{-k'\downarrow}\rangle\langle a_{-k\downarrow}a_{k\uparrow}\rangle \tag{9.36}$$

のように近似する．ただし，$\boldsymbol{k}' = \boldsymbol{k} - \boldsymbol{q}$ と書いた．これは最も強く相互作用している電子対の相関を，できるだけ正確に扱うことに対応する．すると，(9.35) のハミルトニアンは

$$H = \sum_{k,\sigma} \xi_k a^{\dagger}_{k\sigma}a_{k\sigma} - \sum_k{}' (\varDelta^* a_{k\uparrow}a_{-k\downarrow} + \varDelta a^{\dagger}_{-k\downarrow}a^{\dagger}_{k\uparrow}) + \frac{V}{g}|\varDelta|^2 \tag{9.37}$$

の形になる．ただし，$\varDelta$ は

$$\varDelta \overset{\mathrm{def}}{=} \frac{g}{V}\sum_k{}' \langle a_{k\uparrow}a_{-k\downarrow}\rangle \tag{9.38}$$

で定義され，これは電子対を発生させたり消滅させたりするポテンシャルなので，**ペアポテンシャル**とよばれる．ペアポテンシャルは，以下に述べるオーダパラメータと関係している．すなわち，点 $\boldsymbol{r}$ における電子の消滅演算子は

$$\varPsi_\sigma(\boldsymbol{r}) = \frac{1}{\sqrt{V}}\sum_k e^{i\boldsymbol{k}\cdot\boldsymbol{r}} a_{k\sigma} \tag{9.39}$$

と表されるので，この点での電子対の消滅演算子は $\varPsi_\uparrow(\boldsymbol{r})\varPsi_\downarrow(\boldsymbol{r})$ となる．これを用いて超伝導状態の**オーダパラメータ（秩序パラメータ）** $\varPsi(\boldsymbol{r})$ を，

$$\varPsi(\boldsymbol{r}) = \langle \varPsi_\uparrow(\boldsymbol{r})\varPsi_\downarrow(\boldsymbol{r})\rangle = \langle \varPhi|\varPsi_\uparrow(\boldsymbol{r})\varPsi_\downarrow(\boldsymbol{r})|\varPhi\rangle \tag{9.40}$$

によって導入する．(9.40) における平均 $\langle\cdots\rangle$ は，一般に有限温度ではグランドカノニカルアンサンブル（大正準集団）についての統計平均（第 2 式）である．また，絶対零度では第 3 式を用いてよく，平均は基底状態 $\varPhi$ に関する期待値である．オーダパラメータの絶対値は，電子対密度の平方根に比例

する．静止した系では $\langle a_{k\sigma}a_{-k'-\sigma}\rangle \propto \delta_{kk'}$ となると仮定すると，オーダパラメータは，

$$\Psi(\boldsymbol{r}) = \frac{1}{V}\sum_{k}{}' \langle a_{k\uparrow}a_{-k\downarrow}\rangle \tag{9.41}$$

となり，空間の位置によらない．(9.38) のペアポテンシャル $\varDelta$ は，超伝導のオーダパラメータ $\Psi(\boldsymbol{r})$ に結合定数 g を掛けたものである．

ここで，オーダパラメータの**ゲージ変換**について述べておこう．ゲージ変換とは，電磁場を与えるベクトルポテンシャル $\boldsymbol{A}$ とスカラーポテンシャル ϕ に

$$\left.\begin{aligned} \boldsymbol{A} \;&\Rightarrow\; \boldsymbol{A}' = \boldsymbol{A} + \nabla\chi \\ \phi \;&\Rightarrow\; \phi' = \phi - \frac{1}{c}\frac{\partial\chi}{\partial t} \end{aligned}\right\} \tag{9.42}$$

のような変換を施すことである．ここで $\chi(\boldsymbol{r}, t)$ は任意の微分可能な関数である．磁場 $\boldsymbol{H}$ と電場 $\boldsymbol{E}$ は $\boldsymbol{A}$ と ϕ によって

$$\boldsymbol{H} = \mathrm{rot}\,\boldsymbol{A}, \qquad \boldsymbol{E} = -\,\mathrm{grad}\,\phi - \frac{1}{c}\frac{\partial\boldsymbol{A}}{\partial t}$$

と書ける．したがって，電場 $\boldsymbol{E}$ と磁場 $\boldsymbol{H}$ はゲージ変換によって不変である．

一方，電子の波動関数は

$$\varphi_\sigma(\boldsymbol{r}) \;\Rightarrow\; \varphi_\sigma'(\boldsymbol{r}) = \exp\left\{\frac{ie}{\hbar c}\,\chi(\boldsymbol{r})\right\}\varphi_\sigma(\boldsymbol{r}) \tag{9.43}$$

のような変換を受ける．なぜなら，

$$\left[\frac{1}{2m}\left(\frac{\hbar}{i}\nabla - \frac{e}{c}\boldsymbol{A}\right)^2 + V(\boldsymbol{r})\right]\varphi_\sigma(\boldsymbol{r}) = E\,\varphi_\sigma(\boldsymbol{r})$$

のとき，

$$\left[\frac{1}{2m}\left(\frac{\hbar}{i}\nabla - \frac{e}{c}\boldsymbol{A}'\right)^2 + V(\boldsymbol{r})\right]\varphi_\sigma'(\boldsymbol{r}) = E\,\varphi_\sigma'(\boldsymbol{r})$$

が成立するからである．

任意の規格化系 $\varphi_{\nu\sigma}(\boldsymbol{r})$ を用いて $\Psi_\uparrow(\boldsymbol{r}) = \sum_\nu \varphi_{\nu\uparrow}(\boldsymbol{r})\,a_{\nu\uparrow}$ と書けることから，$\Psi_\uparrow(\boldsymbol{r})$，$\Psi_\downarrow(\boldsymbol{r})$ はそれぞれ波動関数と同じ変換を受ける．そのため，超伝導のオーダパラメータ $\Psi(\boldsymbol{r}) = \langle\Psi_\uparrow(\boldsymbol{r})\Psi_\downarrow(\boldsymbol{r})\rangle$ は，ゲージ変換の結果，

$$\Psi(\boldsymbol{r}) \quad \Rightarrow \quad \Psi'(\boldsymbol{r}) = \exp\left\{\frac{2ie}{\hbar c}\,\chi(\boldsymbol{r})\right\}\Psi(\boldsymbol{r}) \tag{9.44}$$

と変化する．

これを用いて，磁束の量子化，すなわち「超伝導体で囲まれた穴を通る磁束は量子化される」ことを示そう．

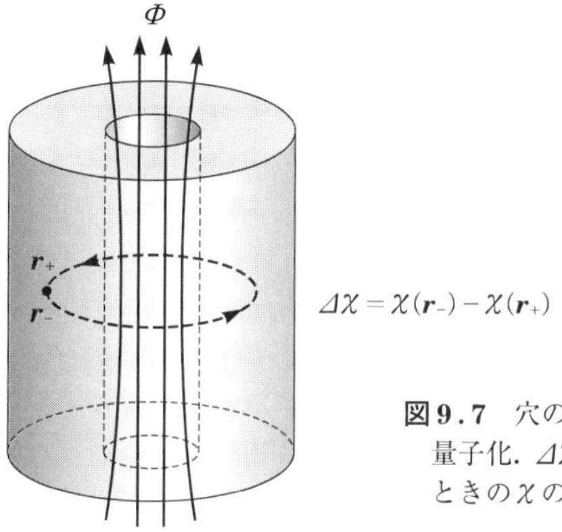

図 9.7　穴の開いた超伝導体における磁束の量子化．$\Delta\chi$ は $\boldsymbol{r}_-$ から $\boldsymbol{r}_+ (= \boldsymbol{r}_-)$ へと 1 周したときの χ の変化である．

図 9.7 のような，穴のある超伝導体の内部について考えよう．磁場がないとき（穴を貫く磁束 $\Phi = 0$）とあるとき（$\Phi \neq 0$）とで，ベクトルポテンシャルとオーダパラメータがどのように違うかをみると，次のようになる．

磁場のないとき　　　　　　磁場の加わったとき

$$\left\{\begin{array}{l} \Phi = 0 \\ \boldsymbol{A} = 0 \\ \Psi(\boldsymbol{r}) = \Psi_0 \end{array}\right. \quad \Rightarrow \quad \left\{\begin{array}{l} \Phi \neq 0 \\ \boldsymbol{A} = \nabla\chi \\ \Psi(\boldsymbol{r}) = \exp\left\{\dfrac{2ie}{\hbar c}\,\chi(\boldsymbol{r})\right\}\Psi_0 \end{array}\right.$$

穴を通る磁束 Φ は

$$\begin{aligned} \Phi &= \int_S \boldsymbol{H}\cdot d\boldsymbol{S} = \int_S \mathrm{rot}\,\boldsymbol{A}\cdot d\boldsymbol{S} = \oint \boldsymbol{A}\cdot d\boldsymbol{l} \\ &= \oint \nabla\chi\cdot d\boldsymbol{l} = \Delta\chi \end{aligned} \tag{9.45}$$

で与えられる．$\varDelta\chi$ は，穴を囲んで超伝導体内部を1周したときの χ の値の変化である．ところが，オーダパラメータ $\Psi(\boldsymbol{r}) = \exp\{2ie\,\chi(\boldsymbol{r})/\hbar c\}\,\Psi_0$ は $\boldsymbol{r}$ の1価関数で1周する前と後とで同じ値になるから，$\exp\{2ie\varDelta\chi/\hbar c\} = 1$．したがって，

$$\frac{2e}{\hbar c}\varDelta\chi = 2n\pi, \qquad \Phi = \varDelta\chi = \frac{\pi\hbar c}{e}\,n \qquad (n = 0,\ \pm 1,\ \pm 2,\ \cdots) \tag{9.46}$$

でなければならない．これは磁束が $\pi\hbar c/e$ という単位で量子化されることを意味する．

さて，ハミルトニアン (9.37) は2個のフェルミオン演算子の積を含む項のみでできているから，本質的に1体問題で，1電子の状態を適当にユニタリー変換して対角化すれば固有状態が解ける．そこで新しい生成・消滅演算子を

$$\begin{pmatrix} \alpha_{k\uparrow} \\ \alpha^{\dagger}_{-k\downarrow} \end{pmatrix} = \begin{pmatrix} u_k & -v_k \\ v_k & u_k \end{pmatrix} \begin{pmatrix} a_{k\uparrow} \\ a^{\dagger}_{-k\downarrow} \end{pmatrix} \tag{9.47}$$

の関係で導入しよう．$\alpha^{\dagger}_{k\uparrow}$，$\alpha_{-k\downarrow}$ などは上記で定義された $\alpha_{k\uparrow}$，$\alpha^{\dagger}_{-k\downarrow}$ のエルミート共役によって与えられる．ここで，u_k，v_k は

$$u_k{}^2 + v_k{}^2 = 1 \tag{9.48}$$

を満たす正の実数である．(9.47) は**ボコリューボフ変換**とよばれ，一つのユニタリー変換である．したがって，逆変換はすぐに求まる．

$$\begin{pmatrix} a_{k\uparrow} \\ a^{\dagger}_{-k\downarrow} \end{pmatrix} = \begin{pmatrix} u_k & v_k \\ -v_k & u_k \end{pmatrix} \begin{pmatrix} \alpha_{k\uparrow} \\ \alpha^{\dagger}_{-k\downarrow} \end{pmatrix} \tag{9.49}$$

$\alpha_{k\sigma}$，$\alpha^{\dagger}_{k\sigma}$ の演算子はフェルミ粒子の交換関係，例えば

$$\{\alpha^{\dagger}_{k\sigma},\ \alpha_{k'\sigma'}\} = \delta_{kk'}\,\delta_{\sigma\sigma'}, \qquad \{\alpha_{k\sigma},\ \alpha_{k'\sigma'}\} = 0 \tag{9.50}$$

を満たす ((A.6)，(A.7) を参照) ことから，何らかのフェルミ粒子の生成，消滅に対応している．これを超伝導系の**準粒子**とよぶが，その性質については後で述べる．

(9.37) のハミルトニアンをこの新しい α 演算子で表すと，次のようになる．

$$H = \sum_{k,\sigma}\{\xi_k(u_k^2 - v_k^2) + 2|\varDelta|u_k v_k\}\alpha_{k\sigma}^\dagger\alpha_{k\sigma} + \sum_k\{2\xi_k u_k v_k - |\varDelta|(u_k^2 - v_k^2)\}(\alpha_{-k\downarrow}^\dagger\alpha_{k\uparrow}^\dagger + \alpha_{k\uparrow}\alpha_{-k\downarrow}) + \Omega_0 \tag{9.51}$$

ただし，ペアポテンシャル $\varDelta$ は正の実数であると仮定した．定数 Ω_0 は

$$\Omega_0 = \sum_k 2\xi_k v_k^2 - 2\sum_k{}' u_k v_k|\varDelta| + \frac{V}{g}|\varDelta|^2 \tag{9.52}$$

となる．

そこで，(9.51) の右辺第 2 項がゼロになるように，パラメータ u_k, v_k を決めてみよう．具体的には (9.48) を用いて

$$2\xi_k u_k\sqrt{1-u_k^2} = |\varDelta|(2u_k^2 - 1) \tag{9.53}$$

を満たすように u_k を決定すればよい．これから，簡単な計算を行なって

$$u_k^2 = \frac{1}{2}\left(1 + \frac{\xi_k}{\sqrt{\xi_k^2 + |\varDelta|^2}}\right), \qquad v_k^2 = \frac{1}{2}\left(1 - \frac{\xi_k}{\sqrt{\xi_k^2 + |\varDelta|^2}}\right) \tag{9.54}$$

が求められる．このとき (9.51) の右辺第 1 項は準粒子のエネルギー

$$\widetilde{E}(\boldsymbol{k}) = \sqrt{\xi_k^2 + |\varDelta|^2} \tag{9.55}$$

によって，$\sum_{k,\sigma}\widetilde{E}(\boldsymbol{k})\alpha_{k\sigma}^\dagger\alpha_{k\sigma}$ と表される．(9.54) のカッコ内の第 2 項の符号は，ξ_k が大きい正値をとるとき，$\alpha_{k\uparrow} \to a_{k\uparrow}$, $\alpha_{-k\downarrow}^\dagger \to a_{-k\downarrow}^\dagger$ になる条件から決めた．この u_k, v_k は実は Ω_0 を最小にするという条件で決定されるものと同じであることを注意しておこう (章末の演習問題 [3])．

(9.54) のように求めた u_k, v_k の式には $\varDelta$ という量が入っているが，これを決定しなければならない．$\varDelta$ の定義式 (9.38) の a_k を α_k におきかえた式をつくると

$$
\begin{aligned}
\Delta &= \frac{g}{V}\sum_k{}' \langle a_{k\uparrow} a_{-k\downarrow}\rangle \\
&= \frac{g}{V}\sum_k{}' \{u_k v_k (1 - \langle \alpha^\dagger_{k\uparrow}\alpha_{k\uparrow}\rangle - \langle \alpha^\dagger_{-k\downarrow}\alpha_{-k\downarrow}\rangle) + u_k{}^2 \langle \alpha_{k\uparrow}\alpha_{-k\downarrow}\rangle \\
&\qquad\qquad - v_k{}^2 \langle \alpha^\dagger_{-k\downarrow}\alpha^\dagger_{-k\uparrow}\rangle\} \\
&= \frac{g}{V}\sum_k{}' u_k v_k \qquad (9.56)
\end{aligned}
$$

となる．ただし，後で述べる理由から，第2式の $\langle \alpha^\dagger_{k\sigma}\alpha_{k'\sigma'}\rangle$, $\langle \alpha_{k\sigma}\alpha_{k\sigma}\rangle$, $\langle \alpha^\dagger_{k\sigma}\alpha_{k'\sigma'}\rangle$ のような期待値（アンサンブル平均）は，絶対零度ではすべてゼロになることを用いた．

u_k, v_k に (9.54) を用いて，(9.56) の絶対値をとれば

$$
|\Delta| = \frac{g}{V} \times \frac{1}{2}\sum_k{}' \frac{|\Delta|}{\sqrt{\xi_k{}^2 + |\Delta|^2}} \qquad (9.57)
$$

であるが，これから絶対零度のときの**ギャップ方程式**

$$
1 = \frac{gN_{\mathrm{F}}}{V}\int_0^{\hbar\omega_{\mathrm{D}}} \frac{d\xi}{\sqrt{|\Delta|^2 + \xi^2}} \cong \frac{gN_{\mathrm{F}}}{V}\ln\frac{2\hbar\omega_{\mathrm{D}}}{|\Delta|} \qquad (9.58)
$$

が得られる．ここで，積分の上端がフォノンエネルギー $\hbar\omega_{\mathrm{D}}$ であるのは，BCSハミルトニアン (9.35) の相互作用項がフェルミ準位の上下のエネルギー幅 $\hbar\omega_{\mathrm{D}}$ の領域だけにはたらくからである．また，N_{F} はフェルミ準位での状態密度である．

(9.58) から $|\Delta|$ を逆に解くと

$$
|\Delta| = 2\hbar\omega_{\mathrm{D}}\, e^{-V/gN_{\mathrm{F}}} \qquad (9.59)
$$

が得られる．ペアポテンシャルの大きさ $|\Delta|$ は，(9.38) の定義式からわかるように，電子対消滅演算子の期待値（後で述べるように，電子対密度の平方根となる）に結合定数 g を掛けて得られるが，その絶対値は $-V/gN_{\mathrm{F}}$ の指数関数に比例しており，g が小さいとき，g のべき級数による展開式では書けない．これは超伝導状態が，電子間相互作用による摂動展開では得られないこと，すなわち，ノーマル状態とは連続につながらない質的に異なる状態

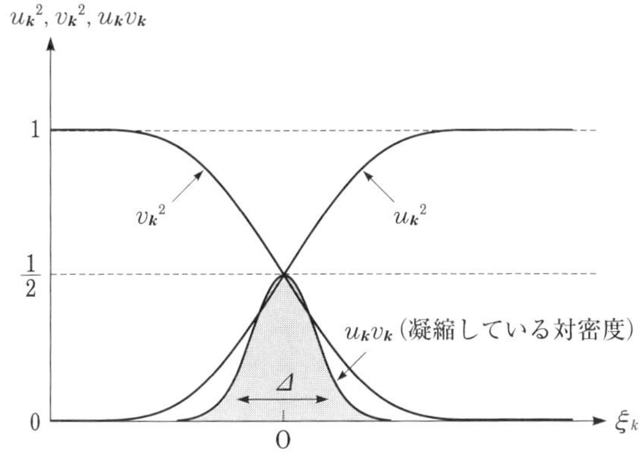

図 9.8　BCS 状態におけるパラメータ $u_{\boldsymbol{k}}{}^2, v_{\boldsymbol{k}}{}^2, u_{\boldsymbol{k}}v_{\boldsymbol{k}}$

であることを意味している．なお，$\xi_{\boldsymbol{k}}$ の関数として $u_{\boldsymbol{k}}{}^2$, $v_{\boldsymbol{k}}{}^2$, $u_{\boldsymbol{k}}v_{\boldsymbol{k}}$ を図示すると図 9.8 のようになる．$u_{\boldsymbol{k}}v_{\boldsymbol{k}}$ の曲線はフェルミ準位に位置する高さ 1/2，幅 $|\Delta|$ 程度の鋭いピークをなし，その面積はオーダパラメータの大きさ，すなわち電子対密度の平方根に比例している．

有限な温度の場合には，後で確認するように，期待値 $\langle\alpha^\dagger_{\boldsymbol{k}\sigma}\alpha_{\boldsymbol{k}\sigma}\rangle$ は $\alpha_{\boldsymbol{k}\sigma}$ というフェルミオン演算子で記述される準粒子の存在確率

$$f_{\boldsymbol{k}} = \frac{1}{e^{\widetilde{E}(\boldsymbol{k})/k_{\mathrm{B}}T} + 1} \tag{9.60}$$

に等しく，$\langle\alpha_{\boldsymbol{k}\uparrow}\alpha_{-\boldsymbol{k}\downarrow}\rangle = 0$, $\langle\alpha^\dagger_{-\boldsymbol{k}\downarrow}\alpha^\dagger_{\boldsymbol{k}\uparrow}\rangle = 0$ なので (9.56) は

$$\Delta = \frac{g}{V}\sum_{\boldsymbol{k}}{}' u_{\boldsymbol{k}}v_{\boldsymbol{k}}(1 - 2f_{\boldsymbol{k}}) \tag{9.61}$$

のように変更される．ここで

$$1 - 2f_{\boldsymbol{k}} = 1 - \frac{2}{e^{\widetilde{E}(\boldsymbol{k})/k_{\mathrm{B}}T} + 1} = \tanh\frac{\widetilde{E}(\boldsymbol{k})}{2k_{\mathrm{B}}T} \tag{9.62}$$

の関係に注意すれば，有限温度 T でのギャップ方程式は

$$\begin{aligned} 1 &= \frac{gN_{\mathrm{F}}}{2V}\sum_{\boldsymbol{k}}{}' \frac{1}{\sqrt{\xi_{\boldsymbol{k}}{}^2 + |\Delta|^2}}\tanh\frac{\sqrt{\xi_{\boldsymbol{k}}{}^2 + |\Delta|^2}}{2k_{\mathrm{B}}T} \\ &= \frac{gN_{\mathrm{F}}}{V}\int_0^{\hbar\omega_{\mathrm{D}}} \frac{\tanh\dfrac{\sqrt{\xi^2 + |\Delta|^2}}{2k_{\mathrm{B}}T}}{\sqrt{\xi^2 + |\Delta|^2}}\,d\xi \end{aligned} \tag{9.63}$$

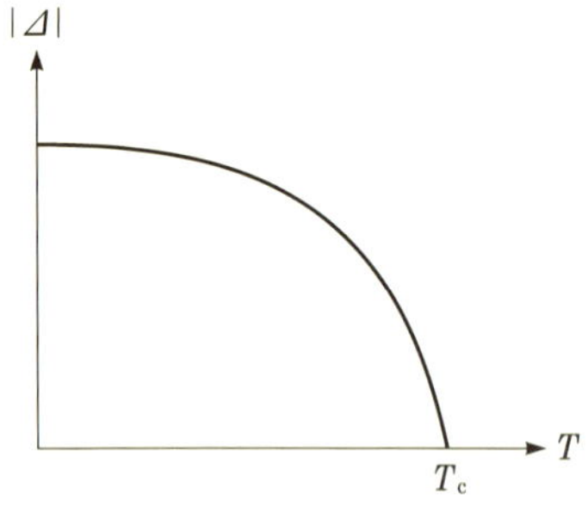

図 9.9　ペアポテンシャル |Δ| の温度依存性

となることがわかる．これからペアポテンシャルの絶対値 $|\varDelta|$ が温度の関数として求められるが，これを図示すれば図 9.9 のようになる．すなわち，$|\varDelta|$ は温度の上昇とともに減少し，臨界温度 T_c ではちょうど $|\varDelta|=0$ となる．

臨界温度を決めるには，(9.63) の $|\varDelta|$ をゼロとして，そのときの温度を求めればよい．すなわち，

$$1=\frac{gN_F}{V}\int_0^{\hbar\omega_D}\frac{1}{\xi}\tanh\frac{\xi}{2k_BT_c}\,d\xi=\frac{gN_F}{V}\ln\frac{1.14\hbar\omega_D}{k_BT_c} \tag{9.64}$$

となり，これから T_c を解けば

$$k_BT_c=1.14\hbar\omega_De^{-V/gN_F} \tag{9.65}$$

となる．これは (9.59) の絶対零度でのペアポテンシャルの大きさと同様の式であり，比例係数が少し異なるに過ぎない．(9.59) と (9.65) から，次の関係が期待できる．

$$2|\varDelta|\cong 3.5k_BT_c \tag{9.66}$$

この関係は，BCS 機構による超伝導体では，よく成り立つことが知られている（ただし，弱結合超伝導体とよばれる種類である）．

ところで，$\alpha^\dagger_{k\sigma}$, $\alpha_{k\sigma}$ は準粒子の生成・消滅演算子であり，この演算子で書かれた超伝導状態のハミルトニアン H は (9.51) より

$$H = \sum_{\boldsymbol{k},\sigma} \widetilde{E}(\boldsymbol{k})\, \alpha_{\boldsymbol{k}\sigma}^\dagger \alpha_{\boldsymbol{k}\sigma} + \Omega_0 \tag{9.67}$$

となっている．つまり，準粒子は互いに相互作用をしない独立な粒子であり，そのエネルギーは $\widetilde{E}(\boldsymbol{k}) = \sqrt{\xi_{\boldsymbol{k}}{}^2 + |\Delta|^2}$ で与えられる．この準粒子が存在しない状態，すなわち準粒子の真空が絶対零度での超伝導状態である．温度が上昇すると，熱励起によって準粒子が少しずつ発生するようになるが，その確率は統計力学の定理

$$\langle \alpha_{\boldsymbol{k}\sigma}^\dagger \alpha_{\boldsymbol{k}\sigma} \rangle = \frac{\mathrm{tr}\left\{\alpha_{\boldsymbol{k}\sigma}^\dagger \alpha_{\boldsymbol{k}\sigma}\, e^{-H/k_{\mathrm{B}}T}\right\}}{\mathrm{tr}\left\{e^{-H/k_{\mathrm{B}}T}\right\}} \tag{9.68}$$

によって与えられる．ここで tr は演算子を行列で表示したときの対角要素の和である．すでに用いた準粒子の存在確率 $f_{\boldsymbol{k}}$ ((9.60)) は，(9.68) から得られる．他の準粒子の積の期待値も同様に

$$\langle \alpha_{\boldsymbol{k}\sigma}^\dagger \alpha_{\boldsymbol{k}'\sigma'}^\dagger \rangle = \frac{\mathrm{tr}\left\{\alpha_{\boldsymbol{k}\sigma}^\dagger \alpha_{\boldsymbol{k}'\sigma'}^\dagger\, e^{-H/k_{\mathrm{B}}T}\right\}}{\mathrm{tr}\left\{e^{-H/k_{\mathrm{B}}T}\right\}} = 0 \tag{9.69}$$

などと決められる．準粒子のエネルギー $\widetilde{E}(\boldsymbol{k})$ の分散関係を図示すると図 9.10 のようになり，そのエネルギーは $|\Delta|$ より必ず大きいことがわかる．

ところで，上に述べたことから，超伝導の基底状態は準粒子が1個も存在

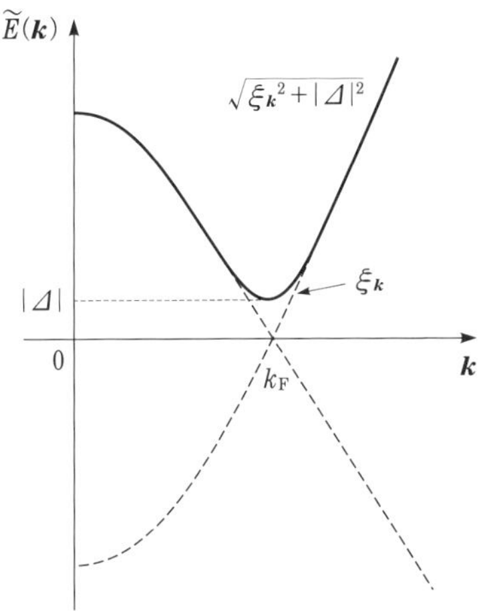

図 9.10 準粒子の分散関係

しない状態，すなわち，準粒子の真空であることが明らかにされたが，これは具体的にはどのような状態であろうか．それは，以下に述べるようにバーディーン，クーパー，シュリーファーが提案した，次の式で表される状態（**BCS 状態**という）である．

$$\Phi_{\mathrm{BCS}} = \prod_k (u_k + v_k B_k^\dagger)\, \Phi_{\mathrm{vac}} \tag{9.70}$$

ただし，

$$B_k^\dagger = a_{-k\downarrow}^\dagger a_{k\uparrow}^\dagger \tag{9.71}$$

は電子対生成演算子で，パラメータ u_k, v_k（ともに実数）は，次の条件に従う．

$$u_k > 0, \qquad v_k > 0, \qquad {u_k}^2 + {v_k}^2 = 1 \tag{9.72}$$

また，(9.70) を変分法の試行関数として，BCS ハミルトニアン (9.35) の期待値

$$E[\{u_k\}] = \langle \Phi_{\mathrm{BCS}} | H | \Phi_{\mathrm{BCS}} \rangle \tag{9.73}$$

を最小にするパラメータ $\{u_k\}$ を決定すると，結局，(9.54) で決めたものと同じことが示せる（章末の演習問題 [2]）．さらに，絶対零度でのペアポテンシャル $\varDelta$ との関係 (9.56) も同じものになる．

Φ_{BCS} が準粒子の真空であることを証明するためには，すべての準粒子の消滅演算子 $\alpha_{k\sigma}$ について，

$$\alpha_{k\sigma} \Phi_{\mathrm{BCS}} = 0 \tag{9.74}$$

が示せればよい．これは，

$$\begin{aligned}
\alpha_{k\uparrow} \Phi_{\mathrm{BCS}} &= \prod_{l \neq k} (u_l + v_l B_l^\dagger)(u_k a_{k\uparrow} + v_k a_{-k\downarrow}^\dagger)(u_k + v_k a_{-k\downarrow}^\dagger a_{k\uparrow}^\dagger)\Phi_{\mathrm{vac}} \\
&= \prod_{l \neq k} (u_l + v_l B_l^\dagger)({u_k}^2 a_{k\uparrow} + v_k u_k a_{-k\downarrow}^\dagger \\
&\qquad\qquad + u_k v_k a_{k\uparrow} a_{-k\downarrow}^\dagger a_{k\uparrow}^\dagger)\Phi_{\mathrm{vac}} \\
&= \prod_{l \neq k} (u_l + v_l B_l^\dagger)\{{u_k}^2 a_{k\uparrow} + v_k u_k a_{-k\downarrow}^\dagger \\
&\qquad\qquad + u_k v_k (-1 + a_{k\uparrow}^\dagger a_{k\uparrow}) a_{-k\downarrow}^\dagger\}\, \Phi_{\mathrm{vac}} \\
&= \prod_{l \neq k} (u_l + v_l B_l^\dagger)({u_k}^2 - u_k v_k a_{k\uparrow}^\dagger a_{-k\downarrow}^\dagger) a_{k\uparrow}\, \Phi_{\mathrm{vac}} = 0
\end{aligned} \tag{9.75}$$

$$
\begin{aligned}
\alpha_{k\downarrow}\Phi_{\mathrm{BCS}} &= \prod_{l\neq k}(u_l + v_l B_l^\dagger)(u_k a_{k\downarrow} - v_k a_{-k\uparrow}^\dagger)(u_k + v_k a_{k\downarrow}^\dagger a_{-k\uparrow}^\dagger)\Phi_{\mathrm{vac}} \\
&= \prod_{l\neq k}(u_l + v_l B_l^\dagger)(u_k{}^2 a_{k\downarrow} - v_k u_k a_{-k\uparrow}^\dagger \\
&\qquad\qquad + u_k v_k a_{k\downarrow} a_{k\downarrow}^\dagger a_{-k\uparrow}^\dagger)\Phi_{\mathrm{vac}} \\
&= \prod_{l\neq k}(u_l + v_l B_l^\dagger)\{u_k{}^2 a_{k\downarrow} - v_k u_k a_{-k\uparrow}^\dagger \\
&\qquad\qquad + u_k v_k (1 - a_{k\downarrow}^\dagger a_{k\downarrow}) a_{-k\uparrow}^\dagger\}\,\Phi_{\mathrm{vac}} \\
&= \prod_{l\neq k}(u_l + v_l B_l^\dagger)(u_k{}^2 + u_k v_k a_{k\downarrow}^\dagger a_{-k\uparrow}^\dagger) a_{k\downarrow}\,\Phi_{\mathrm{vac}} = 0
\end{aligned}
\tag{9.76}
$$

によって確かめられる．

次に，BCS 状態の物理的な解釈を考えてみよう．一般に，1 個の電子対が本当の真空の中にある状態は，次のように書ける．

$$
\sum_k C_k a_{-k\downarrow}^\dagger a_{k\uparrow}^\dagger\,\Phi_{\mathrm{vac}} = \frac{1}{V}\iint f(\boldsymbol{r}-\boldsymbol{r}')\Psi_\downarrow^\dagger(\boldsymbol{r}')\Psi_\uparrow^\dagger(\boldsymbol{r})\,d\boldsymbol{r}\,d\boldsymbol{r}'\,\Phi_{\mathrm{vac}}
\tag{9.77}
$$

ただし，

$$
f(\boldsymbol{r}-\boldsymbol{r}') = \int e^{i\boldsymbol{k}\cdot(\boldsymbol{r}-\boldsymbol{r}')} C_k\,d\boldsymbol{k}
\tag{9.78}
$$

は，電子対の相対運動を表す波動関数であり，

$$
\Psi_\sigma^\dagger(\boldsymbol{r}) = \frac{1}{\sqrt{V}}\sum_k e^{-i\boldsymbol{k}\cdot\boldsymbol{r}} a_{k\sigma}^\dagger
$$

は，点 $\boldsymbol{r}$ の位置に σ スピンの電子を生成する演算子である．

このような電子対状態を $N/2$ 個の電子が占有している状態は，次のように表される．

$$
\left(\sum_k C_k a_{-k\downarrow}^\dagger a_{k\uparrow}^\dagger\right)^{N/2}\Phi_{\mathrm{vac}} = P_N \prod_k (1 + C_k a_{-k\downarrow}^\dagger a_{k\uparrow}^\dagger)\,\Phi_{\mathrm{vac}}
\tag{9.79}
$$

ここで P_N は，電子数 N の状態だけをとり出す射影演算子を意味する．上の関係は，同じフェルミオン演算子の 2 乗以上のべきがすべてゼロになることから，明らかである．

(9.79) をすべての N について，和をとってみよう．すると，

$$\sum_N \left(\sum_k C_k a_{-k\downarrow}^\dagger a_{k\uparrow}^\dagger \right)^{N/2} \Phi_{\text{vac}} \cong \prod_k (1 + C_k a_{-k\downarrow}^\dagger a_{k\uparrow}^\dagger) \Phi_{\text{vac}} \propto \prod_k (u_k + v_k B_k^\dagger) \Phi_{\text{vac}} \tag{9.80}$$

という関係式が得られる．ただし，最後の式は全体に $\prod_k u_k$ を掛け，さらに

$$u_k C_k = v_k \tag{9.81}$$

とおいた．(9.80) によれば，BCS状態では真空中から電子対が無数に生成し，相対運動 $f(\boldsymbol{r} - \boldsymbol{r}')$ で与えられる同一の状態を占有している．また，v_k，u_k の比は電子対の相対運動を記述する波動関数 $f(\boldsymbol{r} - \boldsymbol{r}')$ のフーリエ変換である．

§9.5　電子対の超流動

これまでの議論では，ペアポテンシャル Δ，したがって超伝導の秩序パラメータ $\Psi(\boldsymbol{r})$ は，空間的に一様であると仮定してきた．実は，このような状態は超伝導状態の特別な状態で，永久電流が流れていない状態に対応する．一般にオーダパラメータ $\Psi(\boldsymbol{r})$ は，マクロな数の電子対が占有する波動関数と対応しており，

$$\Psi(\boldsymbol{r}) = |\Psi_0|\, e^{i\phi(\boldsymbol{r})} \tag{9.82}$$

のように表される．ここで振幅 $|\Psi_0|$ は電子対密度の平方根に比例し，$\phi(\boldsymbol{r})$ の空間依存性がボース凝縮した電子対全体の流れを決定する．なぜなら，波動関数 $\Psi(\boldsymbol{r})$ で記述される状態における粒子の流れ $\boldsymbol{j}(\boldsymbol{r})$ は，$m_{\text{pair}} = 2m$ を電子対の質量として

$$\begin{aligned} \boldsymbol{j}(\boldsymbol{r}) &= \frac{\hbar}{2im_{\text{pair}}} \{\Psi^*(\boldsymbol{r}) \nabla \Psi(\boldsymbol{r}) - \Psi(\boldsymbol{r}) \nabla \Psi^*(\boldsymbol{r})\} \\ &= \frac{\hbar \nabla \phi(\boldsymbol{r})}{m_{\text{pair}}} \times |\Psi_0|^2 \end{aligned} \tag{9.83}$$

となるからである．特に，

$$\phi(\boldsymbol{r}) = \boldsymbol{q} \cdot \boldsymbol{r} \tag{9.84}$$

の場合には

$$\boldsymbol{j}(\boldsymbol{r}) = \frac{\hbar \boldsymbol{q}}{m_{\text{pair}}} \times |\Psi_0|^2 \tag{9.85}$$

のように，すべての電子対が一様に速度

$$\boldsymbol{v}_{\text{S}} = \frac{\hbar \boldsymbol{q}}{m_{\text{pair}}} \tag{9.86}$$

で運動している状態である．

ところで，(9.83) の粒子の流れは磁場のない場合についてのものであり，磁場のベクトルポテンシャル $\boldsymbol{A}$ が存在する場合には，(9.83) は次のような変更を受ける．

$$\begin{aligned}\boldsymbol{j}(\boldsymbol{r}) &= \frac{1}{2m_{\text{pair}}}\left[\Psi^*(\boldsymbol{r})\left\{\frac{\hbar}{i}\nabla - \frac{e^*}{c}\boldsymbol{A}(\boldsymbol{r})\right\}\Psi(\boldsymbol{r})\right. \\ &\qquad\qquad \left. + \Psi(\boldsymbol{r})\left\{-\frac{\hbar}{i}\nabla - \frac{e^*}{c}\boldsymbol{A}(\boldsymbol{r})\right\}\Psi^*(\boldsymbol{r})\right] \\ &= \frac{\hbar\nabla\phi(\boldsymbol{r}) - \dfrac{e^*}{c}\boldsymbol{A}(\boldsymbol{r})}{m_{\text{pair}}} \times |\Psi_0|^2\end{aligned} \tag{9.87}$$

$e^* = 2e$ は電子対の電荷量である．また，上記の $\boldsymbol{j}(\boldsymbol{r})$ が電流値を表す場合には，右辺に e^* を掛けておく．

このような電流が流れることから，マイスナー効果が現れることを示すことができる．なぜなら，(9.87) を電流に直した式の回転 (rot) をとると，

$$\begin{aligned}\text{rot}\,\boldsymbol{j}(\boldsymbol{r}) &= e^*\,\text{rot}\left\{\frac{\hbar\nabla\phi(\boldsymbol{r}) - \dfrac{e^*}{c}\boldsymbol{A}(\boldsymbol{r})}{m_{\text{pair}}} \times |\Psi_0|^2\right\} \\ &= -\frac{(e^*)^2}{m_{\text{pair}}\,c}|\Psi_0|^2\boldsymbol{H} = -\frac{e^2 n}{mc}\boldsymbol{H}\end{aligned} \tag{9.88}$$

となり，ロンドン方程式 (9.15) に一致するからである．ただし，電子密度は電子対密度の 2 倍になる ($n = 2|\Psi_0|^2$) ことを用いた．

このように，一様に電子対が流れている超伝導体のオーダパラメータは，

$$\Psi(\boldsymbol{r}) = |\Psi_0|\,e^{i\boldsymbol{q}\cdot\boldsymbol{r}} \tag{9.89}$$

のように表される．

(9.89) のオーダパラメータと対応する一様な運動をしている系では，その系に乗ってみれば，運動量が $\boldsymbol{k}+\boldsymbol{q}/2$ で，スピン上向きの状態の時間反転した状態は，運動量が $-\boldsymbol{k}+\boldsymbol{q}/2$ で，スピン下向きの状態である．これを考慮すると，平均場近似でのハミルトニアンは

$$H=\sum_{\boldsymbol{k},\sigma}\xi_{\boldsymbol{k}+\frac{\boldsymbol{q}}{2}}\,a^{\dagger}_{\boldsymbol{k}+\frac{\boldsymbol{q}}{2}\sigma}\,a_{\boldsymbol{k}+\frac{\boldsymbol{q}}{2}\sigma}-|\varDelta|\sum_{\boldsymbol{k}}{}'\,(a_{\boldsymbol{k}+\frac{\boldsymbol{q}}{2}\uparrow}a_{-\boldsymbol{k}+\frac{\boldsymbol{q}}{2}\downarrow}+a^{\dagger}_{-\boldsymbol{k}+\frac{\boldsymbol{q}}{2}\downarrow}a^{\dagger}_{\boldsymbol{k}+\frac{\boldsymbol{q}}{2}\uparrow})+\frac{V}{g}|\varDelta|^2 \tag{9.90}$$

でなければならない．ただし，このときのペアポテンシャルは

$$\varDelta=\frac{g}{V}\sum_{\boldsymbol{k}}{}'\,\langle a_{\boldsymbol{k}+\frac{\boldsymbol{q}}{2}\uparrow}a_{-\boldsymbol{k}+\frac{\boldsymbol{q}}{2}\downarrow}\rangle e^{i\boldsymbol{q}\cdot\boldsymbol{r}} \tag{9.91}$$

になっている．また，ハミルトニアン (9.90) を対角化するためのユニタリー変換は

$$\begin{pmatrix} a_{\boldsymbol{k}+\frac{\boldsymbol{q}}{2}\uparrow} \\ a^{\dagger}_{-\boldsymbol{k}+\frac{\boldsymbol{q}}{2}\downarrow}\end{pmatrix}=\begin{pmatrix} u_k & -v_k \\ v_k & u_k\end{pmatrix}\begin{pmatrix}\alpha_{\boldsymbol{k}\uparrow} \\ \alpha^{\dagger}_{-\boldsymbol{k}\downarrow}\end{pmatrix}\quad \text{または}\quad \begin{pmatrix}\alpha_{\boldsymbol{k}\uparrow} \\ \alpha^{\dagger}_{-\boldsymbol{k}\downarrow}\end{pmatrix}=\begin{pmatrix} u_k & v_k \\ -v_k & u_k\end{pmatrix}\begin{pmatrix} a_{\boldsymbol{k}+\frac{\boldsymbol{q}}{2}\uparrow} \\ a^{\dagger}_{-\boldsymbol{k}+\frac{\boldsymbol{q}}{2}\downarrow}\end{pmatrix} \tag{9.92}$$

である．ただし，u_k, v_k は (9.72) を満たすパラメータである．

前節と同様の方法で u_k, v_k を決定すると，(9.92) の生成・消滅演算子 $\alpha^{\dagger}_{\boldsymbol{k}\sigma}$, $\alpha_{\boldsymbol{k}\sigma}$ に対応する準粒子で記述されるハミルトニアンは

$$H=\sum_{\boldsymbol{k},\sigma}\{\tilde{E}(\boldsymbol{k})+\hbar\boldsymbol{k}\boldsymbol{v}_{\mathrm{s}}\}\,\alpha^{\dagger}_{\boldsymbol{k}\sigma}\alpha_{\boldsymbol{k}\sigma}+\varOmega_0 \tag{9.93}$$

と書かれることが示せる．すなわち，この系では準粒子のエネルギーが $\tilde{E}(\boldsymbol{k})$ から $\tilde{E}(\boldsymbol{k})+\hbar\boldsymbol{k}\cdot\boldsymbol{v}_{\mathrm{s}}$ に変化している．ここで

$$\boldsymbol{v}_{\mathrm{s}}=\frac{\hbar\boldsymbol{q}}{m_{\mathrm{pair}}}=\frac{\hbar\boldsymbol{q}}{2m} \tag{9.94}$$

である．

このようにして一様に粒子が運動している系では，準粒子のエネルギー分

散は $\tilde{E}(\boldsymbol{k})$ から $\tilde{E}(\boldsymbol{k}) + \hbar\boldsymbol{k}\cdot\boldsymbol{v}_s$ に変化する．準粒子のエネルギーが最小になるのは，波数が速度 $\boldsymbol{v}_s$ と逆向きになり，大きさがフェルミ波数 k_F となる場合である．図9.11のように，$v_s = |\boldsymbol{v}_s|$ がある臨界値より小さいときは，この最小値 Δ_{min} は有限な大きさを保っており，準粒子の生成には有限のエネルギーが必要とされる．この状況では超伝導状態は安定であって，温度ゼロでは準粒子が生成されることはない．これは，エネルギー散逸なしに電子対の凝縮体が一様に運動している状態，すなわち永久電流が流れていることに対応する．

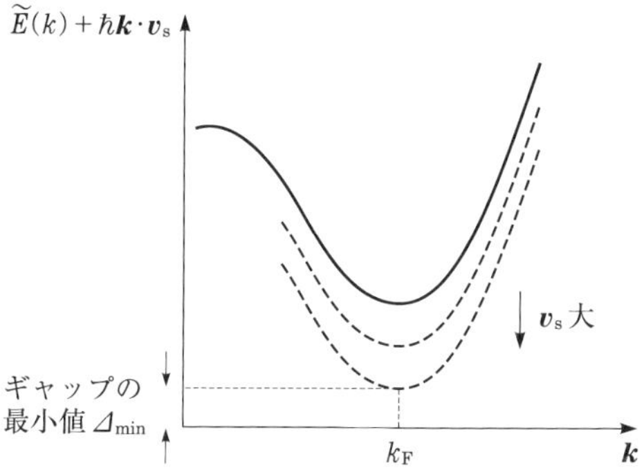

図9.11　電子対の凝縮体が一様に $\boldsymbol{v}_s$ で運動するときの準粒子のエネルギー（この図は，$\boldsymbol{v}_s$ と $\boldsymbol{k}$ が逆方向の場合である）

第6章で述べた金属の常伝導状態との相違は，以下の点にある．超伝導の永久電流が流れている状態のフェルミ面は，電流が流れていない場合に比べて，$\boldsymbol{k}$ 空間で $\boldsymbol{q}/2$ だけずれている．しかも準粒子のスペクトルにはフェルミ面の位置に小さなギャップ Δ_{min} が生じるために，低温ではフォノンや不純物などとの衝突によって準粒子を発生させるような過程は起こらない．準粒子の生成に必要なエネルギー Δ_{min} が供給されないからである．つまり，ボース凝縮した電子対の集合が一様に流れている状態を変えようとすると，準粒子を生成しなければならないが，これが起こりえないために，凝縮した電子対の一様な流れを静止した状態へと緩和することはできないのである(図9.12)．

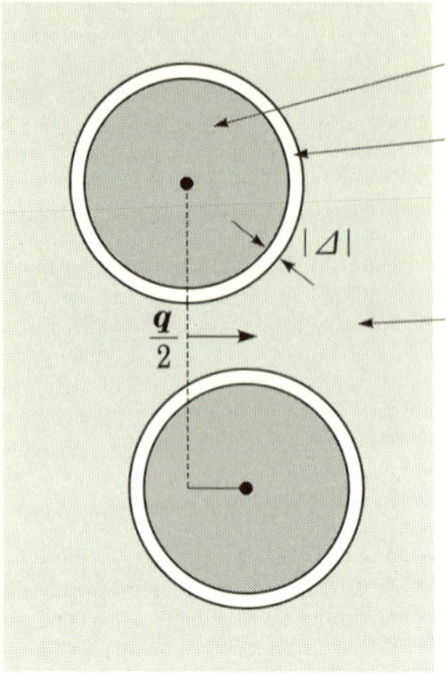

図 9.12　永久電流が流れているときのフェルミ面

演 習 問 題

［**1**］ BCS状態は，次のように導入される．

$$\Phi_{\mathrm{BCS}} = \prod_{\boldsymbol{k}} (u_{\boldsymbol{k}} + v_{\boldsymbol{k}} B_{\boldsymbol{k}}^{\dagger})\, \Phi_{\mathrm{vac}}$$

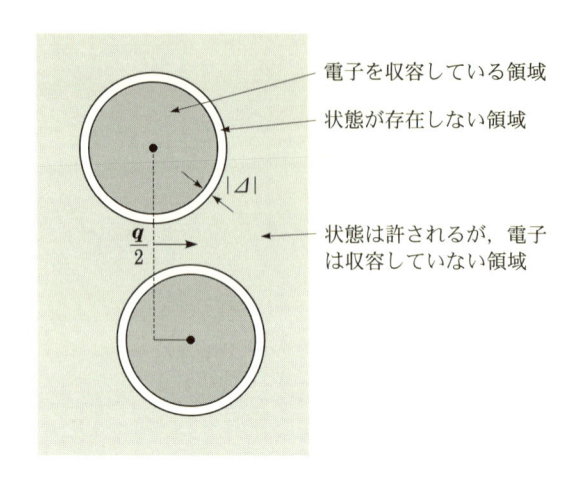

ただし，Φ_{vac} は電子の真空状態，$B_{\boldsymbol{k}}^{\dagger} = a_{-\boldsymbol{k}\downarrow}^{\dagger} a_{\boldsymbol{k}\uparrow}^{\dagger}$ は電子対の生成演算子，$u_{\boldsymbol{k}}$, $v_{\boldsymbol{k}}$ は $u_{\boldsymbol{k}}^2 + v_{\boldsymbol{k}}^2 = 1$ を満たす整数である．付録 A.2 の生成・消滅演算子の交換関係 (A.6), (A.7) を用いて次の関係を導け．

（1）

$$\langle \Phi_{\mathrm{BCS}} | \Phi_{\mathrm{BCS}} \rangle = 1$$

（2） 電子数を与える演算子は一般に $\hat{N} = \sum_{\boldsymbol{k},\sigma} a_{\boldsymbol{k}\sigma}^{\dagger} a_{\boldsymbol{k}\sigma}$ と表される．BCS 状態 Φ_{BCS} における $\hat{N}$ の期待値は

$$N = \langle \Phi_{\mathrm{BCS}} | \hat{N} | \Phi_{\mathrm{BCS}} \rangle = 2 \sum_{\boldsymbol{k}} v_{\boldsymbol{k}}^2$$

となる．

［**2**］ 超伝導状態を Φ_{BCS}（［1］を参照），ノーマル状態を Φ_{normal} とするとき，全エネルギーの差 $\Delta\Omega$ は，

$$\begin{aligned}\Delta\Omega &= \langle \Phi_{\mathrm{BCS}}|H|\Phi_{\mathrm{BCS}}\rangle - \langle \Phi_{\mathrm{normal}}|H|\Phi_{\mathrm{normal}}\rangle \\ &= \sum_{\boldsymbol{k}>\boldsymbol{k}_{\mathrm{F}}} \xi_{\boldsymbol{k}} v_{\boldsymbol{k}}{}^2 + \sum_{\boldsymbol{k}<\boldsymbol{k}_{\mathrm{F}}} 2|\xi_{\boldsymbol{k}}| u_{\boldsymbol{k}}{}^2 - \frac{g}{V}\sum_{\boldsymbol{k}}{}' \sum_{\boldsymbol{l}}{}' u_{\boldsymbol{k}} v_{\boldsymbol{k}} u_{\boldsymbol{l}} v_{\boldsymbol{l}}\end{aligned}$$

と書けることを示せ．また，$\Delta\Omega$ が最小になるように $u_{\boldsymbol{k}}$ と $v_{\boldsymbol{k}}$ を決めよ．ただし，Φ_{normal}では，

$$u_{\boldsymbol{k}} = \begin{cases} 0 & (\boldsymbol{k} < \boldsymbol{k}_{\mathrm{F}}) \\ 1 & (\boldsymbol{k} > \boldsymbol{k}_{\mathrm{F}}) \end{cases}, \qquad \boldsymbol{v}_{\boldsymbol{k}} = \begin{cases} 1 & (\boldsymbol{k} < \boldsymbol{k}_{\mathrm{F}}) \\ 0 & (\boldsymbol{k} > \boldsymbol{k}_{\mathrm{F}}) \end{cases}$$

となっている．

［**3**］ 絶対温度がゼロのとき，超伝導体中に準粒子は存在しないので，その自由エネルギーは，

$$\Omega_0 = \sum_{\boldsymbol{k}} 2\xi_{\boldsymbol{k}} v_{\boldsymbol{k}}{}^2 - 2\sum_{\boldsymbol{k}}{}' u_{\boldsymbol{k}} v_{\boldsymbol{k}} |\Delta| + \frac{V}{g}|\Delta|^2$$

で与えられる．$u_{\boldsymbol{k}}{}^2 + v_{\boldsymbol{k}}{}^2 = 1$ の条件下で Ω_0 を最小にするためには，$u_{\boldsymbol{k}}$，$v_{\boldsymbol{k}}$ はどんな値をとるか．

付　録

A.1 リップマン - シュウィンガー方程式の導出

シュレーディンガー方程式からリップマン - シュウィンガー方程式を導くには，次のようにすればよい．

まず，無摂動系のハミルトニアンを $H_0 = -(\hbar^2/2m^*)\Delta$，不純物による散乱ポテンシャルを V とすると，シュレーディンガー方程式は，

$$(E - H_0 - V)\Psi = 0 \tag{A.1}$$

と書ける．これに $(E - H_0)^{-1}$ という演算子を左から掛けると，

$$\Psi = \Psi_0 + (E - H_0)^{-1} V\Psi \tag{A.2}$$

を得る．Ψ_0 は，$(E - H_0)\Psi_0 = 0$ を満たす入射波 $e^{i\boldsymbol{k}\cdot\boldsymbol{r}}$ である．ここで演算子 $(E - H_0)^{-1}$ は，

$$G_0(\boldsymbol{r},\ \boldsymbol{r}') = -\frac{2m^*}{4\pi\hbar^2}\frac{e^{ik|\boldsymbol{r}-\boldsymbol{r}'|}}{|\boldsymbol{r}-\boldsymbol{r}'|}$$

を積分核（ただし，$k = \sqrt{2m^*E/\hbar^2}$）とする積分なので，(A.2) は (6.57) を表している（「物理数学II」（拙著，朝倉書店）を参照）．

A.2 第2量子化

多くの電子が互いに，あるいはフォノンなどと相互作用している系を理論解析するには，第2量子化の定式化を利用するのが便利である．1個の粒子の問題から多数の粒子の問題への発展的な取扱いであるが，1個の粒子の問題においても第2量子化の形式を用いた方が便利なこともある．

第2量子化しない場合には N 個の電子の波動関数は

$$\Phi(x_1,\ x_2,\ \cdots,\ x_N)=\frac{1}{\sqrt{N!}}\begin{vmatrix}\phi_1(x_1) & \cdots & \phi_N(x_1)\\ \cdot & \cdots & \cdot \\ \cdot & \cdots & \cdot \\ \cdot & \cdots & \cdot \\ \phi_1(x_N) & \cdots & \phi_N(x_N)\end{vmatrix} \tag{A.3}$$

のように表すことができる．これを**スレーター行列式**という．ここで，$\phi_1(x)$, $\phi_2(x)$, $\cdots$, $\phi_N(x)$ は N 個の1電子波動関数 (1電子軌道) である．この1電子軌道はスピン自由度も含むと考えておく．

スレーター行列式は，電子がフェルミ粒子であるための統計性を満たし，任意の粒子の座標を交換すると符号が逆転する．N 電子系の一般的な波動関数は，1つまたはそれ以上のスレーター行列式の線形結合によって与えられる．

その基底となる個々のスレーター行列式は，N 個の1電子軌道を指定すれば定義されるので，これを

$$|n_1,\ n_2,\ n_3,\ n_4,\ n_5,\ \cdots,\ n_N,\ \cdots\rangle=|1,\ 0,\ 1,\ 1,\ 0,\ \cdots,\ 1,\ \cdots\rangle \tag{A.4}$$

のように表記することができる．ここで，$n_m\,(m=1,\ 2,\ 3,\ \cdots)$ は，m 番目の軌道がスレーター行列式に含まれていれば1，そうでなければ0という値をとる．あるいは，状態 ϕ_m の電子の占有数 (0または1) である．例えば，スレーター行列式 (A.3) は，$|1,\ 1,\ 1,\ \cdots,\ 1,\ 0,\ 0,\ 0,\ \cdots,\ 0\rangle$ のように，N 個の1が始めに並び，その後はすべて0となるものである．

(A.4) のような表現をとれば，電子の個数を N に限定する必要はなく，任意の数の電子の状態を扱うことができる．これを**フォック表示**といい，その状態ベクトルを定義する空間を**フォック空間**という．そして，物理量の演算子をフォック空間の状態に対応して書き直すことを，**第2量子化**という．

第2量子化を行なうためには，状態ベクトル (A.4) を，電子の生成演算子 $a_m^\dagger$ によって

$$a_{m_1}^\dagger a_{m_2}^\dagger a_{m_3}^\dagger \cdots\ a_{m_N}^\dagger \Phi_{\rm vac} \tag{A.5}$$

のように表す．ここで，m_1, m_2, m_3, $\cdots$, m_N は電子を収容している軌道であり，$\Phi_{\rm vac}$ は電子を1個も含まない状態 (電子の真空という) である．この表記では，

(A.3) のスレーター行列式の状態は $a_1^\dagger a_2^\dagger a_3^\dagger \cdots a_N^\dagger \Phi_{\text{vac}}$ となる．電子の消滅演算子 a_m は，生成演算子 $a_m^\dagger$ の共役な演算子であるが，スレーター行列式から対応する軌道を除去する演算子である．もし，この軌道が行列式になければ，演算した結果はゼロとする．これから同じ軌道に対応する消滅演算子または生成演算子を 2 回以上演算すればゼロとなることがわかる．生成・消滅の演算順序と行列式の行（列）ベクトルの順序の変換とを整合させるには，異なる軌道に対する演算子の順序を変えると，結果として状態ベクトルの符号が変わらなければならない．

これらの性質を簡単に表現したものが，次の**交換関係**とよばれるものである．

$$\{a_i,\ a_j\} = \{a_i^\dagger,\ a_j^\dagger\} = 0 \tag{A.6}$$

$$\{a_i,\ a_j^\dagger\} = \delta_{ij} \tag{A.7}$$

ここで $\{A,\ B\} = AB + BA$ という記号を用いた．(A.7) で，$i = j$ の場合，すなわち

$$a_i a_i^\dagger + a_i^\dagger a_i = 1 \tag{A.8}$$

について説明を補捉しておく．状態 i に電子がいれば，$a_i a_i^\dagger$ をこの状態に演算したものはゼロであり，$a_i^\dagger a_i$ をこの状態に演算したものはこの状態を変えない．したがって，この場合には (A.8) が成り立つ．一方，状態 i に電子がいなければ，(A.8) の左辺の第 2 項をこの状態に演算したものはゼロになり，第 1 項を演算したものはこの状態を変えない．そこでやはり (A.8) が成り立つので，演算子として常に (A.8) が成り立つ．

それでは，多電子系のハミルトニアン演算子

$$H = \sum_i \left\{ -\frac{h^2}{2m}\frac{\partial^2}{\partial {x_i}^2} + V(x_i) \right\} + \sum_{i<j} V(x_i - x_j) \tag{A.9}$$

は，第 2 量子化するとどのように表されるだろうか．

結論を述べると，次のようになることが確かめられる．

$$H = \sum_{n,m} V_{nm} a_n^\dagger a_m + \sum_{ln,ms} V_{ln,ms} a_l^\dagger a_n^\dagger a_m a_s \tag{A.10}$$

ただし，

$$V_{nm} = \int \phi_n{}^*(x) \left\{ -\frac{h^2}{2m}\frac{d^2}{dx^2} + V(x) \right\} \phi_m(x)\, dx \tag{A.11}$$

$$V_{ln,ms} = \iint \phi_l{}^*(x')\,\phi_n{}^*(x)\,V(x-x')\,\phi_m(x)\,\phi_s(x')\,dx\,dx' \quad \text{(A.12)}$$

である．なぜなら，ハミルトニアン H の第1項を1電子の軌道 ϕ_m に演算すれば，その軌道は $\sum_n V_{nm}\phi_n$ に変化し，第2項をそれぞれ軌道 ϕ_m，ϕ_s にある2つの電子に演算すれば，これらの2つの軌道は $\sum_{ln} V_{ln,ms}\phi_l\phi_n$ という軌道対の線形結合へと変化するからである．これはハミルトニアン演算子に限らず，一般の1電子に関する演算子，2電子に関する演算子についても適用できる．

演習問題解答

第 1 章

［1］ $\langle a\phi_1 + b\phi_2|\Psi\rangle = \int (a\phi_1 + b\phi_2)^*\Psi\,d\boldsymbol{r}$

$$= a^*\int \phi_1{}^*\Psi\,d\boldsymbol{r} + b^*\int \phi_2{}^*\Psi\,d\boldsymbol{r} = a^*\langle\phi_1|\Psi\rangle + b^*\langle\phi_2|\Psi\rangle$$

［2］ 任意の実数について任意の 2 つの状態 φ, ψ に関し，$\|\psi - \lambda\varphi\|^2 \geqq 0$ であることから，

$$\|\psi\|\|\varphi\| \geqq |\langle\varphi|\psi\rangle|$$

これより，φ をゼロと異なる状態として，任意の状態 ψ, χ について

$$\|\psi\| + \|\chi\| \geqq \frac{|\langle\varphi|\psi\rangle| + |\langle\varphi|\chi\rangle|}{\|\varphi\|} \geqq \frac{|\langle\varphi|\psi + \chi\rangle|}{\|\varphi\|}$$

ここで，$\varphi = \phi_3 - \phi_1$, $\psi = \phi_2 - \phi_1$, $\chi = \phi_3 - \phi_2$ とおけば，与式が得られる．

［3］ $\langle\Psi|\Psi\rangle = \sum_{\alpha,\beta} C_\alpha{}^* C_\beta \langle\Psi_\alpha|\Psi_\beta\rangle = 1$ であるが，$\langle\Psi_\alpha|\Psi_\beta\rangle = \delta_{\alpha\beta}$ であることから，$\sum_\alpha |C_\alpha|^2 = 1$.

［4］ $\Psi(\xi) = u(\xi)\,e^{-\xi^2/2}$ とすると

$$\frac{d}{d\xi}\Psi(\xi) = \left(\frac{du}{d\xi} - \xi u\right)e^{-\xi^2/2}$$

$$\frac{d^2}{d\xi^2}\Psi(\xi) = \left\{\frac{d}{d\xi}\left(\frac{du}{d\xi} - \xi u\right) - \xi\left(\frac{du}{d\xi} - \xi u\right)\right\}e^{-\xi^2/2}$$

$$= \left\{\frac{d^2u}{d\xi^2} - 2\xi\frac{du}{d\xi} + (\xi^2 - 1)u\right\}e^{-\xi^2/2}$$

したがって，

$$-\frac{d^2}{d\xi^2}\Psi(\xi) + (\xi^2 - \lambda)\Psi(\xi)$$

$$= \left\{-\frac{d^2u}{d\xi^2} + 2\xi\frac{du}{d\xi} - (\xi^2 - 1)u + (\xi^2 - \lambda)u\right\}e^{-\xi^2/2}$$

$$= \left\{-\frac{d^2u}{d\xi^2} + 2\xi\frac{du}{d\xi} + (1 - \lambda)u\right\}e^{-\xi^2/2}$$

のように変形できるので，(1.64) が得られる．

［5］ $H_0(\xi) = 1,\ H_1(\xi) = 2\xi,\ H_2(\xi) = 4\xi^2 - 2,\ H_3(\xi) = 4\xi(2\xi^2 - 3)$

第 2 章

［1］ 例えば $Y_{1,\pm1}$ について調べる．

$$\Lambda(\theta,\ \phi)\sin\theta\, e^{\pm i\phi} = \left[\frac{e^{\pm i\phi}}{\sin\theta}\frac{d}{d\theta}(\sin\theta\cos\theta) - \frac{e^{\pm i\phi}\sin\theta}{\sin^2\theta}\right]$$
$$= -1\times 2\sin\theta\, e^{\pm i\phi}$$

となり，(2.4) は成立している．他の場合についても同様に示せる．

［2］ $R(r) = P(r)/r$ として，与式を (2.1) に代入すれば，

$$-\frac{\hbar^2}{2m}Y\frac{1}{r^2}\frac{d}{dr}(r^2R') + \frac{\hbar^2 l(l+1)}{2mr^2}YR - \frac{e^2}{r}YR = EYR$$

第1項について，$(r^2R')'/r^2 = R'' + 2R'/r$ に注意して，$P = r\,R(r)$ とおくと，$(r^2R')'/r^2 = P''/r$ を得る．ただし，R' と R'' は1階と2階の導関数である．これを上の式に用いれば，(2.9) が得られる．

［3］ $\Psi(r,\ \theta,\ \phi) \propto e^{-\alpha r}$ とおいて，右辺をシュレーディンガー方程式 (2.1) に代入すれば，

$$\left(\frac{\alpha\hbar^2}{mr} - \frac{e^2}{r}\right)e^{-\alpha r} - \left(E + \frac{\hbar^2\alpha^2}{2m}\right)e^{-\alpha r} = 0$$

を得る．これから

$$\alpha = \frac{1}{a_0} = \frac{me^2}{\hbar^2}, \qquad E = -\frac{me^4}{2\hbar^2}$$

となる．

［4］ 2つの He が接近して，(2.25) のような結合軌道と反結合軌道をつくったとする．ここに4つの電子を収容したとすると，全体の軌道エネルギーは $4E_{1s}$ であってエネルギーの安定化は生じない．したがって，He_2 分子は生成しない．

第 3 章

［1］ $\boldsymbol{a}_1\cdot\boldsymbol{b}_1 = 2\pi$ は与式から明らかである．また外積の定義より $\boldsymbol{a}_2\cdot\boldsymbol{b}_1 = \boldsymbol{a}_3\cdot\boldsymbol{b}_1 = 0$ もすぐわかる．$\boldsymbol{b}_2$, $\boldsymbol{b}_3$ を求めるには，与式で，1, 2, 3 というベクトルの添字を 1→2→3→1 のようにおきかえればよい．すなわち，

$$\boldsymbol{b}_2 = 2\pi\frac{\boldsymbol{a}_3\times\boldsymbol{a}_1}{\boldsymbol{a}_2\cdot(\boldsymbol{a}_3\times\boldsymbol{a}_1)}, \qquad \boldsymbol{b}_3 = 2\pi\frac{\boldsymbol{a}_1\times\boldsymbol{a}_2}{\boldsymbol{a}_3\cdot(\boldsymbol{a}_1\times\boldsymbol{a}_2)}$$

［2］ 体心立方格子の基本格子ベクトルを

$$\boldsymbol{a}_1 = \frac{a}{2}(1,\ 1,\ 1), \qquad \boldsymbol{a}_2 = \frac{a}{2}(-1,\ 1,\ 1), \qquad \boldsymbol{a}_3 = \frac{a}{2}(1,\ 1,\ -1)$$

に選ぼう．［1］に従って基本逆格子ベクトルをつくると，

$$\boldsymbol{b}_1=\frac{2\pi}{a}(1,\ 0,\ 1),\qquad \boldsymbol{b}_2=\frac{2\pi}{a}(-1,\ 1,\ 0),\qquad \boldsymbol{b}_3=\frac{2\pi}{a}(0,\ 1,\ -1)$$

を得る．これらは，面心立方格子の基本格子ベクトルである．

［**3**］ 定義式 (3.33) から次のようになる．

$$\begin{aligned}\Psi_{nk}(\boldsymbol{r}+\boldsymbol{R})&=\frac{1}{\sqrt{N}}\sum_{\boldsymbol{R}'}e^{i\boldsymbol{k}\cdot\boldsymbol{R}'}\varphi_n(\boldsymbol{r}+\boldsymbol{R}-\boldsymbol{R}')\\&=e^{i\boldsymbol{k}\cdot\boldsymbol{R}}\frac{1}{\sqrt{N}}\sum_{\boldsymbol{R}'}e^{i\boldsymbol{k}\cdot(\boldsymbol{R}'-\boldsymbol{R})}\varphi_n\{\boldsymbol{r}-(\boldsymbol{R}'-\boldsymbol{R})\}\\&=e^{i\boldsymbol{k}\cdot\boldsymbol{R}}\frac{1}{\sqrt{N}}\sum_{\boldsymbol{R}'}e^{i\boldsymbol{k}\cdot\boldsymbol{R}'}\varphi_n(\boldsymbol{r}-\boldsymbol{R}')=e^{i\boldsymbol{k}\cdot\boldsymbol{R}}\Psi_{nk}(\boldsymbol{r})\end{aligned}$$

［**4**］ $\sum_{\boldsymbol{d}} e^{i\boldsymbol{k}\cdot\boldsymbol{d}}$ の具体的な形を，2次元正方格子では $\boldsymbol{d}=a(1,\ 0),\ a(-1,\ 0),\ a(0,\ 1),\ a(0,\ -1)$，3次元立方格子では $\boldsymbol{d}=a(1,\ 0,\ 0),\ a(-1,\ 0,\ 0),\ a(0,\ 1,\ 0),\ a(0,\ -1,\ 0),\ a(0,\ 0,\ 1),\ a(0,\ 0,\ -1)$ であることを利用して求める．

［**5**］ 図3.9の結晶を仮定すれば，$\boldsymbol{k}$ が逆格子ベクトルでないとき，

$$\sum_{\boldsymbol{R}}e^{i\boldsymbol{k}\cdot\boldsymbol{R}}=\frac{1-e^{iN_1\boldsymbol{k}\cdot\boldsymbol{a}_1}}{1-e^{i\boldsymbol{k}\cdot\boldsymbol{a}_1}}\frac{1-e^{iN_2\boldsymbol{k}\cdot\boldsymbol{a}_2}}{1-e^{i\boldsymbol{k}\cdot\boldsymbol{a}_2}}\frac{1-e^{iN_3\boldsymbol{k}\cdot\boldsymbol{a}_3}}{1-e^{i\boldsymbol{k}\cdot\boldsymbol{a}_3}}=0$$

となる．$\boldsymbol{k}$ が逆格子ベクトルならば，常に $e^{i\boldsymbol{k}\cdot\boldsymbol{R}}=1$ なので，左辺の和は N である．

［**6**］

$$\begin{aligned}\langle\Psi_{k'}|\Psi_k\rangle&\propto\int e^{i(\boldsymbol{k}-\boldsymbol{k}')\cdot\boldsymbol{r}}\,U_{k'}^*(\boldsymbol{r})\,U_k(\boldsymbol{r})\,d\boldsymbol{r}\\&=\left(\sum_{\boldsymbol{R}}e^{i(\boldsymbol{k}-\boldsymbol{k}')\cdot\boldsymbol{R}}\right)\int_{\mathrm{UnitCell}}e^{i(\boldsymbol{k}-\boldsymbol{k}')\cdot\boldsymbol{r}}\,U_{k'}^*(\boldsymbol{r})\,U_k(\boldsymbol{r})\,d\boldsymbol{r}\end{aligned}$$

$\boldsymbol{k}$ と $\boldsymbol{k}'$ がブリュアン域内の異なる点であるなら，$\boldsymbol{k}-\boldsymbol{k}'$ は逆格子ベクトルではない．したがって，［5］によりゼロとなる．

第 4 章

［**1**］ 細胞の中の電子数は，$4\times3=12$ 個，したがって，Alの電子密度は $n=12/a^3=k_{\mathrm{F}}{}^3/3\pi^2$ となる．

これから，フェルミ波数 k_{F} は

$$k_{\mathrm{F}}=\frac{(36\pi^2)^{1/3}}{a}=\frac{2\pi}{a}\left(\frac{4.5}{\pi}\right)^{1/3}$$

となる．

［**2**］ エネルギー E の等エネルギー面は，3軸がそれぞれ $\sqrt{2m_xE/\hbar^2}$，$\sqrt{2m_yE/\hbar^2}$，$\sqrt{2m_zE/\hbar^2}$ の楕円体であるので，

$$\int_0^E D(E)\,dE = \frac{4\pi}{3}\left(\frac{\sqrt{2E}}{\hbar}\right)^3 \sqrt{m_x m_y m_z} \times \frac{2V}{(2\pi)^3}$$

これを E で微分すると，

$$D(E) = \frac{\sqrt{2}\,V}{\hbar^3 \pi^2}\sqrt{m_x m_y m_z}\,\sqrt{E}$$

となる．

［3］ 面心立方格子の格子ベクトルを

$$\boldsymbol{a}_1 = \frac{a}{2}(1,\ 0,\ 1), \qquad \boldsymbol{a}_2 = \frac{a}{2}(-1,\ 1,\ 0), \qquad \boldsymbol{a}_3 = \frac{a}{2}(0,\ 1,\ -1)$$

とすると，基本逆格子ベクトルは，

$$\boldsymbol{b}_1 = \frac{2\pi}{a}(1,\ 1,\ 1), \qquad \boldsymbol{b}_2 = \frac{2\pi}{a}(-1,\ 1,\ 1), \qquad \boldsymbol{b}_3 = \frac{2\pi}{a}(1,\ 1,\ -1)$$

となる．Γ から X へ至る Δ 線上の破線は $\boldsymbol{k} = t(\boldsymbol{b}_1 - \boldsymbol{b}_2)$, $0 \leqq t \leqq 1/2$ なので，Δ 上の一番低いバンドは

$$E_1(t(\boldsymbol{b}_1 - \boldsymbol{b}_2)) = \frac{8\hbar^2\pi^2}{ma^2}\,t^2 \qquad \left(0 \leqq t \leqq \frac{1}{2}\right)$$

と与えられる．

次に，X から W に向かう線上では，それらの点の $\boldsymbol{k}$ 空間の座標が

$$\mathrm{X} = \frac{2\pi}{a}(1,\ 0,\ 0), \qquad \mathrm{W} = \frac{2\pi}{a}\left(1,\ \frac{1}{2},\ 0\right)$$

なので，

$$\boldsymbol{k} = \frac{2\pi}{a}(1,\ t,\ 0) \qquad \left(0 \leqq t \leqq \frac{1}{2}\right)$$

となる．その線上の最低エネルギーバンドは

$$E_0(\boldsymbol{k}) = \frac{\hbar^2}{2m}\left(\frac{2\pi}{a}\right)^2(1 + t^2)$$

となる．その他も同様に求められる．

［4］ B と N それぞれの原子のブロッホ和を $\Psi_{\mathrm{A}\boldsymbol{k}}$, $\Psi_{\mathrm{B}\boldsymbol{k}}$ とおくと（［例題 3.2］を参照），

$$\begin{pmatrix} \langle \Psi_{\mathrm{A}\boldsymbol{k}}|H|\Psi_{\mathrm{A}\boldsymbol{k}}\rangle & \langle \Psi_{\mathrm{A}\boldsymbol{k}}|H|\Psi_{\mathrm{B}\boldsymbol{k}}\rangle \\ \langle \Psi_{\mathrm{B}\boldsymbol{k}}|H|\Psi_{\mathrm{A}\boldsymbol{k}}\rangle & \langle \Psi_{\mathrm{B}\boldsymbol{k}}|H|\Psi_{\mathrm{B}\boldsymbol{k}}\rangle \end{pmatrix} = \begin{pmatrix} \varepsilon_{2\mathrm{p}}^{\mathrm{B}} & -t\sum_{i=1}^{3} e^{i\boldsymbol{k}\cdot\boldsymbol{d}_i} \\ -t\sum_{i=1}^{3} e^{-i\boldsymbol{k}\cdot\boldsymbol{d}_i} & \varepsilon_{2\mathrm{p}}^{\mathrm{N}} \end{pmatrix}$$

の永年方程式が成立し，この方程式から次のエネルギーバンドが得られる．

$$E_{\pm}(\boldsymbol{k}) = \frac{\varepsilon_{2\mathrm{p}}^{\mathrm{B}} + \varepsilon_{2\mathrm{p}}^{\mathrm{N}}}{2} \pm \sqrt{\left(\frac{\varepsilon_{2\mathrm{p}}^{\mathrm{B}} - \varepsilon_{2\mathrm{p}}^{\mathrm{N}}}{2}\right)^2 + t\left|\sum_{i=1}^{3} e^{i\boldsymbol{k}\cdot\boldsymbol{d}_i}\right|^2}$$

ここで，$\varepsilon_{2\mathrm{p}}^{\mathrm{B}}$, $\varepsilon_{2\mathrm{p}}^{\mathrm{N}}$ はそれぞれ B 原子と N 原子の 2p 軌道準位である．

第 5 章

［1］ $\underline{\underline{m}}$ の定義式 (5.11) から次のようになる．

$$\frac{1}{\underline{\underline{m}}} = \frac{1}{m}\begin{pmatrix} 1 & 1 & 0 \\ 1 & 2 & 0 \\ 0 & 0 & 2 \end{pmatrix}$$

［2］ 磁場に垂直方向の等エネルギー面の切り口を，$(\hbar^2/2m)(k_x{}^2 + 3k_y{}^2) = E$ とすると，これは図のような楕円である．(ただし，E は磁場に平行方向 (z 方向) の運動エネルギーを除いたエネルギーである．) 磁場を加えると，電子は反時計回りに楕円上を動く．許されるエネルギーは，軌跡の囲む面積が $\pi(2mE/\hbar^2\sqrt{3}) = (2\pi eH/\hbar c)(n+\gamma)$ となることから，

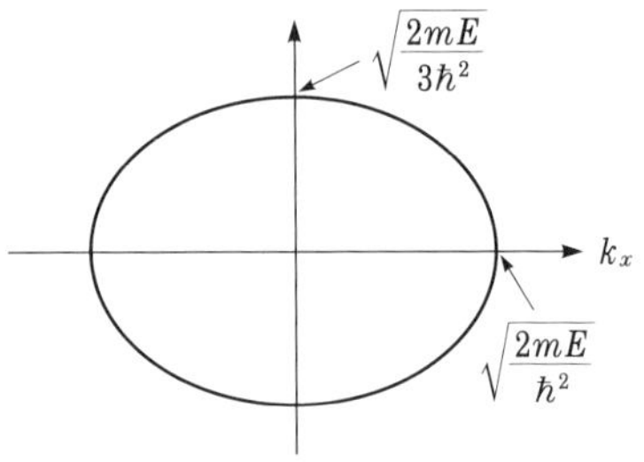

$$E = \frac{\sqrt{3}\ eH}{mc}(n+\gamma) \qquad (n = 0,\ 1,\ 2,\ \cdots)$$

である．

［3］ 離散的なランダウ準位 E_n ((5.32) の右辺第 1 項) の隣り合う準位の $\boldsymbol{k}$ 空間での軌跡の間に入る状態数は，(5.30) より $\varDelta S/(2\pi/L)^2 = L^2 \times (eH/2\pi\hbar c)$．これが E_n の縮重度である．別の考え方は，［例題 5.1］における固有関数を用いる．固有関数は x の中心座標 $(c\hbar/eH)\beta$ が，結晶の幅の中で自由に動いても固有関数であり続け，そのエネルギーは変わらない．$0 \leqq (c\hbar/eH)\beta \leqq L$ の条件を満たす状態として許される β の数は，

$$\left(\frac{eHL}{c\hbar}\right)\Big/\left(\frac{2\pi}{L}\right) = \frac{L^2 eH}{2\pi\hbar c}$$

となり，これが縮重度である．

［4］ 定義式 (5.45) から，

$$\frac{1}{\sqrt{N}}\sum_{l} e^{i\boldsymbol{k}\cdot\boldsymbol{l}}\, a_n(\boldsymbol{r}-\boldsymbol{l}) = \frac{1}{N}\sum_{l,k'} e^{i(\boldsymbol{k}-\boldsymbol{k}')\cdot\boldsymbol{l}}\ \varPsi_{nk'}(\boldsymbol{r})$$

$\boldsymbol{l}$ についての和は，第 3 章の演習問題［5］から $N\delta_{kk'}$ になるので，与式が得られる．

［5］ $$\sum_{l} E_{n,l} e^{i\boldsymbol{k}\cdot\boldsymbol{l}} = \frac{1}{N}\sum_{k'}\left(\sum_{l} E_n(\boldsymbol{k}')\ e^{i\boldsymbol{l}\cdot(\boldsymbol{k}-\boldsymbol{k}')}\right) = \sum_{k'} E_n(\boldsymbol{k}')\ \delta_{kk'} = E_n(\boldsymbol{k})$$

第 6 章

［1］ (6.21) より，

$$\frac{d\boldsymbol{k}}{(2\pi)^3} = \frac{dS\,dE}{(2\pi)^3\,|\nabla_k E(\boldsymbol{k})|}$$

なので

$$2\iiint_{E \leq E(\boldsymbol{k}) \leq E+dE} \frac{d\boldsymbol{k}}{(2\pi)^3} = \frac{1}{4\pi^3}\left(\oint_{E(\boldsymbol{k})=E} \frac{dS}{|\nabla_k E(\boldsymbol{k})|}\right) dE$$

これから，与式が得られる．

［2］ $\boldsymbol{r}'$ の積分領域は，散乱波を観察している $\boldsymbol{r}$ の領域に比べて，ごく狭い範囲にあるので，$|\boldsymbol{r} - \boldsymbol{r}'| \sim r - \boldsymbol{n}\cdot\boldsymbol{r}'$ と近似してよい．ただし，$\boldsymbol{n} = \boldsymbol{r}/r$ である．そこで，(6.57) の積分は次のようになる．

$$\int \frac{e^{ik|\boldsymbol{r}-\boldsymbol{r}'|}}{|\boldsymbol{r}-\boldsymbol{r}'|}\,V(\boldsymbol{r}')\,\Psi^{+}(\boldsymbol{r}')\,d\boldsymbol{r}' \sim \frac{e^{ikr}}{r}\int e^{-i\boldsymbol{k}'\cdot\boldsymbol{r}'}\,V(\boldsymbol{r}')e^{i\boldsymbol{k}\cdot\boldsymbol{r}'}\,d\boldsymbol{r}'$$

ここで，$\boldsymbol{k}' = k\boldsymbol{n}$ とおいた．これより (6.58)，(6.59) が得られる．

［3］ (6.65) を用いて

$$\sigma_{\mathrm{a}}(\theta) = \left(\frac{2m^* ze^2}{\hbar^2}\right)^2 \left\{\frac{1}{\left(2k\sin\dfrac{\theta}{2}\right)^2 + \lambda^2}\right\}^2$$

となる．ただし，$k = |\boldsymbol{k}| = |\boldsymbol{k}'|$，$\theta$ は $\boldsymbol{k}$ と $\boldsymbol{k}'$ のなす角度である．

［4］ 平均自由行程は (6.67) と (6.68) により，散乱微分断面積 $\sigma_{\mathrm{a}}(\theta)$ から求められる．$\sigma_{\mathrm{a}}(\theta)$ を (6.65) から計算して，次の結果が得られる．

$$\frac{1}{l} = N_{\mathrm{imp}}\left(\frac{a^2}{a_{\mathrm{B}}^*}\right)^2 \times \frac{\pi^2}{2} \times \frac{1 - e^{-2(ak)^2} - 2(ak)^2 e^{-2(ak)^2}}{(ak)^4}$$

ただし，$a_{\mathrm{B}}^* = \hbar^2/m^* e^2$ とおいた．

［5］ 略

第 7 章

［1］ l 番目の原子の変位を x_l とおくと，運動方程式は $m\ddot{x}_l = k(x_{l+1} - x_l) + k(x_{l-1} - x_l)$．$x_l = ce^{iqla}e^{i\omega t}$ とおいて代入すると，$m\omega^2 - 4k\sin^2(qa/2) = 0$．これから，格子波の角振動数 ω は

$$\omega = \sqrt{\frac{4k}{m}}\sin\frac{qa}{2}$$

となる．

［2］ (7.19) において，$m^{(1)} \to m$, $m^{(2)} \to m$, $a \to 2a$ とおきかえると，

$$\omega_+{}^2 \;\to\; \frac{4k}{m}\cos^2\frac{qa}{2}, \qquad \omega_-{}^2 \;\to\; \frac{4k}{m}\sin^2\frac{qa}{2}$$

となる．ω_- は，［1］と同じ．ω_+ は $\tilde{q} = \pi/2a - q$ を引数にすると，

$$\omega_+ = \sqrt{\frac{4k}{m}}\sin\left\{\frac{a}{2}\left(\frac{\pi}{2a} + \tilde{q}\right)\right\}$$

なので，［1］の ω_- を半分のブリュアン域で折り返したものになっている．

［3］ $b^\dagger = -i/\sqrt{2m\hbar\omega}\,(\hbar d/dq - m\omega q)$ を u_n に演算すると，(1.74)，(1.75) により，$b^\dagger u_n = i\sqrt{n+1}\,u_{n+1}$ が得られる．$b = -(i/2m\hbar\omega)(\hbar d/dq + m\omega q)$ を u_n に演算したときは，$bu_n = -i\sqrt{n}u_{n-1}$ となる．

［4］ 略

［5］ (7.27) を用いて $[b, (b^\dagger)^n] = n(b^\dagger)^{n-1}$ が導ける．次に $\langle \boldsymbol{u}_0|b^n(b^\dagger)^n|\boldsymbol{u}_0\rangle = \langle \boldsymbol{u}_0|b^{n-1}[b, (b^\dagger)^n]|\boldsymbol{u}_0\rangle + \langle \boldsymbol{u}_0|b^{n-1}(b^\dagger)^n b|\boldsymbol{u}_0\rangle = n\langle \boldsymbol{u}_0|b^{n-1}(b^\dagger)^{n-1}|\boldsymbol{u}_0\rangle = n!$ を利用して，規格化定数 $1/\sqrt{n!}$ が求まる．

（1） $i\sqrt{n+1}$　（2） $-i\sqrt{n}$

第 8 章

［1］ それぞれの $k_c^{(i)}$ において，等エネルギー面の長軸方向を z 軸方向に選ぶと，電子密度 n は

$$n = 6 \times \frac{2e^{\mu/k_BT}}{8\pi^3}\int_{-\infty}^{\infty}\exp\left(-\frac{\hbar^2 k_z{}^2}{2m_l{}^* k_B T}\right)dk_z \times \int_{-\infty}^{\infty}\exp\left(-\frac{\hbar^2 k_x{}^2}{2m_t{}^* k_B T}\right)dk_x$$
$$\times \int_{-\infty}^{\infty}\exp\left(-\frac{\hbar^2 k_y{}^2}{2m_l{}^* k_B T}\right)dk_y$$
$$= \frac{3}{2}\left(\frac{2k_B T}{\pi\hbar^2}\right)^{3/2}\sqrt{m_l{}^*(m_t{}^*)^2}\,e^{\mu/k_BT}$$

と求められる．

［2］ (8.6) が $n = gN_c(T)e^{\mu/k_BT}$ と修正されるので，

$$\mu = -\frac{E_g}{2} + \frac{3k_B T}{4}\ln\frac{m_h{}^*}{m_e{}^*} - \frac{k_B T}{2}\ln g$$

となる．

［3］ (8.28) から次のようになる．

$$\langle\tau\rangle = \frac{\dfrac{2\tau_0}{3}\displaystyle\int_0^{\infty}E^{s+3/2}\frac{e^{-E/k_BT}}{k_B T}\,dE}{\displaystyle\int_0^{\infty}E^{1/2}e^{-E/k_BT}\,dE} = \tau_0(k_B T)^s\frac{\Gamma\!\left(\dfrac{5}{2}+s\right)}{\Gamma\!\left(\dfrac{3}{2}\right)}$$

［**4**］ (8.37) から，(8.34) で導入される実効電場 $\tilde{\boldsymbol{E}}$ は

$$\tilde{\boldsymbol{E}} = \frac{\boldsymbol{E} - \omega_c\tau \dfrac{\boldsymbol{H}}{H} \times \boldsymbol{E}}{1 + (\omega_c\tau)^2} = \rho\boldsymbol{j}$$

であるので，両辺に σ を掛けると次のようになる．

$$\boldsymbol{j} = \frac{\sigma}{1 + (\omega_c\tau)^2}\boldsymbol{E} - \frac{(\omega_c\tau)\sigma}{1 + (\omega_c\tau)^2}\frac{\boldsymbol{H}}{H} \times \boldsymbol{E}$$

［**5**］ n 型，p 型のそれぞれのフェルミ準位を μ_n, μ_p とおくと，

$$n = N_c(T)\, e^{\mu_n/k_BT} \cong n_D, \qquad p = N_v(T) e^{-(\mu_p + E_g)/k_BT} \cong n_A$$

である．上の 2 つの式を辺々掛け算すると，$eV_0 = \mu_n - \mu_p$ として，$n_An_D = N_c(T)\, N_v(T)\, e^{-E_g/k_BT}\, e^{eV_0/k_BT}$ となる．この式の対数をとると与式が導かれる．

［**6**］ (8.14) によれば，$n_i^2 = N_c(T)\, N_v(T)\, e^{-E_g/k_BT}$．この式から $N_c(T)\, N_v(T)$ を n_i と E_g で表して，与式の左辺に代入すればよい．

第 9 章

［**1**］（1） 特定の $\boldsymbol{k}$ についての演算をみると，

$$\begin{aligned}\langle\Phi_{vac}|(u_k + v_kB_k^\dagger)^\dagger(u_k + v_kB_k^\dagger)|\Phi_{vac}\rangle &= \langle\Phi_{vac}|u_k^2 + v_k^2 a_{k\uparrow}a_{-k\downarrow}a_{-k\downarrow}^\dagger a_{k\uparrow}^\dagger|\Phi_{vac}\rangle \\ &= \langle\Phi_{vac}|u_k^2 + v_k^2 a_{k\uparrow}a_{k\uparrow}^\dagger|\Phi_{vac}\rangle \\ &= \langle\Phi_{vac}|u_k^2 + v_k^2|\Phi_{vac}\rangle\end{aligned}$$

したがって，次のようになる．

$$\langle\Phi_{BCS}|\Phi_{BCS}\rangle = \langle\Phi_{vac}|\prod_k(u_k^2 + v_k^2)|\Phi_{vac}\rangle = 1$$

（2） $\langle\Phi_{vac}|(u_k + v_kB_k)a_{k\uparrow}^\dagger a_{k\uparrow}(u_k + v_kB_k^\dagger)|\Phi_{vac}\rangle = \langle\Phi_{vac}|v_k^2|\Phi_{vac}\rangle$ から，

$$N = \langle\Phi_{BCS}|\sum_{k,\sigma}a_{k\sigma}^\dagger a_{k\sigma}|\Phi_{BCS}\rangle = 2\sum_k v_k^2$$

となる．

［**2**］ $\varDelta\Omega$ の第 2 式は前問と同様に，フェルミ演算子の交換関係を用いて導ける．u_k と v_k の決定は，以下のように行なう．

$$\frac{\partial\varDelta\Omega}{\partial v_k} = 4\xi_kv_k - 2\varDelta \times \frac{1 - 2v_k^2}{\sqrt{1 - v_k^2}} = 0$$

これから，(9.54) と同じ結果が得られる．ただし，$\varDelta = (g/V)\sum_k u_kv_k$ と定義した．

［**3**］ $\partial\Omega_0/\partial v_k = 0$ の条件式は［2］と同じになる．ただし，ここでは $\varDelta$ はある決まった値に仮定されている．

索　引

著者略歴

1943年 上海にて誕生．1970年 東京大学大学院理学系研究科博士課程修了（理博）．東京大学理学部助手，分子科学研究所助教授，東京大学理学部助教授，教授，東京大学大学院理学系研究科教授を経て，2004年 早稲田大学客員教授（東京大学名誉教授）．専攻は物性物理学，表面科学理論．

主な編著書：「仕事関数」（共立出版，1983），「表面物理入門」（東京大学出版会，1989），「物理学のすすめ」（編集，筑摩書房，1997），「ナノテクノロジー最前線」（他著，東京教育情報センター，2002），「物理数学 II」（朝倉書店，2003）

裳華房フィジックスライブラリー　物性物理学

2007年3月25日　第1版発行

検印省略

定価はカバーに表示してあります．

著作者　塚田（つかだ）　捷（まさる）

発行者　吉野達治

発行所　〒102-0081
東京都千代田区四番町8-1
電話 03-3262-9166～9
株式会社　裳華房

印刷所　横山印刷株式会社

製本所　牧製本印刷株式会社

ISBN 978-4-7853-2227-4